国家科学技术学术著作出版基金资助出版

南方海洋科学与工程广东省实验室(广州)人才引进
重大专项(GML2019ZD0302)

海洋水文遥感调查技术与实践

蒋兴伟　主　编

王其茂　张汉德　张有广　副主编

海洋出版社

2024年·北京

图书在版编目(CIP)数据

海洋水文遥感调查技术与实践 / 蒋兴伟主编.
— 北京: 海洋出版社, 2019.12

ISBN 978-7-5210-0473-1

Ⅰ. ①海… Ⅱ. ①蒋… Ⅲ. ①海洋遥感 – 遥感技术 –
研究 Ⅳ. ① P715.7

中国版本图书馆CIP数据核字 (2019) 第 269622 号

审图号：GS 京 (2023) 0641 号

责任编辑：苏　勤
责任印制：安　淼

海洋出版社 出版发行

http://www.oceanpress.com.cn

北京市海淀区大慧寺路 8 号　　邮编：100081
鸿博昊天科技有限公司印刷　　新华书店北京发行所经销
2024 年 10 月第 1 版　　2024 年 10 月北京第 1 次印刷
开本：787mm×1092mm　1 / 16　印张：20.75
字数：350 千字　　定价：298.00 元
发行部：010-62100090　总编室：010-62100034

海洋版图书印、装错误可随时退换

前言 Foreword

　　海洋作为生命的摇篮，不仅是全球气候的调节器，还是人类能源和食物资源的宝库。当前，全球变化、能源和粮食资源短缺等一系列重大资源环境问题日益凸显，使得科学家和决策者们的目光齐聚海洋。

　　深刻并全面地认识、了解和管控海洋，是提高我国综合国力、预防及减少海洋灾害、维护海洋权益和实施海洋资源开发等的迫切需要。未来 5 年是我国国民经济和社会发展的重要时期，海洋在解决资源和环境瓶颈、拓展经济社会发展空间和保障国家安全方面将起到越来越重要的作用。

　　空间技术的发展使海洋卫星遥感技术应运而生，遥感技术为人类全方位地了解和认识海洋提供了有力的观测手段。海洋卫星经过近 40 年的发展，已经实现了从探索、试验到业务应用阶段的过渡。世界上主要的航天大国都具备了完善的海洋立体观测体系，而海洋卫星具备的大面积、全天候、全天时、高时效的观测优势，使其成为海洋立体观测体系中不可或缺的一环。

　　大面积、高精度、全方位认识和管控海洋，发展海洋经济，维护海洋开发环境安全，保障海洋权益是我国今后一段时期的重大海洋战略。建立完善的海洋遥感调查监测体系，扩大卫星和航空遥感的应用领域和范围，能够显著提高对海洋的监控能力，保障我国海洋经济社会的可持续发展，加快我国由海洋大国向海洋强国迈进的步伐。

　　我国十分重视海洋遥感及其监测技术的发展，初步形成了具有优势互补的航天、航空、岸基和海基遥感立体观测体系，并发挥了显著的经济和社会效益（蒋兴伟等，2014）。同时，根据国家发展战略和"一带一路"倡议等的实施，在建设海洋强国、维护海洋权益和加快发展海洋经济的进程中对海洋遥感调查技术也具有紧迫的需求。

本书分为 8 章。第 1 章海洋水体遥感调查技术简介，主要介绍卫星和航空遥感观测的发展历程和发展趋势以及相关主要技术指标等；第 2 章海洋遥感载荷，对典型的海洋光学和微波遥感载荷进行介绍；第 3 章海洋水色遥感调查技术，介绍海洋水色遥感的原理、数据处理方法和应用实践；第 4 章红外遥感调查技术，介绍红外遥感的原理、海温的反演方法以及应用实践；第 5 章主动微波遥感调查技术，介绍雷达高度计、微波散射计和 SAR 等主动微波遥感器的原理、反演方法和应用实践；第 6 章被动微波遥感调查技术，介绍微波辐射计的原理、反演方法和应用实践；第 7 章海洋航空遥感调查技术，介绍航空遥感的载荷、处理方法和应用实践；第 8 章海洋遥感调查真实性检验技术，主要介绍海洋水色和动力环境信息以及水体污染物信息真实性检验的参数、范围、原理和方法等。

本书是海洋遥感调查技术研究人员的必读书籍，也可供从事航天工作和海洋研究的科技人员、管理人员以及高校遥感专业的师生和科研人员参考使用。

由于水平有限，书中难免出现疏漏，请批评指正。

编 者

第 1 章　海洋水体遥感调查技术简介

海洋占地球面积的 70.8%，是生命的摇篮，也是实现可持续发展的重要资源宝库。沿海国家对海洋的重要性认识越来越高，加强对海洋的观测和认识，研究海洋与大气的相互作用，应对全球变化，准确预报海洋灾害，科学探测和合理开发利用海洋资源，科学保护海洋环境，有效保障国家安全和维护国家海洋主权与权益，成为沿海国家的重要任务。海洋也是各沿海国家激烈竞争的重要领域。

海洋遥感调查技术是利用航天、航空、岸基和海基等观测平台安装不同种类遥感器探测海洋要素和监测海洋的技术。在经历了长时期的利用船舶、岸站和水面技术对海洋的调查、监测和观测之后，海洋卫星观测带动了海洋观测进入立体观测时代，从空间、空中、海面、水中、沿岸对海洋环境进行多平台多层次的长时序连续观测，显著提高了对海洋的观测能力，增强了对海洋的认识，提高了海洋灾害预报能力和对海上生产作业、军事活动、旅游娱乐的海洋环境保障能力，支持了海上国防建设。

本书侧重介绍在海洋水体遥感中具有大面积和高时效观测优势的卫星和航空遥感调查技术。具体来说，海洋水体遥感调查可分为海洋水色和海洋动力环境的监测，相应的海洋水色要素为：海水叶绿素浓度、悬浮物泥沙含量、可溶有机物和污染物等，这些信息对于全球变化、预防和减少海洋灾害、开发海洋生物资源等十分重要；海洋动力环境要素为：有效波高、海面高度、流场、海面风场、海面温度和海冰等，这些信息对于全球气候变化、灾害性海况、资源开发和海上军事活动都是至关重要的。

1.1 卫星遥感简介

对地观测卫星先后经历了 20 世纪 60 年代的起步阶段、70 年代的初步应用阶段和 80 年代到 90 年代的大发展阶段。近十余年来，对地观测卫星中专门用于海洋观测的海洋卫星及对地观测卫星中具备部分海洋信息观测功能的卫星开始向高空间分辨率、高时间分辨率、高光谱分辨率、高信噪比和高稳定性等方向发展。国外主要航天大国，均有专门的海洋卫星观测计划，并形成了多种业务应用，在海洋环境的监测和军民应用中对海洋卫星的依赖程度不断加大（蒋兴伟等，2014）。

海洋遥感卫星通过搭载各类遥感器来探测海洋环境信息，按照功能可分为海洋水色卫星、海洋动力环境卫星和海洋监视监测卫星。至 2012 年，全球共有海洋卫星或具备海洋探测功能的对地观测卫星 50 余颗（陈求发，2012）。美国、欧洲、日本和印度等国家和地区均已建立了比较成熟和完善的海洋卫星系统（陈求发，2012）。我国已经发射了 2 颗海洋水色卫星（HY-1A/B）和 1 颗海洋动力环境卫星（HY-2A），初步建立起了我国的海洋卫星监测体系，为我国建立完善的海洋环境立体监测体系奠定了坚实基础。表 1.1 列出了对地观测中具有海洋观测功能的国内外遥感卫星。下面将分别介绍国内外海洋卫星和主要对地观测卫星中具有海洋观测功能的卫星概况和发展历程（林明森等，2015）。

表 1.1 对地观测中具有海洋观测功能的国内外遥感卫星

卫星名称	发射时间	国家/地区/组织机构	主要用途及观测特点
DMSP 卫星	1962 年 5 月 23 日（首发时间）	美国	作为系列卫星，截至 2012 年，共开发 12 个型号，用于获取全球气象、海洋和空间环境信息，为军事作战提供信息。其中，"微波成像仪/探测器"可用于海冰和海面温度的监测
Nimbus	1964 年 8 月（首发时间）	美国	1964—1978 年共发射 8 颗卫星。Nimbus-7 上搭载的"海岸带水色扫描仪"用于测量海洋水色信息；"多通道微波辐射仪"可实现海冰和海面温度的监测
Meteor	1969 年 3 月（首颗）	俄罗斯/苏联	极轨气象卫星，已经发展了 4 代。其中，Meteor-M 是俄罗斯开发的第 4 代极轨气象卫星，也是现役卫星，上面搭载的低分辨率多光谱仪能够观测海面温度；X 波段合成孔径雷达能够实现冰的观测

续表 1.1

卫星名称	发射时间	国家/地区/组织机构	主要用途及观测特点
NOAA 卫星	1970 年 12 月（首发时间）	美国	自 1970 年以来共经历了 5 代。其中，NOAA-15 ~ 19 卫星搭载的"第 3 代先进甚高分辨率辐射计"可用于海面温度的观测
GEOS-3	1975 年 4 月 9 日	美国	用于海洋动力学观测试验，使人们的注意力从雷达高度计的试验阶段走向应用阶段，噪声水平比较高，海面高度测量的准确度 20 cm
GMS-1	1977 年 7 月 14 日	日本	作为静止卫星已经发射了 5 颗，GMS–5 能够高频次地获取海面温度和海冰信息
Seasat-A	1978 年 6 月 28 日	美国	首颗海洋遥感卫星。验证了利用海洋微波遥感载荷从空间探测海洋及有关海洋动力现象的有效性。尽管卫星仅工作了 3 个月，但获取的数据使得人类首次可以在全球的视角下观测大洋环流、波场、风场和海冰覆盖
Geosat	1985 年 3 月 13 日	美国	为海军提供高密度全球海洋重力场模型，获得高精度的全球大地水准面精确制图。分为"测地"和"精确重复"两种轨道观测方式。获取的高精度大地测量数据为美国海军所有
MOS/MOS-1B	1987 年 2 月 18 日（MOS）1990 年 2 月 7 日（MOS-1B）	日本	MOS 用于海洋水色、海面温度和大气水汽含量观测。MOS-1B 用于观测海洋环流、海面温度和海洋水色等。MOS 是一颗试验型海洋观测卫星；MOS-1B 是一颗应用型海洋卫星
Okean-O1	1988 年 7 月 5 日	苏联	实用型海洋卫星，能够获取海冰、海面温度等信息
FY-1	1988 年 9 月（首发卫星 FY-1A）；FY-1B（1990 年 9 月）；FY-3A（2008 年 5 月 27 日）	中国	FY-1A/1B 卫星的寿命虽然不长，但首次利用我国自己的卫星获得了我国海区较高质量的叶绿素浓度和悬浮泥沙浓度的分布图。FY-3A 卫星上的微波成像仪能够获取海面温度、海面风速以及海冰信息
ERS	ERS-1（1991 年 7 月 17 日）ERS-2（1995 年 4 月 21 日）	欧洲	用于地球资源环境监测，可以获取海面温度、海面高度和海浪等信息

续表 1.1

卫星名称	发射时间	国家／地区／组织机构	主要用途及观测特点
JERS-1	1992 年 2 月 11 日	日本	日本发射的首颗对陆地表面进行观测的卫星，星上搭载的 SAR 能够用于海岸以及溢油的监测
TOPEX/Poseidon	1992 年 8 月 10 日	美国／法国	观测和了解潮汐和大洋环流。在轨运行 13 年，是迄今海面高度观测精度最高的卫星，测高精度 2.4 cm
Radarsat	Radarsat-1（1995 年 11 月 4 日）Radarsat-2（2007 年 12 月 14 日）	加拿大	用于地球环境和资源调查，主载荷为 SAR，可用于海洋溢油和海冰监测
ADEOS-1/2	1996 年 8 月 17 日（ADEOS-1）2002 年 12 月 14 日（ADEOS-2）	日本	用于监测全球环境变化。能够获取海洋水色、海面温度、海面风场和海冰信息
SeaStar	1997 年 8 月 1 日	美国	用于海洋水色和海洋生物观测。继承了 Nimbus-7 上"海岸带水色扫描仪"的技术，获取的海面温度和叶绿素浓度等海洋水色信息应用广泛
QuikSCAT	1999 年 6 月 20 日	美国	满足改善天气预报和气候研究的需要。星上的 SeaWinds 微波散射计采用圆锥扫描笔形天线，能够获取高精度的全球风场信息
Oceansat	1999 年 5 月 26 日（Oceansat-1）2009 年 9 月 23 日（Oceansat-2）	印度	主要用于海面风场、叶绿素浓度、浮游植物以及悬浮物等海洋环境探测
Terra 卫星	1999 年 12 月 18 日	美国／加拿大／日本	主要用于观测地球气候变化。有效载荷"中分辨率成像光谱仪"可以获取海面温度和海洋水色信息
KOMPSAT-1	1999 年 12 月 21 日	韩国	主载荷是多光谱扫描成像仪（OSMI），用于海洋生物学观测、海洋资源管理和海气环境分析
Jason-1/2	2001 年 12 月 7 日（Jason-1）2008 年 6 月 20 日（Jason-2）	法国／美国	用于全球海洋地形观测。是 T/P 卫星的后继星，测高精度 4.2 cm

续表 1.1

卫星名称	发射时间	国家 / 地区 / 组织机构	主要用途及观测特点
Envisat	2002 年 3 月 1 日	欧洲	用于综合性的环境监测。可以获取海浪、海温和海面高度等信息
Aqua 卫星	2002 年 5 月 4 日	美国	主要用于对地球上的水循环进行全方位的观测，可以获取海洋温度和海洋水色信息
HY-1A/B	2002 年 5 月 15 日（HY-1A） 2007 年 4 月 11 日（HY-1B）	中国	用于海洋水色信息获取，实现了卫星由试验型向业务型的过渡。我国第一颗海洋水色卫星 HY-1A，载荷 COCTS 和 CZI 实现了叶绿素、悬浮泥沙、海面温度等海洋水色环境信息的观测
ICESAT	2003 年 1 月 13 日	美国	用于监测极地冰盖的质量平衡及其对全球海平面的影响
CryoSat	CryoSat-1（2005 年 10 月 8 日） CryoSat-2（2010 年 4 月 8 日）	欧洲	目前 CryoSat-2 在轨运行，能够测量海冰厚度、陡峭斜坡区域的冰盖高程以及填补高度计在极点附近的观测空白
MetOp-A	2006 年 10 月 19 日	欧洲	气象系列卫星，可获取海面温度和海冰信息
TerraSAR-X	2007 年 6 月 15 日	德国	用于海冰和溢油监测
GOCE	2009 年 3 月 17 日	ESA	ESA 开发的地球力学和大地测量卫星，可以获取海洋重力场和大地水准面信息
SMOS	2009 年 11 月 2 日	ESA	首颗用于监测全球土壤湿度和海洋盐度的卫星，具有全天时、全天候获取海面盐度信息的能力
COMS-1	2010 年 6 月 26 日	韩国	静止轨道卫星，用于朝鲜半岛及周边区域的海洋和气象监测，提供海岸带资源管理和渔业信息
SAC 卫星	SAC-D（2011 年 6 月 10 日）	阿根廷	该系列卫星中的 SAC-D 可用来获取海面盐度以及海冰和海面风速信息
HY-2A	2011 年 8 月 16 日	中国	用于海洋动力环境信息获取。是我国第一颗海洋动力环境卫星，卫星集主被动微波遥感于一体，具有高精度观测、定轨能力与全天候、全天时观测能力

卫星名称	发射时间	国家 / 地区 / 组织机构	主要用途及观测特点
SARAL	2013 年 2 月 25 日	印度 / 法国	雷达高度计卫星，用于大洋环流和海洋动力地形观测
Sentinel 卫星	Sentinel–1A （2014 年 4 月 3 日）	ESA	可实现极区海冰监测。其中，Sentinel-3 能够进行全球海面地形、海面及陆面温度和海洋水色要素的观测
Jason-3	2016 年 1 月 17 日	NASA CNES EUMETSAT NOAA	用于获取全球海面高度、海流、有效波高、海平面变化信息等
Sentinel 卫星	Sentinel-3A （2016 年 2 月 16 日）	ESA EC EUMETSAT	用于获取全球海面高度、海面温度和海洋水色信息

1.1.1　海洋卫星

1.1.1.1　美国的海洋卫星

美国是世界上首个发展海洋卫星遥感技术的国家，在 1978 年发射了世界上第一颗海洋卫星 Seasat。近 40 年来，美国分别研发了海洋环境卫星、海洋动力环境卫星和海洋水色卫星等不同类型的专用海洋卫星，实现了从空间获取海洋水色和海洋动力环境信息的能力。

Seasat 卫星是美国航空航天局 (NASA) 研发的首颗海洋卫星，也是一颗"方案验证"卫星（见图 1.1），主要任务是验证利用海洋微波遥感载荷从空间探测海洋及有关海洋动力现象的有效性。Seasat 于 1978 年 6 月 27 日在范登堡空军基地发射，1978 年 10 月 9 日，卫星电源系统发生故障，11 月 21 日卫星正式宣告失败。尽管该卫星仅工作了 3 个月，但获取的数据对后续雷达高度计遥感技术的发展意义重大。Seasat 卫星的主要性能参数见表 1.2。

表 1.2　Seasat卫星主要性能参数

卫星平台参数	质量 2 274 kg，三轴姿态控制，卫星设计寿命 1 年
轨道参数	轨道高度 800 km，轨道倾角 108°，周期 101 min，每天绕地球运行 14 圈，每 36 小时对全球 95% 的海洋区域覆盖观测

续表 1.2

仪器参数	雷达高度计：用于测量海洋流场、海面风速和有效波高。工作频率 13.56 GHz，地面分辨率 1.6 km。定轨精度约 1 m L 频段合成孔径雷达：采用 HH 极化，视角 20°，分辨率 25 m，幅宽 100 km 微波散射计：用于观测全球海面风场，工作频率 14.599 GHz，地面分辨率 28 km（天底点），幅宽 750 km 扫描式多通道微波辐射计：用于监测海面温度、风速、降雨量和大气水汽含量等，工作频率为 6.6 GHz、10.7 GHz、18.0 GHz、21.0 GHz、37.0 GHz

图 1.1　Seasat 卫星

Geosat 卫星是美国海军早期研发的雷达测高卫星（见图 1.2），目标是为海军提供高密度全球海洋重力场模型以及进行海浪、涡旋、风速、海冰和物理海洋研究，获得高精度的全球海洋大地水准面精确制图。Geosat 卫星 1985 年 3 月 13 日发射，1990 年退役。Geosat 卫星主要性能指标见表 1.3。

表 1.3　Geosat 卫星主要性能指标

卫星平台参数	卫星质量 635 kg，设计寿命 3 年，卫星指向精度 1°，采用重力梯度稳定器进行卫星姿态控制
轨道参数	卫星分为"测地"和"精确重复轨道任务"两种观测模式，采用不同的轨道高度，轨道倾角 108.1°，周期 100.6 min。精确重复轨道的周期 17.05 d，用于海洋地形测量
仪器参数	单频雷达高度计：工作频率 13.5 GHz，测高精度 5 cm，定轨精度 30 ～ 50 cm

图 1.2 Geosat 卫星

TOPEX/Poseidon 卫星是美国和法国合作开发的海面地形测量卫星（见图 1.3），用于全球高精度海面高度的测量，从而观测和了解潮汐以及大洋环流。1992 年 8 月 10 日 TOPEX/Poseidon 卫星发射，2005 年 10 月 9 日卫星停止运行，运行时间 13 年。TOPEX/Poseidon 卫星在轨道设计、载荷配置和数据处理等方面的技术，使该卫星成为迄今海面高度观测精度最高的卫星，它与其后续卫星也是用于潮汐研究最为合适的测高系统（暴景阳等，2013）。TOPEX/Poseidon 卫星的主要技术指标见表 1.4。

表 1.4 TOPEX/Poseidon 卫星的主要技术指标

卫星平台参数	卫星采用"多任务模块化卫星"平台，三轴姿态稳定，天线指向精度 0.14°
轨道参数	轨道高度 1 336 km，倾角 66.039°，周期 112.4 min，轨道精确重复周期 10 d
仪器参数	Ku 波段雷达高度计：由 JPL 研制，是第一个双频高度计，分别是 13.6 GHz 和 5.3 GHz。测高精度 2.4 cm。 TOPEX 微波辐射计：用于海面微波亮温的观测，获取大气湿对流层的信息，为 Ku 波段雷达高度计测高进行大气湿对流层路径延迟校正，工作频率 18 GHz，21 GHz 和 37 GHz，天底指向。 单频固态高度计：由 CNES 研制，是实验高度计，用于海面高度、海面风速观测，工作频率 13.65 GHz，测高精度 2.5 cm，定轨精度 2 ~ 3 cm

图 1.3　TOPEX/Poseidon 卫星

　　海星 (SeaStar) 卫星又称轨道观测 –2 卫星（Orbview-2）（见图 1.4），是美国轨道科学公司的轨道观测系列卫星之一，于 1997 年 8 月 1 日发射，主要用于海洋水色观测、海洋生物和生态学研究，为美国地球探测计划提供全球环境观测数据。SeaStar 卫星继承了 Nimbus-7 卫星上搭载的"海岸带水色扫描仪"的特性，所获取的海洋遥感数据广泛用于海洋研究各个领域。卫星主要技术指标见表 1.5。

表 1.5　SeaStar 卫星主要技术指标

卫星平台参数	卫星质量 309 kg，设计寿命 5 年
轨道参数	太阳同步轨道，轨道高度 705 km，轨道周期 99 min，重访周期 1 d
仪器参数	宽视场遥感器 (SeaWiFS)：观测刈幅 1 502 km，空间分辨率 1.1 km/4.5 km。SeaWiFS 有 8 个波段，能够观测叶绿素浓度等海洋水色要素

　　QuikSCAT 卫星是 NASA 研制用于海洋风场观测的卫星（见图 1.5）。该卫星的目标是重启 NASA "海洋风测量"计划，以满足改善天气预报和气候研究的需要。卫星上载有一台"海洋风场"微波散射计 SeaWinds，主要用于全天候、连续测量和记录全球的海洋风速和风向数据。QuikSCAT 卫星 1999 年 6 月 20 日从美国的范登堡空军基地发射，成功运行了 10 年，在 2009 年 11 月 23 日不再提供观测数据。QuikSCAT 卫星的主要技术指标见表 1.6。

图 1.4　Orbview-2 卫星

表 1.6　QuikSCAT 卫星的主要技术指标

卫星平台参数	QuikSCAT 采用 BDP-2000 卫星平台，三轴姿态稳定，指向精度优于 1°，卫星质量 970 kg，设计寿命 2 年
轨道参数	QuikSCAT 是一颗太阳同步轨道卫星，轨道高度 803 km，倾角 98.6°，重复周期 1 ~ 2 d
仪器参数	工作频率 13.4 GHz，空间分辨率 25 km，入射角 46° 和 54°，使用圆锥扫描式笔形天线进行 HH 和 VV 极化方式测量

图 1.5　QuikSCAT 卫星

1.1.1.2　中国的海洋卫星

我国在海洋卫星方面经过多年的建设，取得了显著进展。自 2002 年 5 月至 2011 年 8 月期间分别发射了 HY-1A/B 和 HY-2A 三颗卫星，已经初步建立海洋水色和海洋动力环境卫星监测系统。

我国第一颗海洋水色卫星 HY-1A，于 2002 年 5 月 15 日成功发射。它实现了我国海洋卫星零的突破，完成了海洋水色功能及试验验证，使海洋水色信息提取与定量化应用水平得到了提高，促进了海洋遥感技术的发展，为我国的海洋卫星系列发展奠定了技术基础。到 2004 年 4 月 HY-1A 卫星停止工作，在轨运行 685 d 期间，获取了中国近海及全球重点海域的叶绿素浓度、海表温度、悬浮泥沙含量、海冰覆盖范围、植被指数等动态要素信息以及珊瑚、岛礁、浅滩、海岸地貌特征，研发制作了多种遥感产品。我国第二颗海洋水色卫星 HY-1B，于 2007 年 4 月 11 日成功发射，该卫星在 HY-1A 卫星基础上研制，其观测能力和探测精度进一步增强和提高，实现了卫星由试验型向业务服务型的过渡（国家海洋局，2013）。HY-1A/B 卫星的示意图见图 1.6，主要技术指标见表 1.7，遥感器的基础产品数据见表 1.8。

图 1.6　HY-1A/B 卫星

表 1.7　HY-1A/B 主要技术指标

卫星平台参数	卫星质量：368 kg (HY-1A)，442.5 kg (HY-1B)；设计寿命 3 年
轨道参数	太阳准同步近圆形极地轨道，轨道高度 798 km，轨道倾角 98.8°
仪器参数	海洋水色扫描仪 (COCTS)：10 个波段，幅宽 1 800 km，光谱分辨率 20 ～ 49 nm。海岸带成像仪 (CZI)：4 个波段，幅宽 500 km，光谱分辨率 20 nm。COCTS 和 CZI 用于探测叶绿素、悬浮泥沙、可溶有机物及海洋表面温度、海冰等要素以及进行海岸带动态变化监测

表 1.8 HY-1 卫星遥感器的基础产品参数

仪器名称	一级产品 / 二级产品	产品级别					
		三级产品					
		格点化	日平均	8 天平均	月平均	季平均	年平均
海洋水色水温扫描仪	B1–B8 波段大气顶总辐亮度	—	—	—	—	—	—
	B9–B10 波段亮温	—	—	—	—	—	—
	叶绿素浓度	✓	✓	✓	✓	✓	✓
	悬浮物浓度	✓	✓	✓	✓	✓	✓
	海表温度	✓	✓	✓	✓	✓	✓
	水体透明度	✓	✓	✓	✓	✓	✓
	565 nm 离水辐亮度	✓	✓	✓	✓	✓	✓
	黄色物质浓度	✓	✓	✓	✓	✓	✓
海岸带成像仪	B1–B4 波段大气顶总辐亮度	—	—	—	—	—	—
	悬浮泥沙浓度	✓	✓	✓	✓	✓	✓
	植被指数	✓	✓	✓	✓	✓	✓

注：✓表示有该项，— 表示没有该项。

我国第一颗海洋动力环境卫星 HY-2A (图 1.7)，于 2011 年 8 月 16 日发射，现仍在轨运行。该卫星集主、被动微波遥感器于一体，具有高精度测轨、定轨能力与全天候、全天时、全球探测能力。卫星主要载荷有：雷达高度计、微波散射计、扫描微波辐射计、校正辐射计。主要使命是监测和调查海洋环境，获得包括海面风场、浪高、海流、海面温度等多种海洋动力环境参数，直接为灾害性海况预警预报提供实测数据，为海洋防灾减灾、海洋权益维护、海洋资源开发、海洋环境保护、海洋科学研究以及国防建设等提供支撑服务（蒋兴伟等，2014）。HY-2A 卫星主要技术指标、产品参数、观测要素产品精度指标见表 1.9 至表 1.11。

图 1.7 HY-2A 卫星

表 1.9　HY-2A 卫星主要技术指标

卫星平台参数	卫星质量 1 575 kg，设计寿命 3 ～ 5 年
轨道参数	太阳同步轨道，轨道高度 973 km，倾角 99.34°
仪器参数	雷达高度计：工作频率：13.58 GHz 和 5.25 GHz，空间分辨率 2 km。 微波散射计：工作频率：13.256 GHz，空间分辨率 50 km。 扫描辐射计：工作频率：6.6 ～ 13.256 GHz，空间分辨率 25 ～ 100 km。 校正辐射计：3 频段，工作频率：18.7 ～ 37 GHz

表 1.10　HY-2A 卫星产品参数

仪器名称	二级产品（沿轨）	产品级别						
		三级产品						
		格点化	日平均	周平均	圈平均	月平均	季平均	年平均
高度计	有效波高	✓	—	—	—	✓	✓	✓
	海面风速	✓	—	—	—	✓	✓	✓
	海面高度	✓	—	—	—	✓	✓	✓
散射计	海面风速	✓	—	—	—	✓	✓	✓
	海面风向	✓	—	—	—	✓	✓	✓
辐射计	SST	✓	✓	✓	—	✓	✓	✓
	海面风速	✓	✓	✓	—	✓	✓	✓
	大气水汽	✓	✓	✓	—	✓	✓	✓
	云液态水	✓	✓	✓	—	✓	✓	✓

注：✓表示有该项，—表示没有该项。

表 1.11　HY-2A 卫星观测要素产品精度指标

参量	测量精度	有效测量范围
风速	2 m/s 或 10%，取大者	2 ～ 24 m/s
风向	20°	0° ～ 360°
海面高度	5 ～ 8 cm	
有效波高	10% 或 0.5 m，取大者	0.5 ～ 20 m
海面温度	±1.0℃	−2 ～ 35℃
水汽含量	±3.5 kg/m²	0 ～ 80 kg/m²
云中液态水	±0.05 kg/m²	0~1.0 kg/m²

1.1.1.3 法国的海洋卫星

Jason 系列卫星是法国的 CNES 和美国 NASA 联合研制的海洋地形观测卫星，是 TOPEX/Poseidon 卫星的后继星，属于美国"地球观测系统"(EOS) 的高度计任务。用于海洋表面地形和海平面变化的测量。CNES 负责平台、载荷和 DORIS 接收机的研制，NASA 负责卫星的发射。2001 年 12 月 7 日 Jason-1 卫星发射，2013 年停用；2008 年 6 月 20 日 Jason-2 发射（图 1.8）。目前 Jason-2 在轨正常运行。Jason-1/2 卫星主要技术指标见表 1.12。

表 1.12 Jason-1/2 卫星主要技术指标

卫星平台参数	卫星采用"可重构的观测、通信与科学平台"，三轴姿态稳定。寿命 5 年
轨道参数	卫星高度 1 336 km，倾角 66.038°，轨道精确重复周期 9.9 d
仪器参数	Poseidon-2/3 雷达高度计：工作频率 13.575 GHz 和 5.3 GHz；测高精度 4.2 cm。 微波辐射计 (JMR)：3 波段，18.7 GHz、23.8 GHz 和 34 GHz，温度分辨率优于 1 K

图 1.8 Jason-2 卫星

1.1.1.4 日本的海洋卫星

海洋观测卫星 (MOS) 是日本的第一个地球观测卫星系列，又称桃花卫星 (Momo)（见图 1.9）。共发射了 2 颗。MOS-1 于 1987 年 2 月 18 日发射，是一颗试验型海洋观测卫星，用于测量海洋水色、海面温度和大气水汽含量。MOS-1B 于 1990 年 2 月 7 日发射，是一颗应用型海洋观测卫星，用于观测海洋洋流、海面温度、海洋水色等。MOS 系列卫星的技术指标见表 1.13。

表 1.13 MOS 系列卫星的技术指标

卫星平台参数	卫星采用箱式结构和零动量三轴稳定控制方式。卫星质量 745 kg，设计寿命 2 年
轨道参数	太阳同步极轨道，轨道高度 909 km，倾角 99.1°，轨道周期 103 min，回归周期 10 d
仪器参数	多光谱电子扫描辐射计：有 2 个可见光和 2 个红外谱段，分辨率 50 m，幅宽 100 km，用于海洋水色监测。 可见光与热红外辐射计：有 1 个可见光和 3 个热红外谱段，用于海面温度监测。 微波扫描辐射计：有 23 GHz 和 31 GHz 两个波段，用于大气水汽含量的观测

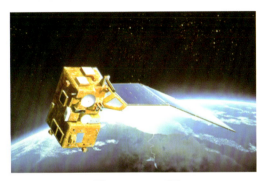

图 1.9 MOS 卫星

"先进地球观测卫星"(ADEOS) 是日本的地球环境观测卫星（图 1.10），主要用于监测全球环境变化，能够获取海洋水色和海面温度信息。其中，搭载的先进微波扫描辐射计，可用于海面温度、海面风速和海冰分布观测；全景成像仪有 36 个谱段，幅宽 1 600 km，用于监测海洋碳循环；微波散射计用于观测全球海面风场；水色和海温扫描仪能够对海洋进行高精度观测，测量海洋水色和海面温度。ADEOS-1 卫星于 1996 年 8 月 17 日发射，1997 年 6 月 30 日因太阳翼破裂而无法供电，导致整星失败。ADEOS-2 卫星 2002 年 12 月 14 日发射，整星于 2003 年 10 月失效。

图 1.10 ADEOS 卫星

"全球变化观测任务"(GCOM)是日本开发的对地观测卫星（图 1.11），由 3 颗 GCOM-W 卫星和 3 颗 GCOM-C 卫星组成，旨在构建一个可以全面、有效进行全球环境变化监测的系统。卫星上搭载的载荷 AMSR-2，可用于海面风速、海面温度和海冰信息的获取。

图 1.11 GCOM 卫星

1.1.1.5 俄罗斯的海洋卫星

苏联/俄罗斯-乌克兰研制的海洋卫星系列分为两类：第一类遥感器以可见光、红外探测器为主；第二类遥感器主要为侧视雷达。1979 年 2 月 12 日第一颗海洋卫星（EORSAT-1076）发射，用于卫星试验和海洋气象、大气物理参数的测量。1983 年 9 月 28 日发射了载有侧视雷达的试验卫星 RORSAT-1500，观测结果表明侧视雷达作为海洋遥感的手段具有很大潜力。1988 年 7 月 5 日，第一颗实用型海洋卫星 (Okean-O1) 发射成功。海洋系列卫星共发展了 4 代，第一代为 Okean-E 系列，共发射 2 颗；第二代 Okean-OE 系列卫星，共发射 2 颗；第三代为 Okean-O1 系列卫星（见图 1.12），共发射 9 颗；第四代为 Okean-O 系列卫星，发射 1 颗。Okean 系列卫星的用途是对海表温度、风速、海洋水色、冰覆盖等进行观测。其中，Okean-O1 系列卫星技术指标见表 1.14。

表 1.14 Okean-O1 系列卫星主要技术指标

卫星平台参数	卫星质量 1 950 kg，采用三轴姿态稳定，设计寿命 2 年
轨道参数	采用近圆极轨道，轨道高度 650 km，轨道周期 98 min
仪器参数	侧视真实孔径雷达：是 Okean-O1 系列卫星的主载荷，工作在 X 频段 (9.7GHz)，沿轨分辨率 2.1 ~ 2.8 km，交轨分辨率 0.7 ~ 1.2 km，幅宽 450 km，采用垂直极化。 被动毫米波扫描辐射计：工作频率 36.6 GHz，分辨率 15 km×20 km，幅宽 550 km。用于海冰、海面温度等监测，海温测量精度 1 ~ 2 K。 低分辨率多光谱扫描仪：分辨率 1.0 km×1.7 km，幅宽 1 700 km，用于海温和云的监测。 中分辨率多光谱扫描仪：分辨率 250 m，幅宽 1 100 km

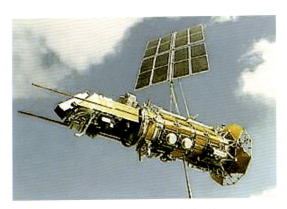

图 1.12 Okean-O1 系列卫星

1.1.1.6　印度的海洋卫星

　　"海洋卫星"(Oceansat) 是印度发展的专用海洋卫星，分别有 Oceansat-1 和 Oceansat-2（见图 1.13）。它们主要用于海洋环境探测，包括测量海面风场、叶绿素浓度、浮游植物以及海洋中的悬浮和沉淀物。Oceansat-1 是"印度遥感卫星系统"(IRS) 中首颗用于海洋观测的卫星，它于 1999 年 5 月 26 日发射，2010 年 8 月 8 日退役。Oceansat-2 卫星于 2009 年 9 月 23 日发射，目前在轨运行。Oceansat-1 和 Oceansat-2 的主要载荷有：海洋水色监测仪，多频率扫描微波辐射计和扫描微波散射计。Oceansat-1 和 Oceansat-2 卫星的主要技术指标见表 1.15 和表 1.16。

表 1.15　Oceansat-1 卫星的主要技术指标

卫星平台参数	卫星质量 1 050 kg
轨道参数	采用极地太阳同步轨道，轨道高度 720 km，轨道周期 99.31 min
仪器参数	海洋水色仪：工作在 402 ~ 422 nm、433 ~ 453 nm、480 ~ 500 nm、500 ~ 520 nm、545 ~ 565 nm、660 ~ 689 nm、745 ~ 785 nm 和 845 ~ 885 nm 光谱区间，空间分辨率 360 m

表 1.16　Oceansat-2 卫星的主要技术指标

卫星平台参数	卫星质量 960 kg，卫星寿命 5 年
轨道参数	太阳同步轨道，轨道高度倾角 98.27°；轨道周期 99.25 min
仪器参数	海洋水色仪 (OCM)：可见光 / 近红外 8 波段多光谱扫描仪，刈幅 1 420 km。 微波散射计 (SCAT)：Ku 频段 (13.515 GHz)，地面分辨率 50 km × 50 km，刈幅 1 400 km (内波束) / 1 840 km (外波束)

图 1.13 Oceansat-2 卫星

　　SARAL 是印度和法国合作研制的雷达高度计卫星（图 1.14）。该星 2013 年 2 月 25 日发射上天。SARAL 主要用于大洋环流和海面动力地形的观测。卫星的主载荷是 ALtiKa 高度计，是第一个采用 Ka 频段的星载雷达高度计。SARAL 卫星的主要技术指标见表 1.17。

表 1.17 SARAL 卫星的主要技术指标

卫星平台参数	卫星质量 407 kg，卫星寿命 5 年
轨道参数	太阳同步轨道，轨道高度倾角 98.54°；轨道周期 100.54 min
仪器参数	雷达高度计：Ka 频段 (35.75 GHz)；地面分辨率 2 km

图 1.14 SARAL 卫星

1.1.1.7 韩国的海洋卫星

　　KOMPSAT-1 卫星发射于 1999 年 12 月 21 日，卫星重约 500 kg，在太阳同步轨道运行，轨道倾角 98.13°，高度 685 km；绕地球 1 周时间为 98 min，轨道回归周期 28 d（见图 1.15）。该卫星的主载荷是海洋多光谱扫描成像仪 (OSMI)，用于海洋生物学观测、海洋资源管理和海气环境分析。OSMI 可提供用于海洋生物研究的海洋水色测量资料，这些数据在海洋资源管理和海洋环境监测领域有多种研究和应用价值。OSMI 海洋水色多光谱通道 B1 至 B4 提供海洋水色数据，B5 和 B6 提供大气气溶胶订正信息。

图 1.15　KOMPSAT-1 卫星

"通信、海洋和气象卫星"(COMS) 是韩国发展的地球静止轨道卫星，用于朝鲜半岛及周边区域的海洋和气象监测。COMS-1 于 2010 年 6 月 26 日发射（图 1.16），目前正在运行，后继 COMS-2 正在研制。COMS-1 采用欧洲星–E3000 平台，采用三轴稳定方式，天线指向精度优于 0.11°。COMS-1 卫星的主载荷是"地球静止海洋水色成像仪"，空间分辨率 500 m × 500 m，谱段为 0.4 ～ 0.9 mm，用于提供海岸带资源管理和渔业信息。

图 1.16　COMS-1 卫星

1.1.1.8　加拿大的海洋卫星

"雷达卫星"(Radarsat) 是加拿大航天局 (CSA) 的成像雷达卫星，主要用于地球环境监测和资源调查。Radarsat 卫星系列目前已经发射了 Radarsat-1 和 Radarsat-2 两颗（图 1.17）。Radarsat-1/2 卫星的主载荷为 SAR，可用于海洋溢油和海冰的监测。Radarsat-1 于 1995 年 11 月 4 日发射，1996 年 4 月 1 日投入运行；Radarsat-2 卫星于 2007 年 12 月 14 日发射，2008 年 4 月 24 日投入运行。

图 1.17　Radarsat-2 卫星

1.1.1.9　德国的海洋卫星

"X 频段陆地合成孔径雷达"(TerraSAR-X) 是德国民用和商用高分辨率雷达成像卫星（图 1.18），可以用于海冰和溢油监测。TerraSAR-X 卫星于 2007 年 6 月 15 日发射。

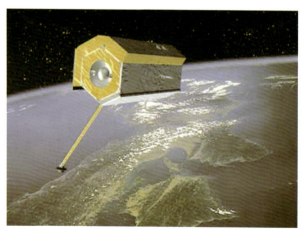

图 1.18　TerraSAR-X 卫星

1.1.2 具有海洋观测功能的卫星

本部分主要介绍国内外对地观测卫星中具有海洋观测功能的气象、资源和环境观测卫星。

1.1.2.1 美国的卫星

"国防气象卫星计划"卫星 (DMSP) 是美国国防部发展的军用极轨气象卫星，主要用于获取全球气象、海洋和空间环境信息，为军事作战提供信息保障。DMSP系列卫星首发时间是 1962 年 5 月 23 日，截至 2012 年 6 月 30 日，DMSP 卫星共研发了 12 个型号，发射卫星 51 颗，成功 46 颗（陈求发，2012）。在 DMSP-5D3 卫星中的"微波成像仪/探测器"可用于海冰和海面温度的观测。

"雨云"卫星 (Nimbus) 是美国早期的实验型气象卫星（图 1.19），主要用来实验地球环境卫星上使用的新遥感器，同时也提供部分气象探测资料。Nimbus 系列卫星从 1964 年 8 月到 1978 年 10 月共发射了 8 颗卫星。其中，Nimbus-7 卫星上搭载的"海岸带水色扫描仪"用于测量海洋和海岸带水色、叶绿素浓度、沉积物分布等，具有 5 个通道，波长分别为 0.44 mm、0.56 mm、0.67 mm、0.75 mm、11.5 mm；幅宽 1 556 km，空间分辨率 825 m。"多通道微波辐射仪"可实现海冰和海面温度的观测，工作中心频率分别为：6.6 GHz，10.7 GHz，18.0 GHz，21.0 GHz，37.0 GHz。

图 1.19 Nimbus–3 卫星

NOAA 卫星是美国研发的民用极轨气象卫星，也可用于全球海洋、陆地和空间等环境监测。NOAA 卫星是由 NASA 和 NOAA 合作研制，其他国际合作伙伴有法国、加拿大、英国和欧洲气象卫星组织 (EUMETSAT)。NASA 负责卫星设计、研制、总装和发射，NOAA 负责卫星的运行、数据的接收、存档和分发。NOAA 卫星自1970 年 12 月发射第一颗以来，共经历了 5 代。目前使用较多的是第五代 NOAA 卫星，1998—2009 年发射的 NOAA-15 至 NOAA-19 卫星（图 1.20）搭载的"第三代先进甚高分辨率辐射计"可用于海面温度的观测；"先进微波探测仪"可用于海冰的监测。

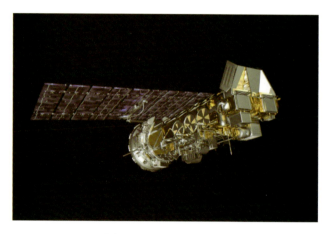

图 1.20 NOAA-19 卫星

"土"卫星 (Terra) 是美国、日本和加拿大联合研发的对地观测卫星（图 1.21），属于美国"地球观测系统"(EOS) 计划，主要用来观测地球气候变化。Terra 卫星搭载的有效载荷"中分辨率成像光谱仪"可以获取海面温度和海洋水色信息。Terra卫星于 1999 年 12 月 18 日发射，现仍在轨运行。

图 1.21 Terra 卫星

"水"卫星 (Aqua) 是美国 NASA 研发的对地观测卫星（图 1.22），属于"地球观测系统"(EOS) 计划。它的主要任务是对地球上的水循环进行全方位的观测，可以获取海洋温度和海洋水色信息。Aqua 卫星于 2002 年 5 月 4 日发射，现仍在轨运行。

图 1.22 Aqua 卫星

"冰"卫星 (ICESAT) 是美国 NASA、工业界和大学联合研制的对地观测卫星（图 1.23），属于"地球观测系统"(EOS) 计划，主要任务包括监测极地冰盖的质量平衡及其对全球海平面变化的影响。ICESAT 卫星于 2003 年 1 月 13 日发射，2010 年 8 月退役。

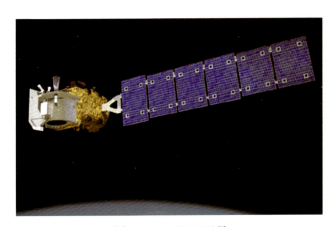

图 1.23 ICESAT 卫星

1.1.2.2 欧洲航天局的卫星

欧洲遥感卫星 (ERS) 是欧洲航天局 (ESA) 研制的对地观测卫星（见图 1.24），用于环境监测。1991 年 7 月 17 日，ERS-1 卫星从法属圭亚那航天中心发射，2000

年 3 月 10 日由于计算机和陀螺仪故障，ERS-1 服役结束。1995 年 4 月 21 日，ERS-2 卫星由阿里安–4 运载火箭发射；2003 年 6 月，ERS-2 失去星上数据存储能力，此后仅支持实时观测数据传输。ERS-1/2 主要技术指标见表 1.18。

表 1.18　ERS-1/2 主要技术指标

卫星平台参数	卫星采用 SPOT 多任务平台，卫星质量 2 157.4 kg，设计寿命 2 年。采用三轴稳定姿态，控制精度 0.11°（俯仰 / 滚动）；0.21°（偏航）
轨道参数	太阳同步近圆形轨道，轨道高度 785 km，周期 100 min，轨道倾角 98.52°
仪器参数	C 波段 SAR：中心频率 5.3 GHz，是 ERS-1 上最大的仪器，具有 3 种工作模式：①成像模式：空间分辨率 10 ～ 30 m，幅宽 100 km；②波模式：波长 100 ～ 1 000 m，空间分辨率 30 m；③风散射计模式：风向范围 0°～ 360°，精度 ±20°，风速精度 2 m/s。 雷达高度计 –1：工作频率 13.8 GHz，工作模式有海洋模式和冰模式。 沿轨扫描辐射仪和微波探测仪：由微波辐射计和红外辐射计组成，用于高精度测量全球海面温度。ERS-2 卫星星载的沿轨扫描辐射仪和微波探测仪在红外辐射计的可见光范围内增加了 3 个谱段，用于测量植被数据

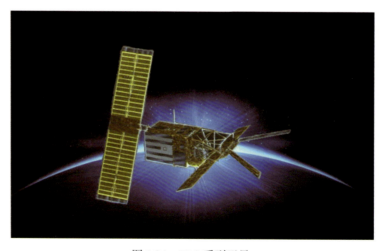

图 1.24　ERS 系列卫星

"环境卫星" Envisat 是 ESA 发展的对地观测卫星（见图 1.25），用于综合性环境观测，是 ERS 的后继卫星，与"气象业务"(MetOp) 卫星同属于"极轨地球观测任务"。Envisat-1 也是美国 EOS 的组成之一。2002 年 3 月 1 日，Envisat-1 卫星发射，2012 年 5 月 9 日，ESA 宣布 Envisat 任务终止，在轨服务 10 年。Envisat-1 主要技术指标见表 1.19。

表 1.19　Envisat-1 主要技术指标

卫星平台参数	卫星采用极轨平台 (PPF)，卫星质量 8 211 kg。三轴姿态稳定，姿态测量精度优于 0.03°
轨道参数	卫星采用太阳同步轨道，轨道高度 800 km，轨道倾角 98.5°
仪器参数	先进合成孔径雷达：有 5 种成像模式，即成像模式、交叉极化模式、宽幅模式、全球监测模式和波模式。其中，成像模式分辨率最高，为 28 m，幅宽 100 km。该设备可用于获取海浪、海冰信息。 雷达高度计 –2：Ku 波段（13.575 GHz）和 S 波段（3.2 GHz），用于确定海面风速和提供海洋动力环境信息。 微波辐射计：双通道天底指向辐射计，工作频率 23.8 GHz 和 36.5 GHz，空间分辨率 20 km，幅宽 20 km。 先进沿轨扫描辐射计：为可见光 / 近红外成像多光谱辐射计，用于观测海面温度。它有 7 个通道，其中 4 个红外谱段用于海洋观测，空间分辨率 1 km，幅宽 500 km，海温测量精度优于 0.3 K

图 1.25　Envisat 卫星

　　"气象业务" 卫星 (MetOp) 是欧洲发展的首个极轨气象卫星，属于"欧洲极轨业务型气象卫星系统"。ESA 负责研制，欧洲气象卫星组织 (EUMETSAT) 负责卫星的运行和管理。MetOp 系列卫星共 3 颗，分别为 MetOp-A（见图 1.26）、MetOp-B 和 MetOp-C 卫星。MetOp 系列卫星将至少运行到 2020 年。MetOp-A 卫星于 2006 年 10 月 19 日发射，MetOp-A 卫星上的"先进甚高分辨率辐射计"可用于获取海面温度和海冰信息；"先进散射计"可用于获取全球的海面风场和海冰信息。

图 1.26　MetOp-A 卫星

　　"重力与稳态洋流探测器" GOCE 是 ESA 独立研发的地球动力学和大地测量卫星（图 1.27），是全球首颗用于探测地核结构的卫星。GOCE 于 2009 年 3 月 17 日发射，能够提供海洋重力场和海洋大地水准面的信息。

图 1.27　GOCE 卫星

　　Sentinel-1 星座是极轨、全天时、全天候雷达成像系统（见图 1.28），为海洋和陆地提供服务数据。Sentinel-1A 在 2014 年 4 月 3 日成功发射；Sentinel-1B 于 2016 年 4 月 22 日发射。Sentinel-1 将延续 ESA 以往 SAR 卫星的使命，主要提供欧洲海洋环境监控、开放海域监测、北极环境和海冰监测以及全球变化、城市规划、水体管理、全球食品安全等多种应用。Sentinel-2 星座是极轨、多光谱高分辨率成像系统。2 颗卫星组成的星座将提供 SPOT 和 Landsat 类型的全球高分辨率光学数据，主要为植被、土壤、水体覆盖、内陆水域及沿海地区的监测提供数据。Sentinel-3 星座是极轨的多遥感器卫星系统，主要载荷包括雷达高度计、微波辐射计、海陆彩色成像仪和海陆表面温度仪等，用于全球海面地形、海面及陆面温度、海洋水色等要素的观测，其中 Sentinel-3A 于 2016 年 2 月 16 日发射成功。

图 1.28　Sentinel-1 卫星

1.1.2.3　中国的卫星

1988 年 9 月我国发射了第一颗极轨气象卫星"风云一号"(FY-1A) 卫星，搭载的主要传感器是多通道可见光和红外扫描辐射计 (MISR)，1990 年 9 月发射了 FY-1B 卫星，配置了两个海洋水色通道的高分辨率扫描辐射计 (VHRSR)。虽然两颗卫星的寿命不长，但首次利用我国自己的卫星获得了我国海区较高质量的叶绿素浓度和悬浮泥沙浓度的分布图。2008 年 5 月 27 日，我国新一代极轨气象卫星 FY-3A 发射，卫星装载 11 台仪器，光谱通道达百个（图 1.29）。FY-3A 卫星上的微波成像仪 (MWRI)，频段范围：10 ~ 89 GHz，地面分辨率：15 ~ 85 km，能够获取的海洋信息包括海面温度、海面风速以及海冰信息。

图 1.29　FY-3A 卫星

1.1.2.4　俄罗斯的卫星

"流星"卫星 (Meteor) 是俄罗斯 / 苏联研发的极轨气象卫星，目前已经发展了 4 代，即 Meteor-1/2/3/M（见图 1.30）。其中，Meteor-M 是俄罗斯发展的第四代极轨气象卫星，也是俄罗斯现役气象卫星。Meteor-M 卫星搭载的低分辨率多光谱仪能够观测海面温度，X 波段合成孔径雷达能够实现对海冰的监测。

图 1.30　Meteor-3 卫星

1.1.2.5　日本的卫星

　　日本从 1977 年发射第一颗静止气象卫星 (GMS-1) 以来已发射了 5 颗静止气象卫星（图 1.31）。其中，GMS-5 气象卫星轨道高度约 36 000 km，可覆盖我国在内的大部分亚太地区国家，能够高频次地获取海面温度和海冰等海洋环境信息。日本于 2014 年发射了新一代的静止气象卫星"向日葵号 8"（Himawari-8）（图 1.32），它是世界上第一颗可以拍摄彩色图像的静止气象卫星，以往的卫星每小时只能观测整个地球一次，"向日葵号 8"的观测频率提高到了每 10 min 一次。

图 1.31　GMS 卫星

图 1.32　"向日葵号 8"卫星

"日本地球资源卫星"(JERS-1) 是日本研发的首颗对陆地表面进行观测的卫星（图 1.33），星上装载的合成孔径雷达可以用于海岸以及溢油的监测；高分辨率相机能够获取海洋资源信息。JERS-1 于 1992 年 2 月 11 日发射，1998 年 10 月停止运行。

图 1.33　JERS-1 卫星

1.1.3　新型的对地观测卫星

1.1.3.1　CryoSat-2卫星

CryoSat-2 卫星是一个用于观测冰盖和海冰的雷达高度计测量卫星（见图 1.34）。该卫星发射于 2010 年 4 月，运行在一个近圆形轨道，轨道高度 720 km、倾角 92°。它的轨道重复周期为 369 d（子循环为 30 d），在赤道上的轨迹间隔为 7.5 km。CryoSat-2 的轨道使用 DORIS 系统和一个激光反射阵列来确定（Phalippou et al., 2001）。CryoSat 卫星尺寸长 4.5 m，宽 2.3 m，高 2.2 m。与许多卫星不同的是，CryoSat-2 没有在两翼安装太阳能电池板，而是以屋顶的形式将太阳能电池板安装在卫星顶部（图 1.34）。CryoSat-2 的设计目的是测量海冰厚度、陡峭斜坡区域的冰盖高程以及填补高度计在极点附近的观测空白。

CryoSat-2 卫星上最主要的仪器是 SAR 干涉雷达高度计–2 (SIRAL-2)。SIRAL-2 包括两个并排安装的卡塞格伦椭圆形天线以形成交轨方向的干涉。两个天线基线距离为 1.15 m，尺寸均为 1.15 m×1.4 m，长轴平行于卫星轨道。天线椭圆形设计既是为了适应发射运载的整流罩，也是为了满足沿轨和交轨两个方向对不同波束宽度的需求。卫星搭载了一主一备两个完全一样的 SIRAL-2，如果主仪器失效将使用备份仪器继续测量。

图 1.34　CryoSat-2 卫星

SIRAL 工作在 Ku 频段 13.575 GHz，具备 3 种观测模式 (Francis, 2001)。

第一种是低分辨率模式 (LRM)，此时 SIRAL 工作方式与传统单频高度计一样，使用一根天线来发射和接收脉冲，利用 DORIS 系统提供电离层校正。这一传统脉冲有限模式将用来对海洋和大块浮冰的主体部分（相对于冰边缘具有较低的粗糙度）进行覆盖观测。在这种情况下，FOV 的直径约为 15 km。

第二种观测模式是 SAR 模式。为了获得更好的沿轨方向分辨率，仪器虽仍使用一个天线来发射和接收脉冲，但其 PRF 约是低分辨率模式下的 10 倍。在此模式下，仪器每次集中发射 64 个连续的短脉冲，接收回波后使用 SAR/Doppler 处理将一个足印在沿迹方向分为 64 个子面元。每个子面元在沿轨迹方向约为 250 m，在交轨方向可达 15 km（取决于海面粗糙度）。这一观测模式主要用于浮冰边缘的较粗糙海冰观测以及根据出水高度测量结果反演海冰厚度。与 ICESat-1 的激光高度计不同的是，CryoSat 的雷达脉冲在冰表面反射而不是雪表面。CryoSat-2 和 ICESat-2 测量的天然互补性意味着将激光和雷达高度计相组合将可提供积雪厚度的直接测量结果。

第三种观测模式是 SAR 干涉模式（简称为 SARIn 以避免与 InSAR 的混淆），用来观测倾斜地形区域的冰盖高程。在这一模式下，仪器使用一个天线发射、两个天线接收，PRF 为 SAR 模式的 2 倍，对应沿轨间隔约为 250 m。LRM 模式每个脉冲产生一个距离测量结果，相比之下由于存在 1.1 m 的基线，SARIn 模式产生的距离测量结果是照射刈幅内所有点观测角度的函数。因为地表存在倾斜，因此最初的回波可能来自一个非天底点，SARIn 模式的目的就是确定这一非天底指向角及它对应的距离。根据冰盖斜坡对应的具体地形，最小距离观测结果对应的表面区域可以位于星下点轨道的左右两侧。

1.1.3.2 SMOS 和 Aquarius/SAC-D 卫星

1）SMOS 卫星

SMOS 卫星是欧洲空间局地球探索者系列的第二颗卫星，由法国公司制造，主要投资方来自法国和西班牙，造价 4.64 亿美元。SMOS 卫星于 2009 年 11 月 2 日发射升空试运行并传回首批观测图像，2010 年 5 月进入了正式运行阶段。

卫星采用法国航天局和阿尔卡特书可莱尼亚航天公司联合研制的 PROTEUS 卫星平台，搭载了综合孔径微波成像辐射计 (Microwave Imaging Radiometer using Aperture Synthesis，MIRAS)。MIRAS 也是 SMOS 唯一搭载的有效载荷，它由西班牙航空制造股份有限公司领导的 20 多家欧洲公司联合建造，其天线是由 3 个天线臂展开组成的 Y 形天线阵，天线展开后直径约为 6 m，地面分辨率 30 ~ 50 km。MIRAS 工作在微波 L 频段，是首个极轨运行的天基二维干涉辐射计，中心频率为 1.413 GHz，该频段在避免人为辐射噪声并把大气层、天气和地表植被等造成的干扰降至最低的同时，保证了对土壤湿度和海水盐度的最大敏感度。SMOS 任务的设计指标见表 1.20。

表 1.20 SMOS 任务的设计指标

参数	指标
分辨率	30 ~ 50 km
幅宽	900 km
重访周期	3 ~ 7 d
测温精度	4.1 K
单次盐度测量精度	1.2
平均后盐度测量精度	200 km、30 d 平均后 0.1
寿命	3 ~ 5 a

该卫星是世界上唯一能够同时对土壤湿度和海水盐度变化进行观测的卫星，采用二维综合孔径探测体制，能够对目标进行多入射角探测，提高反演精度，并能够大大提高 RFI 检测能力，在轨验证了综合孔径辐射计技术在海洋盐度探测中的应用。SMOS 基于其独特的被动微波干涉成像技术，在观测全球气候变化领域起到关键作用。SMOS 卫星能够观测大气与海洋、陆地之间的水汽循环，图 1.35 为 SMOS 卫星在轨示意图。

图 1.35　SMOS 卫星

2）Aquarius 卫星

美国 SAC-D/Aquarius 卫星（简称 Aquarius）（见图 1.36）是美国航空航天局和阿根廷航天局的合作项目，并且巴西、加拿大、法国、意大利等多国航天部门也参与其中。卫星采用主被动方式在盐度探测中可同步获取粗糙度信息，其高稳定度辐射计系统能实现高精度的盐度探测，亮温测量精度和盐度反演精度做到了较高的水平。Aquarius 于 2011 年 6 月 10 日发射，开始执行其观测全球海洋表面盐分和研究海洋环流的任务。图 1.36 为 Aquarius 在轨工作示意图。

Aquarius 卫星上的盐度遥感器采用的是主被动联合探测仪，提供了一种高性能 L 波段微波辐射计用于高精度的亮温观测，同时集成了用于后向散射测量的 L 波段散射计，主被动同时对海面同一照射区域进行观测，辐射计测量海面辐射亮温，散射计用来帮助修正表面粗糙度，两种遥感数据融合进行反演，获得高精度的盐度数据。辐射计和散射计共用同一天线，在时间上交替观测以实现同一海面区域的观测，采用实孔径推扫体制，通过采用 3 个天线完成推扫，提供大概 390 km 的刈幅覆盖，空间分辨力约为 100 km，7 d 重返周期。Aquarius 卫星盐度遥感器的设计指标参数见表 1.21。目前，Aquarius 卫星数据在中低纬度地区基本能够实现 0.2 的盐度测量精度。

表 1.21　Aquarius 卫星盐度遥感器的设计指标

应用指标	100 km 空间分辨力；月度平均精确度 0.2
轨道参数	高度：657 km；太阳同步轨道，降交点：6:00 am；轨道倾角：8°；重返周期：7 d

主被动综合遥感器	抛物面反射器，推扫，三馈源。 入射角：28.7°、37.8°、45.6°。 波束宽度：6.1°、6.3°、6.6°。 工作频率：1.413 GHz（辐射计），1.26 GHz（散射计）。 极化：H、V、U（辐射计），HH、HV、VV、VH（散射计）。 稳定度：0.13 K（辐射计），0.13 dB（散射计）。 灵敏度：0.1 K（辐射计），0.1 dB（散射计）

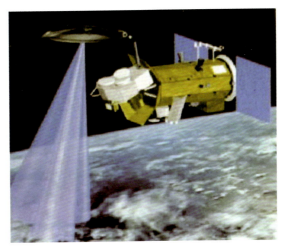

图 1.36　SAC-D/Aquarius 卫星

1.1.3.3　宽刈幅海洋高度计卫星

随着微波遥感技术发展，美国国家航空航天局 (NASA) 的海表面拓扑宽刈幅高度测量计划中的新型传感器就是宽刈幅海洋高度计 (Wide-Swath Ocean Altimeter, WSOA)，即三维成像微波高度计。WSOA 宽刈幅海洋高度计是以 SAR 干涉测量技术为基础的雷达高度计，其主要仪器是一台 Ku 波段的雷达干涉仪，其他仪器包括一台与 Jason 同类的传统的天底指向的双频雷达高度计，一台用来进行湿对流层水汽纠正的多频辐射计以及三个精密定轨系统（DORIS、GPS 和激光）。WSOA 设计海面高度三维分辨率为 10 km × 10 km × 3.2 cm，其工作原理示意图如图 1.37 所示。

随着研究深入与技术进步，国际海洋和水文协会启动了新的测量表面水和海洋拓扑任务 (Surface Water And Ocean Topography Mission, SWOT)。该任务提出的雷达高度计工作体制与 WSOA 相似，不同的是工作频段采用了 Ka 波段，海面设计三维分辨率大幅提高为 1 km × 1 km × 2 cm。目前 SWOT 任务已列入发射计划，预计于 2022 年发射，卫星见图 1.38 所示。

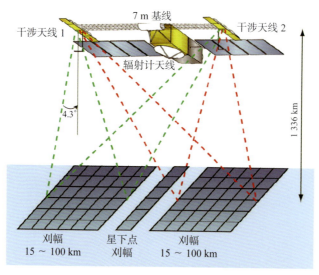

图 1.37　WSOA 工作原理示意图

图 1.38　SWOT 卫星

　　我国的中国科学院空间中心自 2000 年开始了对该型遥感载荷的原理研究和仪器的研制，2013 年进入正样研制阶段。在"天宫二号"上搭载的成像雷达高度计主要系统参数与 WSOA 接近。

1.2 航空遥感简介

1.2.1 航空遥感系统

1.2.1.1 系统组成

航空遥感 (aerial remote sensing; airborne remote sensing)，是运用飞机、飞艇、气球等飞行器作为遥感平台的遥感。航空遥感是由航空摄影侦察发展而来的一种多功能综合性探测技术，被广泛用于资源普查、地形测绘、军事侦察等许多领域。目前，航空遥感已成为对地观测系统的重要组成部分。在海洋行政管理、海洋权益维护以及国家的海洋经济建设等领域发挥着举足轻重的作用。

航空遥感系统主要由航空遥感平台和航空遥感传感器组成，如图 1.39 所示。

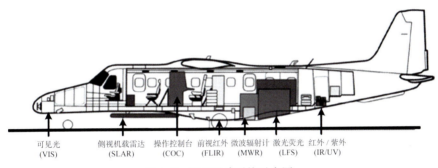

可见光	侧视机载雷达	操作控制台	前视红外	微波辐射计	激光荧光	红外/紫外
(VIS)	(SLAR)	(COC)	(FLIR)	(MWR)	(LFS)	(IR/UV)

图 1.39 航空遥感系统示意图

1）航空遥感平台

航空遥感平台一般是指高度在 20 km 以下的遥感平台，主要包括飞机、升空气球、气艇等。航空遥感平台的飞行高度较低，机动灵活，而且不受地面条件限制，调查周期短，资料回收方便，因此应用十分广泛。航空遥感平台按照工作高度和应用目的分为高空 (10 000 ~ 20 000 m)、中空 (5 000 ~ 10 000 m) 和低空 (< 5 000 m) 三种类型遥感作业。高空、中空的航空遥感，其成像比例尺小，包括的面积大，适用于较大范围的普查；低空的航空遥感，可获得较大比例尺的图像，可精确地绘制大比例尺地形图，也是目前应用最广泛的遥感手段。

目前航空遥感平台仍以有人驾驶飞机为主，航摄飞机应具备航速均匀、航行平稳、续航时间长等特性。我国的航空遥感中除了 8 000 m 以上航高目前还主要使用进口的"奖状""里尔"等飞机外，中空普通航摄已普遍使用国产的运 5、运 8、运 12 等机型（见图 1.40）。近几年，为了适应小面积航摄和低空高分辨率航摄的需求，研制生产了多种轻小型有人驾驶航摄机，如"蜜蜂""海鸥""海燕"等。

图 1.40 运 12 固定翼飞机

高空气球或飞艇遥感具有飞行高度高、覆盖面大、空中停留时间长、成本低等特点，同时还可对飞机和卫星均不易到达的平流层进行遥感活动。

无人机 (unmanned aerial vehicle，UAV) 是一种机上无人驾驶的航空器，具有动力装置和导航模块，在一定范围内靠无线电遥控设备或计算机预编程序自主控制飞行，是无人机航空遥感的传感器搭载平台，具体分为固定翼无人机（见图 1.41）、旋翼无人机（见图 1.42）和垂直起降无人机等。无人机遥感技术有其他遥感技术不可替代的优点，已经成为航空遥感的新兴发展方向。无人机有动力，可控制，能携带多种任务设备、执行多种任务，并能重复使用；可以在云下低空获取高清晰度的光学影像；可以低空、低速安全飞行，配备轻小型传感器后可获取甚高分辨率（厘米级）影像，实现高精度三维测量；可以完全由程序控制沿复杂航迹，以复杂姿态飞行，以获取特定目标（例如滑坡）和城市建筑物的多面体影像；无人机航拍影像具有清晰度高、比例尺大、航摄面积小、现势性高的优点，特别适合获取带状地区航拍影像（公路、铁路、河流、水库、海岸线等）。其灵活、机动，可以无机场起降，为航拍摄影提供了操作方便、易于转场的遥感平台。此外，高空长航时无人机适合执行对有人驾驶飞机来说飞行困难的地区以及对应急事件（如灾害监视、预警）的遥感信息获取等特殊任务。

我国的无人机航空遥感技术发展迅速，已成功研制无人飞行器适用于航空遥感的飞行控制系统、通信系统以及实现了轻小型传感器及其数据处理系统的集成。为提高我国无人机遥感技术的服务水平和轻小型无人机遥感系统的生产能力，进一步推动轻小型无人机遥感技术的产业化发展，国家遥感中心组织建设了全国轻小型无人机遥感系统信息库，较为全面地反映了全国民用遥感无人机的发展现状和服务能力，将更好地服务于无人机遥感技术的发展与应用。近年来，我国周边海域、海岛礁等海洋国土与资源纷争不断，局势紧张，许多重点海域（如钓鱼岛、南海、黄海等）和项目（春晓油田等）亟须进行多频次、高精度的监视监测，但仅靠海警执法船和有人驾驶飞机、卫星难以实现人员安全、效费平衡和不间断监视。因此，国家海洋局启动了"国家海域动态监视监测管理系统"的研究与建设，以无人机遥感系统动态监测为主要内容。它作为一种新型遥感监测手段，弥补了现有卫星遥感、有人航空遥感和现场监测技术手段的不足。其所获取的遥感影像分辨率高达 0.1 m；其续航能力最大可达 16 h 以上，成为国家海域动态监视监测管理系统的重要信息源。

图 1.41　固定翼无人机

图 1.42　旋翼无人机

2）航空遥感传感器

近年来，随着航空遥感技术的发展，航空遥感传感器的类型也日益繁多。除了使用可见光的框幅式光学相机外，还使用缝隙、全景相机、红外扫描仪、多光谱扫描仪、成像光谱仪、CCD 线阵列扫描和面阵扫描仪以及微波散射计、雷达测高仪、激光扫描仪和 SAR 等，它们几乎覆盖了可透过大气窗口的所有电磁波段。我国近年来在机载航空遥感传感器的研制方面取得了很大的进展。

（1）航空摄像机

现在的航空遥感摄像机主要是采用数字航摄仪。国际主流设备有奥地利 Vexcel 公司开发的 UltraCam-D (UCD)、Leica 公司生产的 ADS 系列航摄仪。其中 UCD 为框幅式数字航摄仪（图 1.43），ADS 系列为推扫式数字航摄仪。在这方面，我国主要研制成功了大面阵 CCD 数字相机和数字航摄仪 (SWDC)。其中高分辨率 CCD 面阵数字相机系统以 4 096×4 096 像元数的全数字式面阵 CCD 为探测器，配以大视场、大口径、低畸变光学系统组成航测相机主体，并与三轴陀螺稳定平台、高速大容量数据存储系统和 GPS 等共同集成为一个全数字、高空间分辨率、性能良好的相机系统。数字航空摄影仪 (SWDC) 的 SWDC-4 基于哈苏高档民用相机，经过加固、精密单机检校、平台拼接、精密平台检校，并配备测量型 GPS 接收机、GPS 航空天线、数字罗盘、航空摄影管理计算机、地面的后处理计算机和大量的空中软件、地面软件，是一种航空摄影与航空摄影测量为一体的集成系统，已实现了无摄影员操作的精确 GPS 定点曝光，既适用于城市大比例尺图、正射影像图，也适用于国家中小比例尺地形图的测绘。

图 1.43　框幅式数字航摄仪

（2）高光谱成像仪

我国高光谱仪的发展，经历了从多波段到成像光谱扫描，从光学机械扫描到面阵推扫的发展过程。根据我国海洋环境监测和森林探火的需求，研制发展了以红外波段和紫外波段以及以中波和长波红外为主体的航空专用扫描仪。20 世纪 80 年代中期，面向地质矿产资源勘探，又研制了工作在短波红外光谱区间（2.0～2.5 mm）

的 6 ~ 8 波段细分红外光谱扫描仪 (FIMS) 和工作波段在 8 ~ 12 mm 光谱范围的航空热红外多光谱扫描仪 (ATIMS)。在此基础上于 80 年代后期又研制和发展了新型模块化航空成像光谱仪 (MAIS)。近年来，研制出了模块化成像光谱仪 (OMIS) 和推帚式超光谱成像仪 (PHI)。其中，模块化成像光谱仪 (OMIS) 的主要技术特点为模块化，波段覆盖宽，具有 128 个波段，波段覆盖范围 0.46 ~ 12.5 μm；模块化结构，扫描系统、成像系统和光谱仪系统均为独立模块；可产出标准化图像数据产品。推帚式光电遥感器的特点是具有高光谱分辨率、高灵敏度和无机械运动部件等性能，使其成为新一代对地观测技术系统。推帚式超光谱成像仪 (PHI)，波段数为 244 个，从可见光到近红外光谱区光谱范围 0.40 μm 和 0.85 μm，光谱分辨率小于 5 nm。机载成像光谱仪与惯性导航系统如图 1.44 所示。红外 / 紫外传感器如图 1.45 所示。

图 1.44　机载成像光谱仪 (左) 与惯性导航系统 (右)

图 1.45　红外 / 紫外传感器

（3）激光雷达(LiDAR)

激光雷达是主动型遥感器的一种（图 1.46），它是微波雷达的"光"版。它主要用于测量距离、大气状态、大气污染、平流层物质等大气中物质的物理特性及其空间分布等。用于测距时，多称为激光测距仪(Laser Distance Meter)、激光高度计(Laser Altimeter)等。激光雷达的主要测量对象是距离、大气，但也用于水深及油膜等的海面物质或植物的叶绿素等的测量，并可为遥感中的大气修正提供有效的信息。

图 1.46　机载 LiDAR 设备及工作原理图

（4）SAR

在推出 X 波段 SAR、Ka 波段 SAR 之后，我国研制成功了 L 波段 SAR 系统。值得一提的是机载干涉合成孔径雷达(INSAR)系统，具有在全天时、全天候条件下进行数据获取，直接生成地学编码 DEM 和正射影像的能力，在地形测绘、目标检测、形变监测等方面具有很大的应用前景。X 波段干涉 SAR 系统是我国自主知识产权，达到世界先进水平的高分辨率、宽测绘带干涉合成孔径雷达系统，突破了系统总体与系统集成、双通道相位一致性、高精度 POS、成像及干涉处理、地形测图处理等关键技术，平面分辨率和高程分辨率都达到了 0.5 m。

1.2.1.2　航空遥感流程

为了获得航空遥感的基础资料，首先要进行航空摄影。通常进行以下工作。

1）航摄前的准备工作

根据测区的施测面积、范围及形状，在保障航摄范围覆盖和航片重叠度的前提下综合考虑测区的地形情况，独立分区域进行航线设计。然后编辑航空摄影设计书，包括确定航空摄影比例尺，选择航空摄影机，确定摄影航高，计算航向重叠和旁向重叠，确定摄影极限和航线间距等工作。同时计算曝光间隔和曝光时间，设计航空摄影领航图。

2）航空摄影的实施

航空摄影必须按航空摄影计划书进行。摄影时还应考虑风向和风速，依据摄影时的风速和飞机速度，进行偏流角的修正，使摄影方向与设计一致。通常采用的定向装置按航空摄影设计航线进行，保持摄影航线互相平行。摄影时间一般在9时至16时，摄影完毕后，应及时进行数据质量检查与预处理。

根据航空遥感的目的的不同，航空摄影可选用不同的方式进行航摄。具体有以下几种分类方式。

① 按相片倾斜角 [相片倾斜角是航空摄影机主光轴与通过透镜中心的地面铅垂线（主垂线）间的夹角] 的大小，可分为垂直摄影和倾斜摄影。主光轴垂直于地面（与主垂线重合）时，倾斜角为0°，为垂直摄影，这时感光胶片与地面平行。但由于飞行中的各种原因，倾斜角不可能绝对等于0°，一般凡倾斜角小于3°的称为垂直摄影。倾斜角大于3°的，称为倾斜摄影，所获得的相片称为倾斜相片。这种相片可单独使用，也可以与水平相片配合使用。

② 按感光材料的不同可分为普通黑白摄影、天然彩色摄影、黑白红外摄影、彩色红外摄影、多光谱摄影和机载侧视雷达等。

③ 按摄影实施方式的不同，可分为单片摄影、单航线摄影、多航线摄影。单片摄影，指为特定目标或小地块进行的摄影，一般获得一张、一对或数张不连续的相片。单航线摄影，指沿一条航线对地面上狭长地带或线状地物（如铁路、公路、河流、管道等）进行连续的摄影，为了使相邻两相片之间没有航摄漏洞，也为了做立体观察，应使相邻两相片之间有一部分互相重叠，该重叠的部分叫作航向重叠。航向重叠的面积与一张相片的总面积之比称为航向重叠度，一般为60%，不得小于53%。多航线摄影，是沿数条平行的直线航向对一个广大区域进行的连续的、布满全区的摄影。它是由几个互相平行的、互相连续并有一定重叠部分的单航线摄影组成的。除了有航向重叠外，在相邻航线的诸相邻相片之间也有一定的重叠，称为旁向重叠。旁向重叠面积与一张相片总面积之比称为旁向重叠度，一般为15% ~ 30%。为了避免飞行距离太长可能产生较大飞行偏差，一般限制航线的长度为60 ~ 120 km，航线一般为东西（或南北）方向飞行的航线。

④ 按摄影比例尺可分为大比例尺、中比例尺、小比例尺和超小比例尺航空摄影。

大比例尺航空摄影：相片比例尺大于 1∶1 万，主要用于小范围全面详细调查或专题调查的编图、城市详细规划和大比例尺制图。中比例尺航空摄影：相片比例尺为 1∶1 万至 1∶3 万，主要用于大范围普查和专题制图、城市综合调查等。小比例尺航空摄影：相片比例尺为 1∶3 万至 1∶10 万。超小比例尺航空摄影：相片比例尺为 1∶10 万至 1∶25 万。

3）航摄质量评价

航摄质量评价主要包括飞行质量评价和影像质量评价两个方面。飞行质量评价主要包括数据是否有航摄漏洞，航摄高度、航向重叠度和旁向重叠度、相片旋角等是否符合要求。影像数据要求影像清晰、色调一致，反差适中，地物层次丰富等。现在的航空遥感对地定位趋向于不依赖地面控制，利用 DGPS 和 INS 惯性导航系统的组合，可形成航空影像传感器的位置与姿态的自动测量和稳定装置，从而可实现定点摄影成像和无地面控制的高精度对地直接定位。所以目前的航摄质量评价还包括机载的定位定向数据的质量检查，包括卫星数据是否正常、连续，观测质量和解算精度是否符合要求等。

若搭载其他传感器，如高光谱扫描仪或者激光扫描仪等，也要进行相关的质量检查，并进行评价。

4）航空遥感的数据处理

航空遥感飞行后所得到的影像数据是含有各种畸变和噪声的，无法真实反映地表研究区域的信息，需要经过一系列的数据处理过程，以获得可供遥感解译的图像。航空遥感数据的处理一般通过专用的遥感软件来进行。不同类型的传感器得到的数据处理方法不尽相同，但基本流程相近。一般为：数据预处理、数字高程模型（DEM）制作、正射投影、影像拼接、裁剪成图等。

1.2.1.3 航空遥感的应用

在一系列国家科技计划的支持下，我国坚持自主创新，在高精度航空遥感系统领域自主研发了先进、实用的可见光、红外、激光、合成孔径雷达等航空遥感传感器，打破了国外的技术垄断和技术壁垒，研发出一系列适合我国国情的硬件、软件产品，形成了独具特色的全国航空遥感网，并在海洋、测绘、地矿、农业、水利、环保、交通、减灾、军事以及重大工程建设中发挥了重要作用。

航空遥感是海洋环境监测重要的手段之一，对于周期短、尺度小的海洋环境变化，航空遥感具有独特的优势。在近海海洋环境监测、海洋污染监测及海洋防灾减灾等方面，航空遥感以其特有的高空间分辨率、高光谱分辨率和机动灵活的特点，为广大海洋遥感工作者及管理决策部门提供了大量的科学研究数据和决策依据。

1.2.2 航空遥感系统的特点

利用飞机作为遥感观测平台已有近百年的历史，由于空间技术的成就，遥感观测平台升高到了人造地球卫星轨道，但这并不意味着卫星遥感可以取代航空遥感。与卫星遥感相比，航空遥感可以根据实际情况进行飞行，具有更加机动灵活的特点，获取目标数据更具针对性。

航天遥感和航空遥感的主要区别和关系如下。

① 所使用的遥感平台不同。航空遥感主要指的是机载遥感，具有机动灵活的特点，所使用的是空中飞行器，泛指从飞机、气球、飞艇等空中平台对地面感测的遥感技术系统。航天遥感使用的是空间飞行器。

② 遥感数据获取的高度不同。航空遥感使用的飞行器的飞行高度一般为数百米至数十千米，分为低空、中空、高空三级，此外还有超高空（U-2侦察机）和超低空的航空遥感。卫星遥感属于航天的范畴，卫星距地球远，覆盖范围宽，航天遥感使用的极地轨道卫星的高度一般约 1 000 km，静止气象卫星轨道的高度约 36 000 km。航空遥感获取的数据分辨率一般高于卫星遥感数据分辨率，能够实现更精细的监视监测。

③ 由于受天气、覆盖周期、过境时间、接收站覆盖范围、探测能力和生产周期等因素的影响，可能会出现部分调查区域无法获得所需的遥感数据，这时可以通过航空遥感方式进行弥补。同样，航空遥感受到续航能力（如南沙海域）、飞行成本、空中管制、内业工作量巨大以及生产周期等因素的影响，在计划时间内完成数据获取存在困难时，也可以由航空遥感资料进行补充。

④ 卫星导飞与飞机验证。航空遥感与卫星遥感各具优势，互为补充。卫星遥感反演结果，往往需要航空遥感进行验证。航空遥感能为卫星遥感提供更为准确的验证信息，而卫星遥感调查为航空遥感提供指导和大范围信息，这对提高航空遥感监视监测的效率和应急响应能力至关重要。

第2章　海洋遥感载荷

2.1　概述

　　海洋只能在三个电磁波段进行观测，称为可见光、红外和微波波段，相应的遥感器分别称为可见光、红外遥感载荷（本书统称为光学遥感载荷）和微波遥感载荷。在可见光和扩展到近红外波段的观测依赖于太阳反射，因此这些波段被限制在白天和无云情况使用。可见光谱段包括可以穿透海洋 10 ~ 100 m 量级深度的几个波段，其仅能获得一定深度平均海洋水色变化观测值，这些观测值与浮游植物和沉积物浓度有关。红外波段测量海洋上层几微米的黑体发射，尽管这些测量不依赖于白天，仍然被限制在无云条件。

　　微波特别是波长较长的波段，能够穿透云进行观测，仅受强降雨的影响。微波分为主动观测和被动观测，相应的观测设备称为主动微波遥感器、被动微波遥感器。被动微波传感器测量黑体的自然辐射，用来反演大气和海洋参量，如冰覆盖范围、大气水汽和液态水含量、海面温度、盐度和与海洋表面粗糙度有关的风矢量。相比较而言，各种类型的雷达为主动观测设备。这些传感器向海面发射脉冲，并接收其后向散射信号，因此雷达能主动提供辐射能量。主动传感器包括成像雷达（合成孔径雷达或者 SAR）、天地观测雷达（高度计）、扇形脉冲波束和倾斜旋转脉冲波束雷达（散射计）。散射计是具有高度方向性的非成像雷达，接收来自海面的后向散射。总之，通过上述仪器能够提供海面粗糙度和海面地形、风速和风向、波高、海浪方向谱和海冰的分布和类型等信息。

　　本章将介绍典型光学和微波海洋遥感载荷的主要功能和技术指标。其中，光学遥感载荷包括：AVHRR、SeaWiFS、MODIS、MERIS、VIIRS 以及 COCTS 和 CZI；微波遥感载荷包括：雷达高度计、微波散射计、微波辐射计和 SAR。

2.2 光学遥感载荷

2.2.1 AVHRR

改进的其高分辨率辐射仪 (Advanced Very High Resolution Radiometer, AVHRR) 是 NOAA 系列卫星搭载可用于海洋观测的遥感器。AVHRR 是包含可见光与红外波段的扫描辐射计,它可用来测量大气状况以及地球表面温度,进而提取地球表面(主要是海域)信息。第一代四波段辐射计 AVHRR 最初在 1978 年发射的 NOAA/TIROS 上使用,随后发展的五波段辐射计 AVHRR-2 开始在 1981 年发射的 NOAA-7 上使用,1998 年 NOAA-15 的发射成功标志着第四代业务卫星的开始,其中最新发展的六波段 AVHRR-3 是该系列卫星上的载荷之一(见图 2.1),其中 3A 与 3B 交替使用,即 3A 白天工作,3B 夜间工作,各波段的波长范围及地面分辨率见表 2.1。该辐射计所拥有的通道在 MODIS、FY-1C、FY-1D 等卫星上均设有相对应的波段。星上探测器扫描角为 ±55.4°,相当于探测地面 2 800 km 宽的带状区域,但由于扫描角大,图像边缘部分变形较大,实际上最有用的部分在 ±15° 范围内(15° 处地面分辨率为 1.5 km)。为了用于洲级及全球范围的研究,AVHRR 数据经常被重采样形成空间分辨率更低的数据。

表 2.1 AVHRR-3 的波段特征

波段序号	星下点的分辨率 (km)	对应波长 (μm)	应用类型
1		0.58 ~ 0.68	日间云图与陆地分布
2		0.725 ~ 1.00	白天水陆边界
3A	1.09	1.58 ~ 1.64	冰雪检测
3B		3.55 ~ 3.99	夜间云图与地表温度
4		10.30 ~ 11.30	夜间云图与地表温度
5		11.50 ~ 12.50	地表温度

引自 http://noaasis.noaa.gov/NOAASIS/ml/avhrr.html。

目前有两种全球尺度的 AVHRR 数据:NOAA 全球覆盖 (Global Area Coverage, GAC) 数据和 NOAA 全球植被指数 (Global Vegetation Index, GVI) 数据。GAC 是通过对原始 AVHRR 数据进行重采样而生成,空间分辨率为 4 km,没有经过投影变换;GVI 是对 GAC 数据的进一步采样而得到,空间分辨率为 15 km 或更粗,经过投影变换。此外，为了减少云的影响，GVI 是由连续 7 d 图像中 NDVI 值最大的像元所组成。AVHRR 资料的应用主要集中在大尺度区域（包括国家、洲乃至全球）调查。对于这方面的应用，气象卫星遥感具有其他遥感所无法相比的优势。应用的方法一般是采用多时相分类的方法对 1km 空间分辨率的 AVHRR 数据或更低空间分辨率的 GAC 或 GVI 数据进行分类。关于 AVHRR 数据下载地址，可查询 NOAA 网页 http://www.class.noaa.gov/saa/products/welcome。

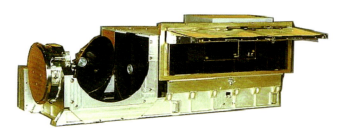

图 2.1 AVHRR-3

2.2.2 SeaWiFS

SeaWiFS 是装载在美国 SeaSTAR 卫星上的第二代海洋水色传感器（见图 2.2），1997 年 8 月发射成功，运行状况良好。SeaWiFS 共有 8 个通道，前 6 个通道位于可见光范围，中心波长分别为 412 nm、443 nm、490 nm、510 nm、555 nm、670 nm。7、8 通道位于近红外，中心波长分别为 765 nm 和 865 nm。SeaWiFS 地面分辨率为 1.1 km，刈幅宽度 1 502 ～ 2 801 km，观测角沿轨迹方向倾角为 20°，0°，–20°，10 bit 量化。表 2.2 给出了 SeaWiFS 传感器主要技术参数。

表 2.2 SeaWiFS 传感器主要技术参数

波段	波长范围 (nm)	饱和辐亮度	信噪比	波段设计
1	402 ～ 422	13.63	499	DOM
2	433 ～ 453	13.25	647	叶绿素
3	480 ～ 500	10.50	667	色素，K490
4	500 ～ 520	9.08	640	叶绿素
5	545 ～ 565	7.44	596	色素，光学性质，悬移质
6	660 ～ 680	4.20	442	大气校正、叶绿素
7	745 ～ 785	3.00	455	大气校正，气溶胶
8	845 ～ 885	2.13	467	大气校正，气溶胶

SeaWiFS 在 Nimbus-7 卫星上搭载的海岸带水色扫描仪 (CZCS) 基础上进行了改进和提高：

① 增加了光谱通道，即 412 nm、490 nm、865 nm。412 nm 针对于二类水域 DOM 的提取，490 nm 与漫衰减系数相对应，865 nm 用于精确的大气校正。

② 提高了辐射灵敏度，SeaWiFS 灵敏度约为 CZCS 的 2 倍。在 CZCS 反演算法中被忽略因子的影响，如多次散射、粗糙海面、臭氧层浓度变化、海表面大气压变化等，都在 SeaWiFS 反演算法中作了考虑。

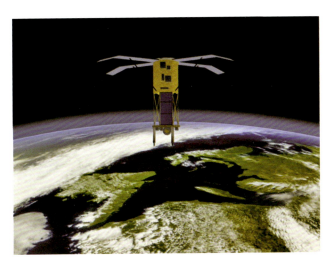

图 2.2　SeaWiFS

2.2.3　MODIS

MODIS（中分辨率成像光谱仪）是 EOS-AMI 系列卫星的主要探测仪器（见图 2.3），也是 EOS Terra 平台上唯一进行直接广播的对地观测仪器。MODIS 是当前世界上新一代"图谱合一"的光学遥感仪器，具有 36 个光谱通道，分布在 0.4 ～ 14 μm 的电磁波谱范围内，波段范围和主要用途见表 2.3。MODIS 仪器的地面分辨率分别为 250 m、500 m 和 1 000 m，扫描宽度为 2 330 km，在对地观测过程中，每秒可同时获得 6.1 MB 的大气、海洋和陆地表面信息，每日或每两日可获取一次全球观测数据。多波段数据可以同时提供反映陆地、云边界、云特性、海洋水色、浮游生物、生物地理、化学、大气中水汽、地表温度、云顶温度、大气温度、臭氧和云顶高度等特征的信息，用于对陆表、生物圈、固态地球、大气和海洋进行长期全球观测。表 2.3 列出了 MODIS 仪器特性和主要用途。

表 2.3   MODIS 仪器特性和主要用途

通道	光谱范围 (nm) 通道	信噪比 NEΔT	主要用途	分辨率 (m)
1	620 ~ 670	128	陆地、云边界	250
2	841 ~ 876	201		250
3	459 ~ 479	243	陆地、云特性	500
4	545 ~ 565	228		500
5	1 230 ~ 1 250	74		500
6	1 628 ~ 1 652	275		500
7	2 105 ~ 2 135	110		500
8	405 ~ 420	880	海洋水色、浮游植物、 生物地理、化学	1 000
9	438 ~ 448	8 380		1 000
10	483 ~ 493	802		1 000
11	526 ~ 536	754		1 000
12	546 ~ 556	750		1 000
13	662 ~ 672	910		1 000
14	673 ~ 683	1 087		1 000
15	743 ~ 753	586		1 000
16	862 ~ 877	516		1 000
17	890 ~ 920	167	大气水汽	1 000
18	931 ~ 941	57		1 000
19	915 ~ 965	250		1 000
20	3 660 ~ 3 840	0.05	地球表面和云顶温度	1 000
21	3 929 ~ 3 989	2.00		1 000
22	3 929 ~ 3 989	0.07		1 000
23	4 020 ~ 4 080	0.07		1 000
24	4 433 ~ 4 498	0.25	大气温度	1 000
25	4 482 ~ 4 549	0.25		1 000
26	1 360 ~ 1 390	1 504	卷云、水汽	1 000
27	6 535 ~ 6 895	0.25		1 000
28	7 175 ~ 7 475	0.25		1 000
29	8 400 ~ 8 700	0.05		1 000
30	9 580 ~ 9 880	0.25	臭氧	1 000
31	10 780 ~ 11 280	0.05	地球表面和云顶温度	1 000

通道	光谱范围 (nm) 通道	信噪比 NEΔT	主要用途	分辨率 (m)
32	11 770 ~ 12 270	0.05		1 000
33	13 185 ~ 13 485	0.25		1 000
34	13 485 ~ 13 785	0.25	云顶高度	1 000
35	13 785 ~ 14 085	0.25		1 000
36	14 085 ~ 14 385	0.35		1 000

　　MODIS 是搭载在 Terra 和 Aqua 卫星上的重要传感器，它是卫星上唯一将实时观测数据通过 X 波段向地面传输，可以免费接收数据并可无偿使用的星载仪器，全球许多国家和地区都在接收和使用 MODIS 数据。

图 2.3　MODIS

2.2.4　MERIS

　　中等分辨率成像光谱仪 (Medium Resolution Imaging Spectrometer, MERIS) 由法国与荷兰共同研制开发并搭载于 Envisat 卫星上，于 2003 年 5 月正式投入使用。它能同时满足观测大气、海洋和陆地的需要，其独特的在轨处理功能、精细的光谱波段设置与可调节的两种空间分辨率使其在水色遥感器中占有绝对优势：在大气方面，MERIS 既可用于大气校正以获取离水辐射率，也可以测量云顶高度、云的光学厚度、含水量、气溶胶厚度、云的反照率等参数；在海洋方面则专门测量海洋与近岸水体水色，包括探测海表面叶绿素浓度、悬浮物质浓度和溶解有机物等。

MERIS 是推扫被动式成像光谱仪，扫描过程由一排用 5 架摄像机排列组成的探测器元件完成，共同观测旁向 1 150 km（68.5°的宽视场）宽的地面刈幅（图 2.4），每 3 d 覆盖全球一次，信噪比高达 1 700。为降低噪声对大气校正算法和海水成分浓度计算的精度影响，MERIS 设计了等效噪声辐射率（NEΔL）值，使之能适应一、二类水体的情况。MERIS 遥感器在 0.39 ～ 1.04 μm 波谱范围内设有 15 个波段，带宽范围为 3.75 ～ 20 nm，可见光光谱的平均带宽为 10 nm。15 个波段精细的辐射测量可以提供海洋生产力、海岸带尤其是海洋沉积物的观测，同时也可以计算陆地植被指数。对海岸带与陆地测量的 300 m 分辨率数据需要实时传输到地面接收站，对大面积海域监测的分辨率为 1 200 m 的数据，记录在星上记录器中。MERIS 遥感器参数见表 2.4。

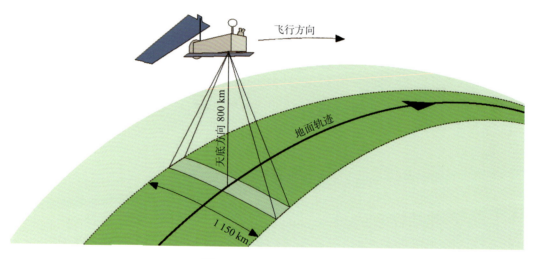

图 2.4　MERIS 观测刈幅

与常用遥感器 SeaWiFS、MODIS 两者相比，MERIS 遥感器包含了 SeaWiFS、MODIS 遥感器所有的水色波段，且增加了悬浮物质的敏感波段 620 nm、叶绿素荧光性大气校正波段 708.75 nm、氧气吸收波段 760 nm、大气含水量波段 900 nm 等；光谱分辨率也由 SeaWiFS 的 20 nm 提高到 10 nm 甚至更高。在数据量化级数方面，MERIS 数据较前两者也有所提高，为 16 bit，而 SeaWiFS 与 MODIS 的量化级数分别为 10 bit 与 12 bit；300 m 的空间分辨率使之更加适用于海岸带区域，且当用于大范围的海洋应用研究时，可选择低空间分辨率模式（1 200 m × 1 200 m）。

表2.4　MERIS遥感器参数

参数	技术指标	参数	技术指标
光谱范围	390 ～ 1 040 nm	光谱位置误差	< 1 m
光谱取样间隔	1.25 nm	辐射度分辨率	1.5 μW/(m². sr · nm)，1 865 nm 波长处，10 nm 带宽
光谱波段	15，中心频率可编程	动态范围	−40 dB
光谱波段宽度	1.25 ～ 25 nm 可编程	操作	白天操作
仪器视场	68. 5°	数据率	正常分辨率 24 MB/s 约减分辨率 1.6 MB/s
定位绝对准确度	< 2 000 m	重量	207 kg
太阳反射比准确	< 2%	功率	148 W（平均）
测量模式	正常分辨率 250 m（天底）约减分辨率 1 km（天底）		
偏振灵敏度	< 0.5%		

引自http://oceancolor.gsfc.nasa.gov。

2.2.5　VIIRS

可见光红外成像辐射仪 (Visible Infrared Imaging Radiometer, VIIRS) 是美国国家极轨环境卫星系统预备计划 (NPP) 卫星搭载的 5 个观测仪器之一（图 2.5）。VIIRS 可收集陆地、大气、冰层和海洋在可见光和红外波段的辐射图像。它是高分辨率辐射仪 AVHRR 和地球观测系列中分辨率成像光谱仪 MODIS 系列的拓展和改进。VIIRS 于 2011 年 10 月 28 日发射升空，它继承和发展了已有遥感器的功能，即继承了美国国防气象卫星上的线性扫描业务系统 (DMSP/OLS)、NOAA 系列卫星上改进的甚高分辨率辐射仪 (NOAA/AVHRR)、地球观测系统中的中分辨率成像光谱仪 (EOS/MODIS) 的功能。VIIRS 具有以下 3 个主要特征：① 高分辨率，并且随着远离星下点空间分辨率有控制地减小；② 最小化的制造与运行成本；③ 足够多的通道，以满足生成准业务和科研产品的需要。

VIIRS 主要是一个由 SeaWiFS 和具有全反射修正的 MODIS/THEMIS 结合组成的光学系统。其上载有校正设备，对于热红外通道，用一个黑体辐射源和外太空观测来进行定标。VIIRS 在星下点左右 56° 的范围内扫描。对于高度为 833 km 的卫星来说其扫描宽度为 3 000 km。空间水平分辨率在星下点优于 400 m，在扫描边缘优于 800 m。VIIRS 共设置 22 个通道，其中 9 个通道位于可见光近红外 (0.4 ～ 0.9 μm)、8 个通道位于短 / 中波红外 (1 ～ 4 μm)、4 个通道位于热红外 (8 ～ 12 μm)、1 个低照度条件下可见光通道。VIIRS 的通道设置见表 2.5。

表 2.5　VIIRS 的通道设置

通道数序号	VIIRS标示	中心波长(μm)	带宽(μm)	星下点水平分辨率(km)	55.8°（边缘点）水平分辨率 (km)
1	DNB	0.7	0.4	0.742	0.742
2	M1	0.412	0.020	0.742	1.6
3	M2	0.445	0.018	0.742	1.6
4	M3	0.488	0.020	0.742	1.6
5	M4	0.555	0.020	0.742	1.6
6	I1	0.640	0.080	0.371	0.8
7	M5	0.672	0.020	0.742	1.6
8	M6	0.746	0.015	0.742	1.6
9	I2	0.865	0.039	0.371	0.8
10	M7	0.865	0.039	0.742	1.6
11	M8	1.240	0.020	0.742	1.6
12	M9	1.378	0.015	0.742	1.6
13	I3	1.610	0.060	0.371	0.8
14	M10	1.610	0.060	0.742	1.6
15	M11	2.250	0.050	0.742	1.6
16	I4	3.740	0.380	0.371	0.8
17	M12	3.700	0.180	0.742	1.6
18	M13	4.050	0.155	0.742	1.6
19	M14	8.550	0.300	0.742	1.6
20	M15	10.763	1.000	0.742	1.6
21	I5	11.450	1.900	0.371	0.8
22	M16	12.013	0.950	0.742	1.6

注：其中 DNB 通道为昼夜云图观测通道，继承自 DMSP/OLS 昼夜云图观测通道；I 标志该通道继承自 NOAA/AVHRR；M 标志该通道继承自 EOS/MODIS。

VIIRS 数据可用来测量云量和气溶胶特性、海洋水色、海洋和陆地表面温度、海冰运动和温度、火灾和地球反照率。气象学家使用 VIIRS 数据来提高我们对全球温度变化的了解。基本参数如下。

① 光谱波段：22 个 (0.3 ~ 14 μm)。

可见光、近红外 9 个 (0.4 ~ 0.9 μm)；

短、中波红外 8 个 (1 ~ 4 μm)；

热红外 4 个 (8 ~ 12 μm)；

低照度条件下的可见光通道 1 个。

②分辨率。

　　星下点空间分辨率 400 m；

　　扫描带边缘空间分辨率约 800 m。

③扫描幅宽：±56°，3 000 km。

④重返周期：每 4 小时经过赤道一次。

⑤首幅图像：2011 年 11 月 21 日。

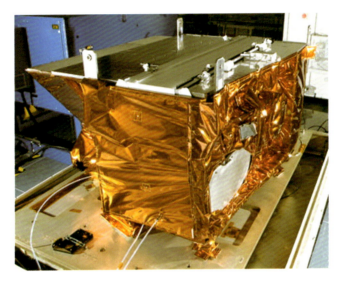

图 2.5　VIIRS

2.2.6　COCTS和CZI

　　HY-1A/B 是我国海洋卫星中的海洋水色卫星系列。卫星采用太阳同步圆形轨道，星上传感器为一台 10 波段的光机扫描仪 (COCTS) 和一台 4 波段的海岸带成像仪 (CZI)。COCTS 用于探测海洋水色要素（如叶绿素、悬浮泥沙和可溶有机物）及海面温度场；CZI 成像仪主要用于获得海岸带的图像资料，进行动态监测。COCTS 和 CZI 的主要技术指标如下。

　（1）COCTS

　　　　①星下点像元地面分辨率：1 100 m；

　　　　②每扫描行像元数：1 024；

　　　　③量化级数：10 bit；

　　　　④波段设置：见表 2.6。

表 2.6　COCTS 波段设置和用途

波段（μm）	应用对象
0.402 ~ 0.422	黄色物质、水体污染
0.433 ~ 0.453	叶绿素吸收
0.480 ~ 0.500	叶绿素、测冰、污染、浅海地形
0.510 ~ 0.530	叶绿素、水深、污染、泥沙
0.555 ~ 0.575	叶绿素、植被、低含量泥沙
0.660 ~ 0.680	高含量泥沙、大气校正、污染、气溶胶
0.745 ~ 0.785	大气校正、高含量泥沙、植被
0.845 ~ 0.885	大气校正、水汽总量
10.30 ~ 11.40	水温、测冰、地表温、云顶温、卷云
11.40 ~ 12.50	水温、测冰、地表温、云顶温、卷云

（2）CZI

①星下点像元地面分辨率：250 m；

②每扫描行像元数：2 048；

③波段设置：见表 2.7。

表 2.7　CZI 波段设置和用途

波段（μm）	应用对象
0.42 ~ 0.50	污染、植被、水色、冰、水下地形
0.52 ~ 0.60	悬浮泥沙、潮间带、污染、冰、滩涂、植被
0.61 ~ 0.69	悬浮泥沙、潮间带、污染、冰、滩涂、植被
0.76 ~ 0.89	大气校正、水汽总量、土壤

2.3　微波遥感载荷

2.3.1　雷达高度计

2.3.1.1　SKYLab 高度计

1973 年 5 月 14 日至 11 月 16 日美国发射了 4 艘天空实验室 (SKYLab) 飞船，其中 SKYLab1 为无人飞船，SKYLab2-4 为载人飞船，这是美国第一次进行载人飞船演习。演习有 17 个项目，其中一项是从天空观测地球。飞船上装载了 8 台地球观测器：多光谱摄像机（精度 9.14 m）、地球地形照相机（精度 3.35 m）、红外光谱仪、多光谱扫描仪（红外）、微波辐射计、微波散射计、雷达高度计及 L 波段辐射计，这些仪器安装在留轨舱中。

SKYLab 系列总共飞行了 171 d 13 h，进行地球观测 724.7 h，获取了 46 146 景地球图像，其中光学遥感图像质量上乘。SKYLab4 留轨舱一直维持到 1979 年 11 月才坠落在印度洋。对于雷达高度计而言，所进行的试验属功能性试验，探索之后改进测量精度的途径。由于雷达高度计测量精度差，再加上在飞船条件下，轨道和姿态误差大，虽对轨道误差作了部分校正，但大气传输和海况误差都没有补偿，所以测高精度约为 1 m，测波精度 1 ~ 2 m。因此，很难满足海洋应用的需要。

2.3.1.2 Geos-3 卫星高度计

在总结 SKYLab 实验经验的基础上，美国于 1975 年 4 月 9 日又发射了地球动力学和海洋卫星 Geos-3，发射目的如下：① 设计、发展和发射一类测地卫星；② 开展测地卫星在地球科学，即固体地球物理学和海洋学的应用实验；③ 测量参数：海面高度、有效波高和海面风速。Geos-3 卫星是一颗太阳同步圆形轨道极轨卫星，它由 Johns Hopkins 大学应用物理实验室制造。星上装有一台雷达高度计，由 GE 公司生产。此外，星上还装有两套测定轨设备：激光反射镜阵列和多普勒跟踪系统。

Geos-3 雷达高度计的测高误差为 10 cm，误差主要来源于仪器误差、轨道误差和大气传输误差等。在设计上仪器首次采用了脉冲压缩技术，虽噪声水平与 SKY-Lab 高度计相比仍比较高，但其测距精度有了明显的提升，其海面高度测量的准确度达到 20 cm。该高度计的数据已能较好地反映湾流中尺度变化，并且结果与船舶的观测数据基本一致 (Douglas et al., 1983；Emery et al., 2001)。

2.3.1.3 Seasat-A 卫星高度计

美国于 1978 年 6 月 28 日发射了世界上第一颗海洋卫星 Seasat-A。其发射目的是：① 了解海洋动力学现象；② 确定业务型海洋卫星的要求；③ 探测目标包括海面拓扑、波浪场、内波、极地冰、海面风场、海面温度、大气水汽、云 / 陆 / 水体等。

Seasat-A 卫星上的探测器有 5 台，即雷达高度计、SAR、微波散射计、多通道微波扫描辐射计 (SMMR) 和可见红外辐射计 (VIRR)。此外，还有两套测定轨设备：激光反射镜阵列和 Doppler 跟踪系统。Seasat-A 卫星自 1978 年 6 月发射后，只运行了 109 d（1502 轨道），于同年 10 月 9 日失效。Seasat-A 测高的主要仪器是雷达高度计，微波辐射计则提供大气水汽参数，可用于雷达高度计大气水汽误差校正。

Seasat 卫星上搭载的雷达高度计测高精度达到了 10 cm 左右，径向轨道误差为 150 cm RMS。但是，由于电池故障，Seasat 雷达高度计只工作了 3 个月。在运行的第一个月中，Seasat 地面轨迹的精确重复周期为 17 d，然后以 3 d 的重复周期运行。它是第一个能提供全球海面变化信息的雷达高度计。Seasat 雷达高度计证明了采用遥感技术可以在全球范围内测量海面高度、海面风速、海流和潮汐等海洋动力环境要素的能力，显示了高度计数据在物理海洋领域的应用潜力 (Watson, 2005)。

2.3.1.4 Geosat 和 GFO-1 卫星高度计

Geosat 是美国海军用于测量海洋大地水准面的卫星。Geosat 取自 Geodetic Satellite 的缩写，意思是测地卫星。确切地说是一颗海洋测地卫星或海洋地形卫星。该卫星运行时间自 1985 年 3 月至 1990 年 1 月。由于运行期间出现故障，实际有效时间为 3 年。GFO-1 (Geosat Follow On-1) 是 Geosat 的后继卫星。GFO-1 于 1998 年 2 月发射，2008 年 11 月结束。Geosat 系列卫星是为海军业务服务的应用卫星系列，发射目的是：① 为海军提供高度计测量数据，包括近岸海流、中尺度锋面和涡旋、海面拓扑；② 支持海军、NASA、NOAA 和大学的海洋科学研究。Geosat 系列卫星上装有 2 台探测器：雷达高度计，Ku 波段；微波辐射计：22 GHz 和 37 GHz 波段，用作水汽辐射计，为雷达高度计水汽校正提供数据。

Geosat 卫星从运行到 1986 年 6 月这段时间，按照非重复轨道运行执行测地任务 (GM)；从 1986 年 9 月开始按照 17 d 的重复周期运行 (ERM)。该卫星是一颗测地卫星，雷达高度计的测高精度为 5 cm、径向轨道误差为 10 cm。它的首要任务是精确确定全球的地球重力场及其平均海平面形状。GFO-1 虽然是单频高度计，但是其测距和轨道的精度比 Geosat 有显著提高。

2.3.1.5 ERS-1/2 卫星高度计

欧洲航天局 (ESA) 分别于 1991 年 7 月和 1995 年 4 月发射了 ERS-1 和 ERS-2 欧洲遥感卫星，这是继美国 1978 年 6 月发射的 SeaSat 之后，世界上第二次发射这种类型的卫星。该卫星的发射目的是：① 对气候模式中海气交互作用模式进行改进；② 着重了解洋流和能量传递过程；③ 使两极冰盖体积平衡估计更可信；④ 改善海岸动力过程和污染的监测；⑤ 改进土地利用变化的测量和管理。卫星探测参数包括：海面浪场、风场、海面高度、冰面拓扑、海面温度、水汽含量等。

ERS-1/2 系列卫星的雷达高度计测距精确度优于 5 cm，用于获取全球海浪的动态信息、大洋环流和全球的平均海面变化等。此外，对于 ERS 数据来说还存在着 ECWMF 和星上微波辐射计水汽校正的差异的问题 (Naeije et al., 2000)。

2.3.1.6 TOPEX/Poseidon 卫星高度计

TOPEX/Poseidon 卫星是美国和法国联合研制的高度计卫星，1992 年 8 月 10 日用 Ariane 42P 火箭发射上天。发射 T/P 卫星的目的是：① 连续观测全球海面拓扑；② 观测全球海洋的季节变化；③ 监测厄尔尼诺和其他大尺度现象；④ 为洋流模型提供验证数据；⑤ 上层水体热存储的年际变化；⑥ 获得精确的全球潮汐图；⑦ 增进对地球重力场的认识。

T/P 卫星上配置的仪器有：双频雷达高度计 (NASA)、单频固体雷达高度计 (CNES) 和多波段微波辐射计 (NASA)。此外，还有 3 套测定轨设备：激光反射镜阵列，DORIS 双频跟踪系统 (CNES) 和 GPS 接收机 (NASA)。T/P 卫星上的激光反射器阵 (Laser Retro-reflector Array, LRA)，具有 192 个石英角反射器，装于高度计天线周围的两个同心环上，可利用分布在全球的 30 个地面激光跟踪站对卫星进行跟踪，使得跟踪准确度达到 3 cm。

T/P 是第一颗专门设计用于海洋科学研究的卫星高度计，最初由于数据处理算法的问题，得出的海面高度误差大于 10 cm (Haines et al., 1996)，仪器漂移约为 7 mm/a (Nerem et al., 1997)，经过不断的误差修正后测高精度达到 2 ~ 3 cm (Mercier et al., 2010)。T/P 双频高度计在校正电离层路径延迟方面的成功应用也成为之后卫星雷达高度计设计的模板。T/P 在轨运行了 13 年，获取了大量宝贵的测高数据，数据成功地应用在物理海洋、全球变化以及大地测量等诸多领域，这些领域的研究越来越倚重卫星高度计的测高数据。

2.3.1.7 Jason-1/2 卫星高度计

自从 1992 年 8 月 T/P 卫星发射以及随后的一系列关于 T/P 卫星高度计系统性能的全面分析，T/P 任务科学工作组的工作目标转向 T/P 的后继计划 Jason 卫星系列。早在 1993 年，法国宇航局的 CNES、NASA 同意合作研发 T/P 卫星后继星 Jason-1。T/P 任务成功的主要原因是努力优化系统，使仪器、卫星以及轨道参数都是为了完成任务目标而专门设计的。

T/P 的后继卫星是 2001 年 12 月 7 日美法联合发射的 Jason-1 卫星和 2008 年 6 月 20 日发射的 Jason-2 卫星。Jason-1/2 的设计与 T/P 类似，但它的电子器件采用了小型化技术，与重量为 2 400 kg 的 T/P 相比其重量仅为 500 kg。Jason-1/2 与 T/P 的不同之处是仅装载了一个 POSEIDON-2 与 POSEIDON-3 高度计。这类高度计是在 T/P 卫星上的 SSALT 高度计基础上发展而来的固态双频高度计，分别是 Ku 波段和 C 波段 (13.575 GHz 和 5.3 GHz)。其中，延续双频的设计是为了用于电离层路径延迟校正。Jason-1/2 还能通过两个独立的 turbo rogue 型 GPS 接收机 (TRSR) 来定位，不存在 GPS 的加密问题，卫星的定轨精度为 2～3 cm (Haines et al., 2002)。

关于大气校正，Jason-1 装备了 Jason-1 微波辐射计 (JMR)，它是 3 个频段天底指向的微波辐射计，与 TMR 类似。JMR 工作频率是 18.7 GHz、23.8 GHz 和 34.0 GHz，在这方面与 TMR 有所不同。利用各个频段接收到的亮度温度可以计算出 V、L 和 U 以及设置降雨标识。JMR 与 TMR 频率不同是考虑到了以下因素：① 由 21.0 GHz 改变到 23.8 GHz 和 37.0 GHz 改变到 34.0 GHz 是为了减少高度计 5.3 GHz 的干扰；② 由 18.0 GHz 改变到 18.7 GHz 是出于政治的考虑，以支持遥感频段建议的采纳 (FU et al. 2001)。为了满足这种频率的变化，JMR 的算法已经做了修改。JMR 水汽反演的精度为 1.2 cm，这与 TMR 一致。

Jason-1 在开始阶段与 T/P 有相同的轨道和地面轨迹，与 T/P 的观测具有连续性。在 Jason-1 任务开始阶段，它与 T/P 轨道相同，两者前后相差 60 s 或 500 km。Jason-1 与 T/P 保持共同轨道的时间约为 6 个月，这期间利用两者做了交叉定标，对仪器做了校正。在定标结束后，T/P 变轨到与 Jason-1 平行的轨道，位于 Jason-1 相邻两条轨道的中间。在 T/P 任务结束之前，两个高度计的同时运行将会大大提高对海洋观测的分辨率。由于 Jason-1 轨道最初与 T/P 轨道一致，因此 Jason-1 海上定标场使用了现存的美国 Harvest 定标场和法国科西嘉岛的定标场（位于地中海）。

2.3.1.8　Envisat 卫星高度计

2002 年 3 月 1 日，Envisat-1 卫星发射，2012 年 5 月 9 日，ESA 宣布 Envisat 任务终止，在轨服务 10 年。Envisat 卫星上搭载了双频雷达高度计 RA-2，与此前的高度计 T/P、Jason-1 在波段设置上有所不同，除了经典的 Ku 波段 (13.575 GHz) 以外，它没有设置 C 波段 (5.3 GHz)，而以 S 波段 (3.2 GHz) 作为另一个高度计频率，这种设置是为了更好地反演海冰以及积雪。它作为 ERS 系列的后继星，性能提升明显，但其偏差依旧较大甚至大于 ERS-2 高度计偏差，根据研究其偏差为 417 mm±7 mm。

2.3.1.9　CryoSat

CryoSat 是一颗用于观测极地冰盖和海冰的雷达高度计，设计寿命 3 年。它采用近圆形轨道的极轨卫星，卫星高度 720 km，倾角 92°。卫星的重复周期为 369 d，并且轨道在赤道上的间隔为 7.5 km。DORIS 系统和激光反射阵列用于 CryoSat 精密轨道的确定 (Phalippou et al., 2001)。

CryoSat 卫星上主要的仪器是 SAR 干涉雷达高度计 (SIRAL)。SIRAL 由 2 个并排安装的椭圆形天线组成，由此形成距离向的干涉。天线尺寸为 1.15 m×1.4 m，长轴平行于卫星轨迹。天线椭圆形设计的目的是容纳整流装置以及距离向和方位向对不同波束宽度的需求。

SIRAL 工作频率为 Ku 频段，采用 3 种模式。第一种是低精度模式，此时 SIRAL 作为一个经典的单频雷达高度计，使用一根天线来发射和接收脉冲，其中 DORIS 系统提供电离层校正。传统脉冲有限模式将用来对海洋和粗糙的冰层进行观测。第二种模式为 SAR 模式，这是为了方位向获得好的分辨率，此时仪器使用一个天线来反射和接收 10 倍于低精度模式下的脉冲。SAR/Doppler 的处理是对沿轨迹方向的足印分为 64 个子面元，每个子面元在沿轨迹方向约为 250 m（取决于地面的粗糙度）和距离向 15 km。这个模式对于粗糙冰面的观测为首选。第三种模式是 SAR 干涉模式，这种模式是设计用来观测冰盖地形具有倾斜度区域的冰盖高度。在这种模式中，PRF 为 2 倍于 SAR 模式，仪器脉冲由一个天线发射，由两个天线同时接收。因为地面斜率的出现会造成最初的回波可能不是来自天底点，干涉的目的是确定非天底指向角以及相应的高程。这种模式不成像，而是在间隔为 250 m 的沿轨迹方向上获取高程的观测量。

2.3.1.10 HY-2A卫星雷达高度计

雷达高度计是一种主动微波遥感器，通过向海面垂直发射脉冲信号，分析回波特征，得到海面高度 (SSH)、有效波高 (SWH) 和风速等信息，经过处理可获得全球大地水准面、重力场、海表面地形、海流、海浪、潮汐等动力参数信息。

HY-2A 卫星雷达高度计通过向海面垂直发射双频脉冲信号，分析回波特征得到海面高度和有效波高等信息。接收功率斜坡引导沿的半功率点对应于平均海平面，测得它与发射脉冲的延时，可得到平台至平均海平面的高度，再利用精密定轨获得卫星轨道详细参数，即可通过计算获得全球海面高度数据，进而获得海面动态地形；回波引导沿的斜率反比于海面有效波高，通过对斜率的测量可直接反演海面有效波高；依靠回波的功率大小估计后向散射系数的大小，可获得海冰含量、湍流边界、海洋风速等信息。雷达高度计可同时兼顾海冰和陆地的测量。HY-2A 卫星雷达高度计采用 Ku、C 双频工作体制，用于校正电离层时延。HY-2A 卫星雷达高度计主要技术指标见表 2.8。

表 2.8　HY-2A 卫星雷达高度计主要技术指标

主要技术指标	技术指标数据
工作中心频率 (GHz)	13.5、5.25
工作带宽 (MHz)	320/80/20 在轨实时自适应
发射机峰值功率 (W)	Ku 频段：10，C 频段：20
脉冲重复频率 (kHz)	脉冲 Ku 波段 2.30，C 波段 0.76
测距精度 (cm)	不大于 4（海面星下点）
地面足迹 (km)	小于 2（平静海面）
AGC 动态范围 (dB)	55

　　HY-2A 卫星雷达高度计在测高和测浪精度上均达到了国际同类遥感器的技术水平。目前，HY-2A 卫星雷达高度计获取的海洋动力环境参数中 SSH 的测量精度为 6.3 cm，SWH 测量精度为 29 cm (2 m < SWH < 4 m)。Jason-2 高度计 SSH 测量精度为 5.4 cm；SWH 测量精度为 27 cm (2 m < SWH < 4 m)。我国在 2018 年 10 月 25 日成功发射 HY-2B 卫星。它作为 HY-2A 后续的业务卫星，HY-2B 卫星雷达高度计具备了更高的测高和测浪精度，测高精度优于 6 cm；测浪精度优于 30 cm。

2.3.2　微波散射计

2.3.2.1　NSCAT散射计

　　NSCAT (NASA Scatterometer) 是美国 NASA 研制的 Ku 波段微波散射计，1996 年 8 月 17 日搭载在 ADEOS 卫星上发射成功。ADEOS 是太阳同步卫星，轨道高度 795 km，绕地球一周 101 min，卫星的运动速度为 6.7 km/s。

　　NSCAT 散射计具有 6 根相同的双极化棒状天线，天线的长度约为 3 m，宽度为 6 cm，厚度为 10 ~ 12 cm。每一根天线都向海面发射扇形波束，波束的入射角在 20°~ 55°之间，波束宽度为 0.4°。NSCAT 散射计的天线结构图如图 2.6 所示。左侧天线与飞行方向的夹角分别为 45°，65°，135°；右侧天线与飞行方向的夹角分别为 45°，115°，135°。由于中间天线以 VV 和 HH 两种极化工作，因此每一侧的天线可以进行四次不同的测量。在距离向上，刈幅宽度为 600 km。在星下点，有一宽度为 330 km 的区域。该区域的回波信号主要是通过镜面反射得到的，因此无法反演得到风向信息。在卫星轨道每一侧的刈幅可以分成 24 个多普勒单元，每一个单元的空间分辨率为 25 km。

　　为了在航迹向获得 25 km 的空间分辨率，每一根天线每隔 3.74 s 采样一次，在这段时间内卫星运行了 25 km。在 3.74 s 时间内，由于 NSCAT 散射计 8 个不同的波束共用一个发射机 / 接收机，因此每一个波束每隔 468 ms 采样一次。

在 NSCAT 散射计的数据处理中，每一个多普勒单元的中心频率和带宽被调整为与赤道距离的函数，这样测量面元相对于卫星的大小和位置保持不变。相反，SASS 散射计只有 4 根棒状天线，分别位于卫星轨道的两侧，与卫星轨道方向成 45° 和 135° 角，并且其在轨多普勒滤波器固定 (Johnson et al., 1980)。这导致了在靠近赤道地区，前视和后视天线的多普勒单元具有不同的尺度，从而在比较前视和后视天线测量的 σ_0 中减少了多普勒单元的重叠。

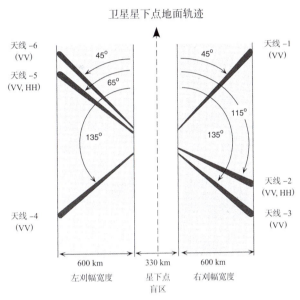

图 2.6　NSCAT 散射计的天线结构图和地面覆盖范围，地面刈幅（灰色）以及星下点盲区（白色）

2.3.2.2　AMI散射计

先进微波装置 (AMI) 搭载在 ERS-1 和 ERS-2 卫星上。ERS 系列卫星属于太阳同步卫星，轨道高度为 785 km，绕地球一圈的时间为 100 min，穿过赤道的时间为当地时间上午 10 时 30 分 (Attema, 1991)。AMI 属于垂直极化的 C 波段散射计，由高分辨率 SAR 和低分辨率测风散射计组成 (Attema, 1991)。SAR 利用一根大尺度的矩形天线，而散射计则利用 3 根高纵横比的矩形天线。AMI 系统具有高分辨率和低分辨率观测模式：高分辨率 SAR 成像模式仅当卫星处于地面站的接收范围内以及数据可以直接接收时才工作；低分辨率模式是 SAR 海浪观测模式以及散射计模式。海浪观测和散射计模式测量的数据可以在轨记录供以后下载。由于散射计和 SAR 共用一个电子装置，因此当卫星靠近地面接收站时，不能一直得到散射计的测风数据。

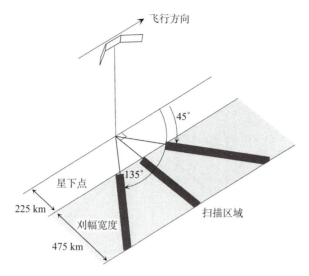

图 2.7　ERS 散射计的地面刈幅

　　ERS 散射计的天线足印如图 2.7 所示。3 根矩形天线在卫星轨道的右侧以方位角 45°、90° 和 135° 向海面发射脉冲波束，其中中间天线的尺寸为 2.3 m×0.35 m，前视和后视天线的尺寸为 3.6 m×0.25 m。中间天线的波束宽度为 26°×1.4°，前视和后视天线的波束宽度为 26°×0.9°。对于前视和后视天线，通过调整接收机的中心频率解决各自的多普勒频移问题。为了使地球的旋转对散射计的影响达到最小化，卫星主动绕着其天底轴旋转（偏航操纵），以至于中间天线波束的多普勒频移为零。

　　ERS 散射计的刈幅宽度为 475 km，距离星下点约 275 km。 AMI 散射计利用距离分辨技术测量 50 km 面元的后向散射系数。对于中间的天线，脉冲持续时间为 70 μs；而前视和后视天线的脉冲持续时间为 130 μs，由于前视和后视天线倾斜的方位角问题，因此其脉冲长度要比中间天线长。中间天线的 PRF 为 115 Hz，前视和后视天线的 PRF 为 98 Hz，因此对于每一根天线，脉冲之间的间隔约为 10 ms。

　　对于每一个脉冲，计算 σ_0 都要经过定标、消除系统和环境的噪声以及大气透射率的修正。每一根天线测量的 σ_0 被重新采样使其分辨单元尺度为 25 km，这样在垂直轨道方向上总共有 19 个测量单元。然后，单个的 σ_0 又被重新采样得到 50 km 的分辨率以提高其信噪比，而整个刈幅区域内的噪声为常数，约等于信号的 6% (Ezraty et al., 1999)。ERS 散射计的三次观测总共可以得到两个风矢量解，最优解可以通过与 NWP 模式风场比较得到。另外，散射计的外定标以及仪器设备的检测可以通过有源定标器以及后向散射系数分布均匀的热带雨林获得。

ERS 系列散射计于 2001 年 1 月停止运行。ESA 搭载在 MetOp-A 卫星上的先进散射计 (ASCAT) 于 2006 年发射，代替 ERS 系列散射计提供全球的风场数据。ASCAT 散射计与 ERS 卫星不同，MetOp 卫星没有搭载 SAR 传感器。图 2.8 为 ASCAT 散射计的天线结构示意图。ASCAT 散射计工作频率为 C 波段，其天线的设计与 AMI 散射计类似，同样采用距离分辨技术。但 ASCAT 散射计属于双边观测，星下点同样存在着盲区。

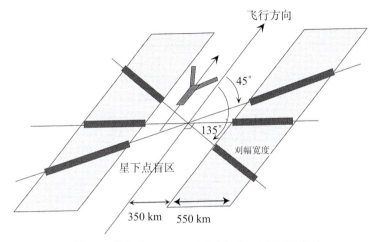

图 2.8　搭载在 MetOp-A 卫星上的 ASCAT 散射计

2.3.2.3　SeaWinds散射计

SeaWinds 散射计搭载在卫星 QuikSCAT 和 ADEOS-2 上。Spencer, Wu 和 Long (Spencer et al., 1997) 介绍了 SeaWinds 散射计的设计和运行情况。QuikSCAT 和 ADEOS-2 同样属于太阳同步卫星，轨道高度为 803 km，绕地球一周的时间为 101 min。QuikSCAT 卫星于当地时间上午 6 时升轨穿过赤道；而 ADEOS-2 卫星于当地时间上午 10 时 30 分降轨穿过赤道。SeaWinds 散射计由一根长约 1 m 的旋转抛物天线组成，具有两个馈元，分别以两个不同的入射角产生两个 13.4 GHz 笔形波束（见图 2.9）。内波束采用 HH 极化，入射角为 47°；外波束采用 VV 极化，入射角为 55°；天线每分钟转动 18 圈；地面足印的直径约为 25 km。来自地面足印的回波信号或者整体被分辨或者被分成许多与距离有关的单元。SeaWinds 散射计的刈幅宽度为 1 800 km，并且星下点没有任何盲区。SeaWinds 散射计的刈幅可以分成两个部分：在深灰色区域，风矢量由 4 次观测的 σ_0 来确定；在浅灰色区域，风矢量由 2 次观测的 σ_0 来确定。浅灰色区域又由外波束观测区域和邻近星下点区域组成。

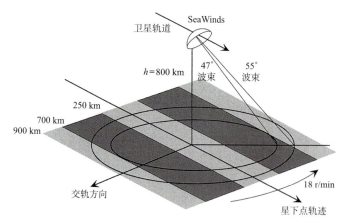

图 2.9　SeaWinds 散射计的天线设计以及地面刈幅

SeaWinds 散射计单个足印的旋转结构如图 2.10 所示，天线转一周，卫星向前运行 25 km。对于 4 次观测区域，图 2.11 显示，视场先后被外波束在时刻 t_1 和 t_4 以及内波束在时刻 t_2 和 t_3 观测到。Spencer 等 (1997) 说明了 SeaWinds 散射计风场反演的精度与距离星下点的距离有关，反演风场的最理想区域位于方位角相差接近 90° 的区域，所以即使在 4 次观测的区域，反演的风矢量的质量也是不同的。

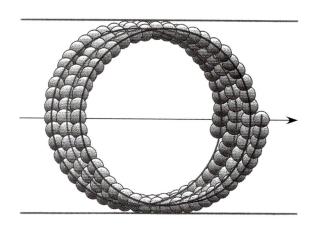

图 2.10　SeaWinds 散射计单个足印的旋转结构示意图

表 2.9 列出了 SeaWinds 散射计波束的一些特性。发射 / 接收周期在内外波束之间交替：内波束发射，外波束接收；外波束发射，内波束接收，这样每一根天线都能在下一个脉冲发射之前接收到回波信号。SeaWinds 散射计的 PRF 大约为 192 Hz，对应着发射 / 接收周期为 5.2 ms，在这段时间内，天线转动了大约半个波束宽度。

表2.9 SeaWinds散射计波束特性

参数	内波束	外波束
旋转速率	18 r/min	
极化	HH	VV
天顶角	40°	46°
海面入射角	47°	55°
斜距	1 100 km	1 245 km
3 dB 足印宽度	24 km×31 km	26 km×36 km
脉冲长度（线性调频）	1.5 ms	
脉冲长度（非线性调频）	可调，＞2.7 ms	
沿轨道方向间隔	22 km	22 km
扫描方向间隔	15 km	19 km

  SeaWinds 散射计每一根天线的足印呈椭圆形，在方位方向长约 25 km，距离方向上约 35 km。这个足印，也称为卵形足印，采用距离分辨技术提高其分辨率 (Perry, 2001)。卵形足印（见图 2.12）可以分为 12 个不同的距离单元，称之为切片 (slices)。我们既可以获得整个卵形足印的后向散射系数，也可以获得其中的 8 个切片的后向散射系数，这意味着我们可以获得不同分辨率的后向散射系数，包括整个波束足印、单个的切片足印以及多个切片足印的组合。在地面处理系统中，需要确定卵形足印和切片足印的中心地理坐标。

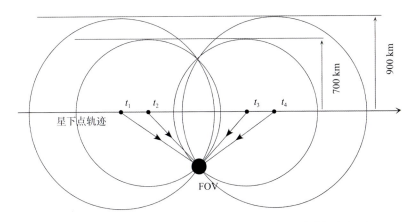

图2.11 外波束2次观测，内波束2次观测，同一视场被观测4次

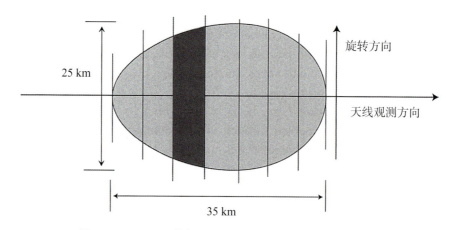

25 km

35 km

旋转方向

天线观测方向

图 2.12　SeaWinds 散射计的天线足印分成不同的距离切片

2.3.2.4　HY-2A 卫星微波散射计

微波散射计也是主动微波遥感器，向海面发射脉冲信号，利用海面风场对微波散射的各向异性的特征，利用已知的数学模型反演得到海面风速、风向信息。

HY-2A 卫星微波散射计采用笔形波束圆锥扫描的工作体制，具有观测幅宽大、无星下点盲区的特点，可快速对全球海面进行观测，每天可覆盖全球 90 % 的海域。HY-2A 卫星微波散射计主要技术指标见表 2.10。

表 2.10　HY-2A 卫星微波散射计主要技术指标

主要技术指标	技术指标数据
工作中心频率 (GHz)	13.256
发射脉冲功率 (W)	120
极化方式	HH，VV
扫描方式	圆锥扫描
地面入射角 (°)	内波束：41，外波束：48
观测幅宽 (km)	内波束：1 400，外波束：1 700
空间分辨率 (km)	25
AGC 动态范围 (dB)	60

目前，HY-2A 卫星微波散射计的海洋风场观测精度已经达到国外同类卫星遥感器的技术水平。其中，HY-2A 卫星微波散射计海面风速观测精度优于 2 m/s，风向优

于 20°。我国在 2018 年 10 月 25 日成功发射 HY-2B 卫星。作为 HY-2A 后续的业务卫星，HY-2B 卫星微波散射计具备了全球海面风场的高精度观测，观测风速精度优于 1.5 m/s，风向优于 15°。

2.3.3 微波辐射计

2.3.3.1 多通道微波扫描辐射计 (SMMR)

SMMR 由 Nimbus-7 卫星发射升空，提供了 1978—1987 年间的观测数据。Nimbus-7 是一颗轨道高度 955 km 的太阳同步轨道卫星。该仪器由一个摆动的 1.1 m×0.8 m 的椭圆形天线组成，天线能够将地球辐射反射到固定的微波馈源。天线是 SMMR 唯一相对于航天器旋转的部件。在它发射之前，另一台 SMMR 在 1978 年由 Seasat 卫星搭载升空，工作了 99 d。在 Nimbus-7 卫星上天线向前扫描，扫描刈幅达到 780 km。扫描以周期 4.096 s 的正弦曲线进行，反射器摆动到飞行路径的一侧，暂停，往回摆动到另一侧后再次暂停。表 2.11 列出了 SMMR 的主要技术参数。

表 2.11 SMMR 的主要技术参数

频率 (GHz)	6.6 V，H	10.7 V，H	18 V，H	21 V，H	37 V，H
3-dB 带宽 (°)	4.5	2.9	1.8	1.5	0.9
带宽 Δf (MHz)	250	250	250	250	250
300 K 时，$NE\Delta T$	0.9	0.9	1.2	1.5	1.5
积分时间 τ_1 (ms)	126	62	62	62	30
主波束效率 η_M	0.82	0.85	0.87	0.85	0.89
3 dB EFOV (km×km)	148×95	90×60	45×30	40×25	20×15

在 SMMR 设计中还存在几个问题：① 固定的馈源与旋转的天线不同极化间产生串扰。② 因为 Nimbus-7 是太阳同步轨道，经过赤道的时间为当地的中午和午夜，白天加热和午夜降温会产生仪器噪声。并且，当卫星经过南极时，SMMR 会经历几次由于太阳直接照射到馈源所产生的瞬变。③ 由于 SMMR 为了保存电力隔天工作，只能在 6 d 时间内对全球近似覆盖。④ 当仪器开机时，有一个小时的过渡时间，在此时间内的数据不能使用。⑤ SMMR 未经过精确标定。尽管有这些问题，但 SMMR 为未来仪器的发展提供了试验平台，并为极地海冰的观测奠定了基础。

2.3.3.2 特种微波成像仪 (SSM/I)

SSM/I 改进了与 SMMR 相关的许多问题，并且为后续载荷 TMI 和 AMSR 的设计奠定了基础。Hollinger 等 (1990) 和 Massom (1991) 等在文献中对 SSM/I 做了具体的介绍。1987 年 6 月 19 日，第一台 SSM/I 由美国空军 DMSP 卫星发射升空。卫星轨道高度 860 km，采用太阳同步轨道，周期 102 min。该卫星可实现除极地中心 2.4° 范围的圆形区域外的全部地球覆盖。SSM/I 由美国国防部资助到 2003 年，2003 年后 SSM/I 被特种微波成像仪 / 探测器 (SMMI/S) 替代。SMMI/S 将 SSM/I 和温度湿度探测器集成到一台仪器上，该仪器仍使用 SSM/I 的天线。

SSM/I 由一个尺寸为 0.61 m × 0.66 m 的偏置抛物线反射面组成，反射面将微波辐射聚焦到一个 7 口的天线馈源。SSM/I 在设计特点上与 TMI 和 AMSR 相同，SSM/I 安装在 DMSP 卫星的顶部。反射面和馈源以相同的 1.9 s 周期相对航天器旋转。数据通过一系列的滑动环传入卫星。SSM/I 有两个非旋转的定标源，一个冷的空间反射器和一个温度保持在 300 K 左右的热参考载荷。这些定标源被固定在航天器上，所以仪器定标时，每扫描一次，它们的辐射量就被馈源依序观测。热载荷单独精密测温，冷空温度假定为宇宙的背景温度 2.7 K (Colton et al., 1999)。

图 2.13 显示了 SSM/I 扫描几何关系。当 SSM/I 对卫星后方扫描时，观测范围在 102.4° 弧段内。这个弧段以卫星航迹为中心，观测刈幅为 1 394 km。在天线旋转周期 1.90 s 时间内，航天器沿观测表面前进 12.5 km。观测表面上的椭圆是瞬时

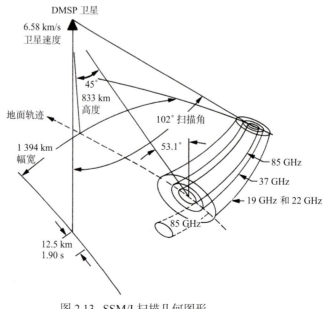

图 2.13　SSM/I 扫描几何图形

视场 (IFOV)，它们随着频率的增加而逐渐变小。扫描可分为 A 扫描和 B 扫描，它们依次交替，A 扫描包含所有通道，B 扫描仅包含 85 GHz 通道。对这两种扫描方式，85 GHz 通道沿弧段被采样 128 次，其中每一个采样在 3.89 ms 的时间内积分，在此时间内，天线视轴沿扫描方向在观测表面移动了约 13 km。由于 3 个低频通道分辨率更低，低频通道仅在 A 扫描期间采样，其中沿着弧段它们被均分为 64 个 EFOV。表 2.12 列出了 SSM/I 主要技术指标和每个通道的 3 dB EFOV。因为 SSM/I 积分时间比 SMMR 积分时间更短，所以 SSM/I 的 EFOV 是沿航迹方向为长轴，扫描方向为短轴的椭圆形，这与 SMMR 的情况相反。

　　SSM/I 在设计上改正了 SMMR 上发生的很多问题：① SSM/I 的晨－昏轨道最小化了 SMMR 每天的加热和冷却问题；② 因为 SSM/I 的馈源和天线一起旋转，馈源的位置相对于反射面是固定的，这样消除了 SMMR 上发生的极化通道间由于旋转造成的串扰问题；③ 因为 SSM/I 是连续工作的，所以没有启动过渡时间；④ 因为 SSM/I 的刈幅宽度是 SMMR 的两倍，并且 SSM/I 是连续工作，而不是隔日工作，因此它有更大的覆盖范围和 4 倍于 SMMR 数据量的数据产品；⑤ 采用晨－昏轨道能大大减少太阳耀斑的影响。它的主要缺点是 SSM/I 缺少频率低于 19 GHz 的通道，不能反演 SST。

表2.12　SSM/I 主要技术指标

频率 (GHz)	19.35 V，H	22.235 V	37 V，H	85.5 V，H
3-dB 带宽（°）	1.9	1.6	1.0	0.42
带宽 Δf (MHz)	100	100	200	600
NEΔT	0.8	0.8	0.6	1.1
积分时间 τ_I (ms)	7.95	7.95	7.05	3.89
主波束效率 η_M	0.96	0.95	0.93	0.92
3 dB EFOV (km×km)	45×70	40×50	30×37	13×15

来源：Hollinger 等 (1990)；Wentz (1997)。

2.3.3.3　TRMM微波成像仪 (TMI) 和GPM微波成像仪 (GMI)

　　TMI 是一台 9 通道的微波辐射计，用于观测降雨量大的热带区域。TMI 安装在 TRMM 卫星上，该卫星由 NASA 和日本国家空间发展署 (NASDA) 合作研制。TRMM 卫星采用轨道高度 350 km、倾角 35°的圆形轨道，覆盖面积稍大于半个地球。它的轨道不是太阳同步轨道，之所以选择这种轨道是因为经过一个月后，该轨道能每天以相同的间隔采样热带区域，因此可以根据当地时间来确定降雨量。同时，小倾角轨道也表示它的表面采样率大概是极轨卫星的两倍。TMI 主要技术指标见表2.13。

表2.13　TMI 主要技术指标

频率 (GHz)	10.65 V，H	19.35 V	21.3 V，H	37 V，H	85.5 V，H
3-dB 带宽（°）	3.7	1.9	1.7	1.0	0.42
带宽 Δf (MHz)	100	500	200	2 000	3 000
NEΔT	0.6	0.5	0.7	0.3	0.7
积分时间 τ_1 (ms)	6.6	6.6	6.6	6.6	3.3
主波束效率 η_M	0.93	0.96	0.98	0.91	0.83
3 dB EFOV (km×km)	37×63	18×30	18×23	9×16	5×7

　　TMI 的 19 GHz，21 GHz，37 GHz 和 85 GHz 通道的设置几乎与 SSM/I 的一样 (Kummerow et al., 1998)。两台仪器的差异主要是 TMI 增加了 10.65 GHz V、H 极化通道，将 22.235 GHz 通道变为 21.3 GHz 通道。改变的目的是将通道移到 22.235 GHz 通道水汽吸收线的侧上部，以保证这个通道对热带大气观测时不会发生饱和。与 SSM/I 类似，TMI 的旋转部分包含了天线和馈源。这些旋转机构都绕着天底轴以 1.9 s 的周期旋转，在旋转周期内卫星沿地表前进了 13.9 km。TMI 的天线是一个偏置的 61 cm 直径的抛物面反射天线，天线在 130° 弧段内观测地表，刈幅为 786 km。因为整个 TRMM 卫星偶尔会绕天底轴旋转 180° 以维持热平衡，仪器指向相对飞行方向可能会向前或向后。接替 TRMM 的是全球降雨测量 (GPM) 微波成像仪 (GMI)，于 2014 年 2 月发射。GMI 在 GPM 星座中处于中心地位，GPM 星座的目的是以 3 h 的间隔测量全球的降雨。NASA 对 GPM 的贡献是 GPM 核心观测站。GPM 核心观测站由 NASA 与 JAXA 共同研制，搭载 NASA 提供的 GPM 微波仪器和 JAXA 的双频降雨雷达 (DPR)。GPM 核心观测站轨道高度 400 km，轨道倾角 65°。GPM 没有采用太阳同步轨道，经过赤道的当地时间在 24 h 内变化，周期为 46 d。

　　GPM 星座将至少由 7 颗卫星组成。对于要加入该星座的卫星，必须载有被动微波成像仪并且将数据提交到位于 NASA Goddar 的 GPM 降雨处理系统 (PPS)。目前 GPM 星座包括 TRMM 和 ISRO/CNE M-T 卫星。ISRO/CNE M-T 卫星已于 2010 年发射，载有名为降雨与大气检测分析系统 (MADRAS) 的微波辐射计、DMSP 卫星上的 SSMI/S 以及 AMSR2 和 WindSat 辐射计。可以用于该星座的卫星还包括巴西和 ESA 的卫星。GMI 的目的不仅是收集数据，而且可作为星座中其他仪器的定标源。

表 2.14 列出了 GPM 核心观测站搭载的 GMI 的观测频率和特性。GMI 采用直径 1.22 m 的抛物面反射天线获取数据，其天线直径是 TMI 天线的 2 倍。天线转速为 32 r/min。反射天线表面设计精度优于 50 μm (0.05 mm)。热负载和冷负载温度经过精细控制。由于天线尺寸与反射面天线精度不同，GMI 波束效率的范围为 0.92 ~ 0.97，相对 TMI 有了提升。

表2.14　GMI 主要技术指标

频率 (GHz)	10.65 V, H	19.35 V	21.3 V, H	37 V, H	85.5 V, H
3-dB 带宽 (°)	3.7	1.9	1.7	1.0	0.42
带宽 Δf（MHz）	100	500	200	2 000	3 000
NEΔT	0.6	0.5	0.7	0.3	0.7
主波束效率 η_M	0.93	0.96	0.98	0.91	0.83
3 dB EFOV (km × km)	37 × 63	18 × 30	18 × 23	9 × 16	5 × 7

2.3.3.4　高级微波扫描辐射计–EOS(AMSR-E)与后续的AMSR2

AMSR-E 是 NASA 研制的仪器（见图 2.14），由 AQUA 卫星搭载于 2002 年 5 月升空；同样的 AMSR 仪器于 2002 年 12 月由日本高级地球观测 2 号卫星(ADEOS-2)搭载发射，该卫星在 2003 年 10 月过早地失效了。在 2011 年 10 月，AMSR-E 由于天线停止旋转失效。AMSR-E 在 AMSR 基础上做了微小的改进。两台仪器的不同之处在于 AMSR 有两个额外的用于大气探测的 50.3 GHz 和 52.8 GHz 的 V 极化通道。AQUA 卫星运行在太阳同步轨道，轨道高度为 705 km，该卫星是 A-Train 星座的组成部分。

在 AQUA 卫星上，AMSR-E 仪器绕天底轴以 1.5 s 的周期连续地旋转，在一个周期内，卫星沿地表的航迹前进了 10 km。AMSR-E 测量的是在卫星地表航迹 ±61° 范围内向上的辐射，对应的刈幅为 1 445 km。与 SSM/I 类似，AMSR-E 是一个 12 通道，6 个频段的类似 SSM/I 的圆锥扫描辐射计。主要的区别在于 AMSR-E 有更多的通道，有一个更大的直径为 1.6 m 的抛物反射天线，并且在频段选择上有细微的差别（表 2.15）。AMSR-E 抛物线形反射天线将表面辐射聚集到 6 个馈源阵列上，然后被 12 个分离接收器放大。18.7 GHz 和 23.8 GHz 接收器共用一个馈源。为了避免进行 A 扫描和 B 扫描，85 GHz 通道使用了两个偏置的馈源，这样在沿轨迹方向相隔 5 km 产生了两个 85 GHz 的 FOV。对于其他通道，FOV 相隔 10 km。

图 2.14 AQUA 卫星上的 AMSR-E

表 2.15 AMSR-E 主要技术指标

频率 (GHz)	6.6 V, H	10.7 V, H	18 V, H	23.8 V, H	36.5 V, H	89.0 V, H
3-dB 带宽（°）	2.2	1.4	0.89	0.9	0.4	0.18
带宽 Δf（MHz）	350	100	200	400	1 000	3 000
NEΔT	0.3	0.6	0.6	0.6	0.6	1.1
积分时间 τ_1 (ms)	2.6	2.6	2.6	2.6	2.6	1.3
主波束效率 η_M	0.95	0.95	0.96	0.96	0.95	0.96
3 dB EFOV (km × km)	43 × 75	27 × 48	16 × 27	18 × 31	8 × 14	4 × 6

　　两个非旋转的外部源用于 AMSR-E 定标，一个热参考载荷用来维持约 300 K 的物理温度，一个用来反射冷空亮温到仪器的反射镜。反射镜和参考载荷被固定在航天器上，每一次旋转，它们依次经过馈源阵列和抛物线形反射天线进行定标。抛物线形反射天线的视角固定为 47.4°，因此它的入射角范围为 55°±0.3°。θ 小的变化是由于轨道轻微的偏心率和地球的扁平形状所致。

　　AMSR2 用于接替 AMSR-E, 于 2012 年由全球气候观测任务 (GCOM-W1) 的首发星搭载升空，其设计与 AMSR-E 相似。表 2.16 描述了它的波段特性。它是 GCOM-W1 上唯一的对地观测仪器，并将继续执行目前 AMSR-E 的测量任务。与 AMSR-E 相比，AMSR2 定标系统已经过改进。为了减轻 AMSR-E 6.9 GHz 通道经历过的射频干扰问题，AMSR2 增加了 7.3 GHz 通道。6.9 GHz 通道与 7.3 GHz 通道共用相同的馈源，保留 6.9 GHz 通道的目的是用于比较 AMSR-E 与 AMSR2 的数据。两个仪器之间的主要差别是：与 AMSR-E 的 1.6 m 直径天线相比，AMSR2 的天线为 2 m，因此具有更好的分辨率。AMSR2 转速是 40 r/min。GCOM-W1 是 A-Train 星座的组成部分，与 AQUA 卫星轨道相同，位置位于 AQUA 卫星之前。它的天线是目前最大的被动微波天线。

表2.16 AMSR2 主要技术指标

频率 (GHz)	6.9/7.3 V，H	10.7 V，H	18.7 V，H	23.8 V，H	36.5 V，H	89.0 V，H
3-dB 带宽（°）	1.8	1.2	0.65	0.75	0.35	0.15
带宽 Δf（MHz）	350	100	200	400	1 000	3 000
NEΔT	< 0.3/0.4	< 0.7	< 0.7	< 0.6	< 0.6	1.3
积分时间 τ_1 (ms)	2.6	2.6	2.6	2.6	2.6	1.3
主波束效率 η_M	0.95	0.95	0.96	0.96	0.95	0.96
3 dB EFOV(km×km)	35×60	24×42	14×22	15×26	7×12	3×5

2.3.3.5 WindSat辐射计

美国 2003 年 1 月发射的 Coriolis 卫星上搭载了 WindSat 微波辐射计。该仪器设计从多频段 V、H 极化观测数据中反演风矢量，这样的仪器被称为极化辐射计。WindSat 主要技术指标见表 2.17。

表2.17 WindSat 主要技术指标

频率（GHz）	V极化	H极化	第三 Stokes	第四 Stokes	带宽（MHz）	NEΔT（K）	入射角（°）	空间分辨率（km×km）
6.8	Y	Y	N	N	125	0.63	53.5	39×71
10.7	Y	Y	Y	Y	300	0.44	49.9	25×38
18.7	Y	Y	Y	Y	750	0.44	55.3	16×27
23.8	Y	Y	N	N	500	0.60	53.0	20×30
37	Y	Y	Y	Y	2 000	0.42	53.0	8×13

NPOESS 和海军研究实验室共同资助了 WindSat 卫星计划。WindSat 轨道高度830 km，采用太阳同步轨道，晨 – 昏轨道降交时为上午 6 时，以减小太阳反射率的

影响。WindSat 由安装在 Coriolis 卫星上部的圆锥扫描辐射计组成，天线直径 1.83 m，有多个通道，能够在视角 50°～55°范围内观测海洋表面。图 2.15 是 WindSat 的照片，它向前扫描刈幅为 950 km，向后扫描刈幅为 350 km。

图 2.15 WindSat 外形结构

对于 WindSat 不同观测频段，表 2.17 列出了极化方式与 Stokes 参数。与其他被动微波仪器类似，入射角范围为 50°～55°。入射角随着频率不同的原因是，接收馈源不能安装在能够以相同的角度接收信号的位置上。37 GHz 馈源安装在天线的焦点处，其他通道馈源的位置有轻微的偏移。天线转速为 31.6 r/min，反射面天线直径为 1.8 m。天线俯仰角与横滚角的变化改变观测角度总计约 1.5°。表 2.17 也给出了每个频段的分辨率，在处理过程中，亮温经重采样到 40 km × 60 km 的网格内。

2.3.3.6 HY-2A 卫星微波辐射计

HY-2A 卫星微波辐射计是被动的微波遥感器，通过接收海面及路径上的辐射亮温，反演海面温度信息。HY-2A 卫星微波辐射计采用圆锥扫描工作方式，根据海洋应用需求选取了 5 个频段、9 个极化通道测量海洋表面辐射亮温度，即海洋表面亮温，经过反演得到海面温度场。同时，微波辐射计还测量与大的风暴或飓风有关的泡沫亮度温度，从而反演出最高达 50 m/s 的风速信息。HY-2A 卫星微波辐射计主要技术指标见表 2.18。

表2.18　HY-2A 卫星微波辐射计主要技术指标

主要技术指标	技术指标数据				
工作中心频率 (GHz)	6.6	10.7	18.7	23.8	37
工作带宽 (MHz)	350	250	250	400	1 000
极化方式	VH	VH	VH	V	VH
辐射灵敏度 (K)	0.5	0.5	0.5	0.5	0.8
空间分辨率 (km)	97	69	35	32	22
地面入射角 (°)	48				
扫描形式	圆锥扫描				
观测幅宽 (km)	1 600				
测温精度 (K)	1（180 ～ 320 K）				
动态范围 (K)	3 ～ 350				

我国在 2018 年 10 月 25 日成功发射 HY-2B 卫星。作为 HY-2A 后续的业务卫星，HY-2B 卫星微波辐射计观测精度进一步提高，其中，海面温度观测精度达到 0.8 K，与国外在轨卫星基本处于同等观测水平。

2.3.4　合成孔径雷达 (SAR)

2.3.4.1　Radarsat-1/2 SAR

Radarsat-1 卫星由 NASA 火箭搭载于 1995 年 11 月 4 日发射。作为交换，加拿大提供给 NASA 部分 SAR 数据和两个时期南极地区 Radarsat 覆盖数据。Radarsat-2 由法国卫星搭载于 2007 年 11 月由俄罗斯在哈萨克斯坦拜科努尔基地发射。Radarsat-1 归加拿大航天局 (CSA) 所有，由 MacDond，Dettwiler 和其他相关公司建造。Radarsat-2 归 MDA 所有，由 CSA 通过数据购买计划资助。对于 Radarsat-2，X 波段数传天线和太阳能帆板，它的面积为 27 m²，产生的峰值功率约为 2.4 kW。

Radarsat-2 设计寿命为 7 年，它与 Radarsat-1 轨道相同，相对位置不同。卫星带有 2 个固态记录器，每个容量为 150 GB (Livingston et al., 2005)。300 GB 容量相当于 100 景扫描模式图像 (300 km × 300 km)。对于地面通信与数据传输，Radarsat-2 有 2 个 X 波段数传天线，总的数据传输率达到 210 Mbit/s。以这个数据传输率，在地面站可以接收卫星数据的时间段内 (10 min)，大约可以下传 40 景扫描模式数据。地面接收天线直径为 3 m，能够在 5°俯仰角处接收数据。

Radarsat-2 定轨由星上 GPS、星敏传感器和数字轨道模型确定。Radarsat-1 只能获取单侧卫星的数据，这意味着，对于 2 个 Radarsat-1 南极制图任务，卫星必须旋转 180°。与之对照的是，Radarsat-2 天线可以旋转指向地面航迹左侧或者右侧，所以能够很容易地获取天底方向两侧的图像。另一个变化是工作频率由 Radarsat-1 的 5.3 GHz 变为 Radarsat-2 的 5.405 GHz，目的是避免使用日益广泛的无线局域网 (WLAN) 的无线电干扰。Radarsat SAR 性能指标见表 2.19。

表 2.19　Radarsat SAR 性能指标

SAR 特性	指标
轨道高度	800 km
频率 / 波长	5.3 GHz / 5.6 cm (C 波段)
刈幅	10 ～ 500 km
视角	20° ～ 49°
极化方式	HH
脉冲重复频率 (PRF)	1 270 ～ 1 390 Hz
脉冲长度 （压缩）	33 ns, 57 ns, 86 ns
等效噪声 ($NE\sigma_0$)	−23 dB
分辨率	10 ～ 100 m
天线长、宽	15 m, 1.5 m

来源：Ahmed et al., 1990；Raney, 1998。

Radarsat-2 其 15 m 长的天线分为 4 块同样大小的面板，面板在发射时是折叠的。每块板分 4 列，每列包含 32 个子阵，每个子阵包含 20 个双极化发射 / 接收组件。整个天线总共有 640 个发射 / 接收组件馈入 10 240 个辐射单元。15 m 的天线长度，比 ERS SAR 天线长了约 50% 以上，天线固定的方位波束宽度约 0.2°。在距离向，天线具有波束形成能力。成像模式之间的波束切换时间小于 1s，所以来自不同波束模式的图像能够形成完整的地表覆盖。Radarsat-1 和 Radarsat-2 是晨 – 昏太阳同步轨道，用以最大化太阳照射太阳能帆板的时间。除了在南极地区，太阳能够提供卫星运行需要的所有的电力，因此减少了电池数量。在正常运行下，天线对卫星航迹右侧或北边进行观测，因此在高于 70°N 的区域几乎可以每天覆盖一次，而对于低于 79°S 的地区就无法覆盖。由于在北部的高纬度地区有很好的覆盖区域，Radarsat 可以用于高纬度地区海洋的渔场监视和管理。在 1997 年与 2000 年的南极制图任务中 (AMM)，Radarsat-1 卫星围绕天底轴旋转了 180°，这样能使 SAR 获取完整的南极地区图像。

2.3.4.2 先进合成孔径雷达 (ASAR)

ASAR 由欧洲 Envisat 卫星搭载，2002 年 3 月发射，一直运行至 2012 年。ASAR 工作在 C 频段 (5.6 GHz)，是对 ERS-1 与 ERS-2 卫星搭载的 AMI 改进后制造的 (Desnos et al., 2000；ASAR, 2013a)。ASAR 为右侧视，固态记录器容量为 7.5 GB。ASAR 天线由 320 个 T/R 组件组成，用于波束形成。按照覆盖、入射角范围和极化方式划分，ASAR 具有多个工作模式，包括 400 km 刈幅的扫描模式。尽管 ASAR 没有四极化模式，但它带有一个与扫描模式类似的交替极化模式。扫描模式以相同极化对两个相邻的子刈幅成像，而交替极化模式以两种不同极化观测相同的区域。交替极化模式极化组合包括 HH 和 VV，HH 和 HV 或者 VV 和 VH，刈幅达到 100 km。扫描模式只能获取 HH 或 VV 极化数据 (ASAR, 2013a)，该模式类似 Radarsat-2 扫描模式。

2.3.4.3 ALOS PALSAR

日本的先进陆地观测卫星 (ALOS) 是太阳同步轨道卫星，2006 年 1 月发射。它搭载了由 NASA 和日本资源观测系统组织 (JAROS) 共同研制的 L 频段 (1.27 GHz) PALSAR。该卫星一直运行到 2011 年。PALSAR 具有 40 ~ 70 km 刈幅的标准模式、250 ~ 350 km 刈幅的扫描模式以及一个四极化试验模式。为了能够使用这些数据，ALOS 带有一个容量为 96 GB 的高速固态数据记录器。通过日本数据中继技术卫星，PALSAR 能够以 30 MB/s 码速率下传数据，也能够通过广播方式以 15 MB/s 码速率将数据下传至地面站 (Rosenqvist et al., 2007)。由于 PALSAR 具有较好的极地覆盖能力，它主要用于格陵兰岛和南极冰盖研究。

2.3.4.4 Cosmo-Skymed雷达卫星星座

2007 年 6 月，意大利国防部与航天局合作项目的首颗 SAR 卫星 Cosmo-Skymed-1 卫星的发射入轨，标志着 Cosmo-Skymed 星座项目的启动。到 2010 年 11 月，第 4 颗 Cosmo-Skymed 卫星发射成功，完成了 4 颗卫星在轨组网运行。

Cosmo-Skymed 卫星星座，与法国 Pleiade 光学卫星星座配套使用，均采用太阳同步轨道。4 颗卫星相位相差 90°分布在同一轨道面上。作为全球第一个分辨率高达 1 m 的 SAR 卫星星座，Cosmo-Skymed 系统特有的高重访周期和 1 m 高空间分辨率，在环境资源监测、灾害监测、海事管理及军事等应用领域具有广泛的应用。Cosmo-Skymed 卫星在 X 频段，具有多极化、多入射角的特性，具备 5 种成像模式。

2.3.4.5　Sentinel-1A与Sentinel-1B

欧空局两颗"哨兵"卫星中的首发星Sentinel-1A于2014年发射；第二颗卫星Sentinel-1B于2016年发射。"哨兵"是ERS和ASAR的后续星，它的海洋观测任务主要集中在海浪、海冰和海洋监视等方面。"哨兵"天线为右侧视，有4种工作模式：80 km刈幅5 m分辨率的条带模式，250 km刈幅的干涉模式，400 km刈幅的扫描模式和一个类似ASAR的波模式。对于波模式，它能够以5 m分辨率测量20 km × 20 km区域内的海洋波谱，测量区域沿着轨道的采样间隔为100 km，并且入射角在23°与36.5°之间切换 (Potin, 2011)。这些数据将同化到全球海浪模式中。卫星带有180 GB记录器和两个独立的X波段天线，数据下行码速达到65 MB/s，数据下行通过数据直接下传至地面站和由地球同步的欧洲数据中继卫星系统 (EDRS) 下传。

第 3 章　海洋水色遥感调查技术

3.1　概述

　　海洋水色遥感是利用星载可见光、近红外遥感器，以电磁波可见光和近红外谱段若干选择波长监测达到遥感器的辐射通量。遥感器安装在卫星平台上，指向海面某一点。遥感器白天工作，到达遥感器的最终光源是太阳光。然而，太阳光子沿着不同路径才能到达远距离的探测器。主要的遥感信号有：① 经大气散射后到达遥感器的光；② 海表面阳光直接形成镜面反射到达遥感器的光；③ 水中后向散射之后，从海面上行的光。

　　大气的贡献和海表层的镜面反射都是水色遥感的噪声，必须进行修正剔除。实际上，达到卫星高度的信号，80% 以上都是源于大气的噪声，大气贡献微小的估算误差可能造成水体要素信息的显著偏差。因此，大气修正是水色遥感中最重要的因素。在水体光学中，主要是以下三种物质影响最大。① 浮游植物。此类物质包括浮游植物和其他微型生物，通常称为浮游植物。② 悬浮物（无机）。尽管微型生物也属于"悬浮物质"，但这里的"悬浮物"仅仅代表无机性质的悬浮物。③ 黄色物质。系指有色的可溶解有机物。

　　除了以上三种物质外，如果水域较浅，水质清澈，则水体底部发射的光也能影响水色。水体底部对水色的影响因水体深度、水体透明度、水中物质类型和海底类型而不同。以上三种物质和海底特征都能影响水色，然而，水色数据最大的应用是研究海水中浮游植物的分布，一般是通过对海表层叶绿素 a 浓度变化来表征海洋水色的变化，开发卫星数据反演算法。

下面分别介绍海洋水色遥感器的原理、大气修正、反演方法和数据处理结果实例。在此基础上，介绍海洋水色遥感在海洋灾害监测和渔业等方面的应用。

3.2 海洋水色遥感

海洋水色遥感利用可见光、近红外辐射计在卫星平台接收海面向上的光谱辐射，经大气校正获取海洋水色要素信息，如水体中浮游植物色素浓度、悬浮体浓度、有色溶解有机物浓度等。为了从卫星水色遥感器接收的总辐射信号中提取出海洋水色要素信息，需要对太阳辐射在整个海洋、大气介质系统中的传输过程以及大气、海水对光的吸收、散射和衰减特性有深入的了解。可以说，海洋、大气辐射传输及其光学特性是海洋水色卫星遥感的理论基础。

3.2.1 原理

引起海水颜色变化的因素包括浮游植物及其色素、溶解有机物和悬浮颗粒物。海水颜色主要依赖于颗粒物粒径尺寸及其分布和溶解有机质的浓度及其光学特性。溶解有机物，也称为带颜色的溶解有机物 (CDOM) 或黄色物质，既可以来源于陆地也可以来源于海洋。陆源的 CDOM，也称作 DOM（陆源 DOM），包括溶解的腐殖酸和棕黄酸，它们主要来自携带腐烂植被的陆基径流。

在开阔大洋，CDOM 产生于因浮游动物吃食或光解作用降解的浮游植物 (Carder et al., 1999)。有机颗粒，称为碎屑 (detritus)，包括浮游植物和浮游动物细胞碎片以及浮游动物的球形排泄物。无机颗粒物包括沙石和灰尘，它们来自陆基岩石和土壤的侵蚀。这些无机颗粒物通过河流注入、风起沙尘在海洋上空的沉降、波浪和海流使底部沉积物的再悬浮等方式进入海洋。

基于溶解物和悬浮物的地理分布特性，Morel 和 Prieur (1977) 将海洋划分为一类水体和二类水体。在一类水体中，浮游植物色素及其共变的碎屑色素主导了海水的光学特性，C_a 用以表征叶绿素 a 浓度，单位是 mg/m^3。对二类水体而言，其他物质比如悬浮泥沙、有机颗粒和 CDOM 并不与叶绿素 a 共变，而且起主导作用。尽管二类水体相比一类水体而言，只占到世界海洋的一小部分，但是由于它们处于沿岸区域，其中有大的河流流入和高密度的人类活动，如渔业、娱乐和航行等，因此两类水体同等重要。根据 C_a 的量级，在海洋生物活动或热带海区中有如下定义：寡营养 ($C_a < 0.1\ mg/m^3$)、中等营养 ($0.1\ mg/m^3 < C_a < 1.0\ mg/m^3$) 和富营养 ($C_a > 1.0\ mg/m^3$)。清洁水体是寡营养的，而中等营养和富营养一般用以描述较多

数量的生物活动 (Bailey et al., 2006)。全球大洋的平均 C_a 值大约为 0.2 mg/m³，因此大部分海洋都是寡营养的 (Dierssen, 2010)。

水体中的散射受到活动的和非活动的悬浮颗粒物的粒径分布影响。根据 Stramski 和 Kiefer (1991) 的研究，最小的活有机物是病毒，其直径在 10 ~ 100 nm 之间，海洋浓度数量为 10^{12} ~ 10^{15} m⁻³。由于它们小的粒径，病毒倾向于 Rayleigh 散射体。其次为细菌，为直径 0.1 ~ 1 μm，浓度可达 10^{13} m⁻³，它们是蓝光的重要吸收体。再次为浮游植物，其粒径为 2 ~ 200 μm，其中较大尺度的包含细胞的集合体。由于浮游植物粒径大于可见光波长，因此它们倾向于 Mie 散射体。最后为捕食浮游植物的浮游动物，长度尺度从 100 μm 到 20 mm。

这些有机物的浓度依赖于它们的粒径，其中大的有机物出现的频率要低于小的有机物。直径在 30 nm 至 100 μm 范围内的有机物浓度符合直径的四阶幂率反比关系 (Stramski et al., 1991)。这一关系在较大尺度时也能成立，因此尽管海洋中存在特征大小为 0.1 ~ 10 m 的鱼和海洋哺乳动物，但是这种情况很少出现，因此在卫星观测尺度，它们并不会影响散射和吸收。非活体有机物粒径与浮游植物相当。由于非活体有机物内的光合色素会迅速地氧化，因此有机颗粒失去了它们的特征叶绿素 a 的吸收特性。无机颗粒包括细沙、矿尘、泥土和金属氧化物，在远小于 1 μm 到 10 μm 的尺度范围。

对非清洁水体而言，Maritorena 等 (2002) 认为吸收系数和后向散射系数可用下面的总吸收系数和后向散射系数代替，$a_T(\lambda)$ 和 $b_T(\lambda)$ 可表示为下式：

$$a_T(\lambda) = a_w(\lambda) + a_{ph}(\lambda) + a_{CDOM}(\lambda) \tag{3.1}$$

$$b_T(\lambda) = b_{bw}(\lambda) + b_{bp}(\lambda) \tag{3.2}$$

式 (3.1) 描述了吸收特性，式 (3.2) 描述了后向散射特性。式中，下标 w 表示清洁水体，ph 代表浮游植物，p 代表颗粒物。由于溶解有机物 (CDOM) 和无机颗粒物的光谱吸收特性类似，它们二者对吸收的贡献都包含在 $a_{CDOM}(\lambda)$ 中。Pope 和 Fry (1997) 给出了清洁水体的吸收系数，因此可增加 3 项参数来描述水体的遥感特性：浮游植物吸收 $a_{ph}(\lambda)$，CDOM 吸收 $a_{CDOM}(\lambda)$ 和颗粒物后向散射 $b_{bp}(\lambda)$。

既然离水辐亮度依赖于水体中的有机物和无机物，则可用式 (3.1) 和式 (3.2) 进行上述参数的反演。

3.2.1.1 吸收

本节基于现场观测获取的经验关系，描述了 CDOM 和浮游植物的光谱吸收特性。

对于 3 种不同浓度的 CDOM 和颗粒物，图 3.1 展示了 $a_T(\lambda)$ 的波长依赖关系。每条曲线都显示蓝光区间的吸收是最强的，然后以指数方式顺着长波方向降低。Roesler 等 (1989)、Hoepffner 和 Sathyendranath (1993) 提出在 350 nm < l < 700 nm 光谱区间，根据 Maritorena 等 (2002) 的表述，$a_{CDOM}(\lambda)$ 可以表示如下：

$$a_{CDOM}(\lambda) = a_{CDOM}(\lambda_0)\exp[-S(\lambda-\lambda_0)] \tag{3.3}$$

式中，$a_{CDOM}(\lambda_0)$ 是与浓度相关的系数，量级在 0.001 ~ 0.1 m^{-1} 之间 (PACE-SDT, 2012)；λ_0 一般取在 443 nm 左右；S 是与 CDOM 来源相关的常数 (Maritorena et al., 2002；Garver et al., 1997)，式 (3.3) 中，S 变化区间在 0.006 ~ 0.02 之间 (Roesler et al., 1989；Garver et al., 1997)。Maritorena 和 Siegel (2006) 通过大量清洁水体现场观测数据的分析表明，$S = 0.020\,6$ nm^{-1}。式 (3.3) 说明描述 CDOM 吸收系数的数学形式为吸收系数光谱变化关系乘以某个特征波长的吸收系数。

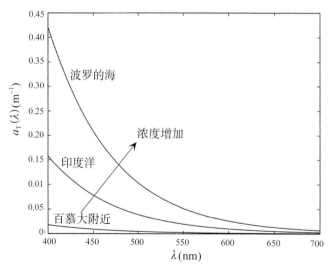

图 3.1 3 个位置观测的总吸收系数对 λ 的依赖关系，它们分别具有不同的 CDOM 和颗粒物浓度

浮游植物与 CDOM 吸收相比，浮游植物吸收与波长的依赖关系更复杂。一般表示为叶绿素浓度 C_a 与经验型吸收光谱 $a^*_{ph}(\lambda)$ 的乘积，后者是叶绿素特征吸收系数，单位为 m^2/mg：

$$a_{ph}(\lambda) = C_a a^*_{ph}(\lambda) \tag{3.4}$$

图 3.2 展示了北大西洋夏季一类水体叶绿素 a 和类胡萝卜素的归一化吸收曲线，其中每条曲线都利用相对应的色素浓度 C_a 进行了归一化处理。类胡萝卜素的光谱曲线包括光合的和光保护的两种类胡萝卜素的贡献。由于叶绿素 b 和叶绿素 c 的浓度远远小于叶绿素 a，因此它们常常被忽略。

观察叶绿素 a 的吸收曲线可以发现存在两个主要的吸收峰：其一，位于蓝光 440 nm 附近，称为 Soret 波段 (Trees et al., 2000)；其二，位于红光区间，中心波长为 665 nm。绝大多数情况下，蓝光的吸收峰值大约超出红光的吸收峰值 3 倍 (Mobley, 1994)。在 550 ~ 650 nm 范围内，吸收接近于 0，这也说明富叶绿素水体的特征色为绿颜色 (Kirk, 1996)。图 3.2 中的虚线表示类胡萝卜素的吸收，它的吸收峰趋向 500 nm，而且吸收峰的范围从 450 nm 一直到 550 nm。PACE-SDT (2012) 表明 C_a 的现场观测数据变化范围是 0.015 ~ 40 mg/m³，或可认为其变化幅度在 3 个量级左右。

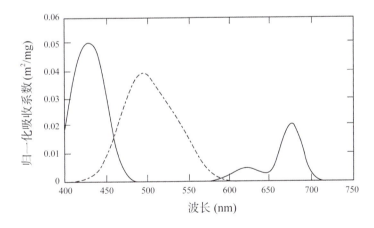

图 3.2　叶绿素 a（实线）和类胡萝卜素（虚线）的归一化吸收曲线
每条曲线通过将测量的吸收除以各自的色素密度（测量单位为 mg/m³）作为归一化处理
[来自 Hoepffner 和 Sathyendranath (1993)，图 9]

图 3.3 给出了 9 月西北大西洋水样的归一化总吸收曲线，其中消除了纯海水的吸收，共有以下 3 种吸收：最上面是特征总吸收系数；中间是 CDOM 的吸收；最下面是浮游植物的吸收。图中显示出特征叶绿素 a 峰位于 440 nm 和 665 nm，CDOM 吸收随波长 λ 的增加呈指数衰减，归一化浮游植物吸收的变化与其种类、包裹效应和附属色素等紧密相关。

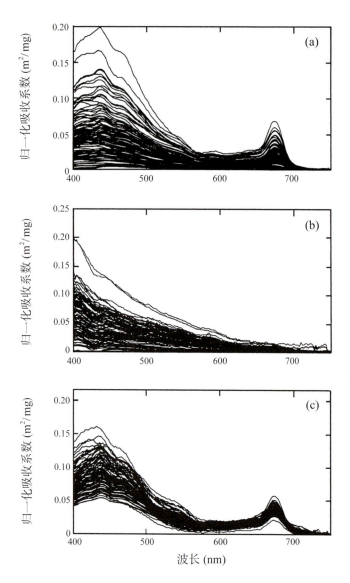

图 3.3 吸收对波长的依赖关系，测量地点位于西北大西洋

每条曲线都去除了纯海水的吸收。(a) 总吸收；(b) 颗粒和 CDOM 吸收；(c) 浮游植物吸收

[来自 Hoepffner 和 Sathyendranath (1993)，图 3]

3.2.1.2 散射

本节主要讨论活体和非活体物质的散射特性，首先是总的散射，然后集中探讨后向散射。因为海水中颗粒物散射特性的测量需要观测许多不同的角度，而海水的吸收妨碍了这些观测，因此散射特性非常难以确定，成为当前研究的一个重点。

式 (3.2) 中的最后一项是颗粒物后向散射 $b_{bp}(\lambda)$，包括 CDOM 碎屑和其他颗粒物。近几年发表的关于后向散射测量与研究的文献来自 Dickey 等 (2011)，RaDyO (2009) 以及 Sullivan 和 Twardowski (2009)。

总的来说，水体中若出现非常小量的颗粒物都将产生强烈的前向散射，从而使得散射系数增加一个量级。来自小颗粒的散射可当作 Rayleigh 散射进行求解，其拥有一个较小的前向散射峰，并且与波长强烈相关；来自较大颗粒物的散射倾向于 Mie 散射，拥有大的前向散射，与波长的关系较弱。

为了说明前向散射体的影响，针对 3 种不同的水体，图 3.4 比较了它们与纯海水在几个测量角度下 $\beta_T(\alpha, \lambda)$ 的分布。每一个散射函数都是在单一波长 514 nm 下测量的。浑浊水体取自圣地亚哥港，近岸水体来自加利福尼亚圣巴巴拉海峡，清洁水体来自巴哈马海峡。尽管这些散射函数提取于不同的水体和位置，但是它们的光谱形状几乎相同。通过比较这些曲线，发现悬浮物的增加使前向散射增加了 4～5 个量级，后向散射也最大增加了 1 个量级。由于强烈的前向散射，相对而言后向散射较小，它们只占到总散射的 2% 左右 (Carder, 2002)。

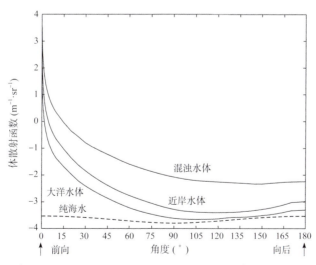

图 3.4　纯海水（虚线）和 3 种不同的自然水在 514 nm 处的体散射函数与角度的依赖关系

图底部的箭头表示前向和后向散射的方向 [来自 Petzold (1972)；Mobley (1994)]

Sullivan 和 Twardowski (2009) 利用多角度散射光学测量仪 MASCOT 收集并分析了几百万条颗粒物后向散射光谱。MASCOT 可以测量 658 nm 处的体散射函数 $\beta(\alpha, \lambda)$，其中 α 在 $10°\sim170°$ 之间每隔 $10°$ 有一个测量值。他们通过 MASCOT 收集了从沿岸区到南大洋的 10 种不同类型水体的后向散射系数。

根据在 10 个不同地点测量的、散射角在 $90°\sim170°$ 之间的后向散射系数，图 3.5 给出了经过后向散射系数 $b_{\mathrm{bp}}(658)$ 归一化处理后的 $\beta_{\mathrm{p}}(\alpha, 658)$ 平均值。可以看出，虽然测量地点很分散，但是水体的归一化体散射曲线在形状和量级上都很一致，且前向散射占了主导。

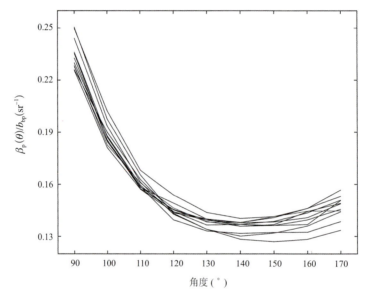

图 3.5　利用 MASCOT 测量的颗粒物归一化后向散射相函数
数据取自 10 种不同类型沿岸水体和清洁水体。详见正文 (Sullivan et al., 2009)

清洁海水中散射函数与波长的依赖关系为幂指数关系 $b_{\mathrm{bw}}(\lambda) \sim \lambda^{-4.32}$，但对于悬浮颗粒物而言，颗粒物后向散射关系变为

$$b_{\mathrm{bp}}(\lambda) = b_{\mathrm{bp}}(\lambda_0)[\lambda/\lambda_0]^{-Y} \tag{3.5}$$

式中，$\lambda = 443$ nm；Y 表示幂指数系数 (Maritorena et al., 2002)，Y 的量值取决于颗粒物的尺寸。粒径尺寸比波长 λ_0 大的颗粒物有强烈的前向散射峰，且波长的相关性不明显 $(\lambda^{-0.3})$；而小颗粒散射拥有更对称的散射函数和较明显的波长依赖关系 $(\lambda^{-1.7})$ (Kopelevich, 1983; Mobley, 1994)。类似地，Carder 等 (1999) 在对随机获取的

二类水体后向散射数据进行建模时发现，对大颗粒和 Mie 散射而言，Y 约等于 0；对小颗粒则 $Y>0$。此外，对从一类水体中采样获得的后向散射系数进行分析，结果表明 $Y=1.033\,7$。

最后，在吸收光谱中没有出现，但对反射光谱很重要的一个特性就是在 683 nm 的叶绿素 a 荧光峰的出现，临近 665 nm 的吸收峰。在荧光峰处，浮游植物发射的辐射能够被卫星监测到。

上述讨论表明，为观测 CDOM、浮游植物和荧光特性，海洋水色仪器需配置如下波段：叶绿素和 CDOM 浓度的反演需要用到叶绿素吸收峰 443 nm 和 CDOM 主导的波长 410 nm，测量还必须有 500 ~ 550 nm 区间的波段，其间叶绿素吸收为 0，而主要为类胡萝卜素吸收；荧光探测则需要 683 nm 附近的荧光峰。这些吸收和发射特性为探测波长的选择奠定了基础。

3.2.2 大气修正

3.2.2.1 水色大气修正要考虑的因素

在进行水色遥感数据的大气修正算法研究时，必须考虑以下两个基本要求：

① 带有水体信息的离水辐亮度在遥感器接收到的总信号中一般不足 10%；

② 对一类水体，离水辐亮度反演的绝对误差要求为 5%；我国 HY-1 卫星水色遥感计划中提出的二类水体离水辐亮度反演的绝对误差要求为 15%。

水色大气修正的难点之一在于从大信号中提取小信号；水色大气修正的难点之二是每一个水色观测任务所采用的算法必须是稳定的"业务化算法"，把大气修正算法看作是遥感器性能的延伸，要求对遥感器和算法进行统一的替代定标 (vicarious calibration)，如 SeaWiFS 和 MODIS 计划中在太阳和月亮定标基础上的遥感器初始化 (initialization) 和真实性检验 (validation) 的做法。否则不同"研究算法"之间的误差可能大于 L_w 绝对误差要求的极限。

假设水色遥感器在陆地定标场上不饱和并采用其他大气辐射传递模式进行定标，但这一步对海洋水色信号反演精度（请注意是在 L_w 的 5% 的绝对误差前提下）的提高非常有限，因为陆地信号在遥感器的响应高端，而水色在低端，且陆地定标过程无助于减小水色大气算法的不确定性。

目前水色大气修正所考虑的因素，可参见图 3.6 (McClain et al., 1992)。

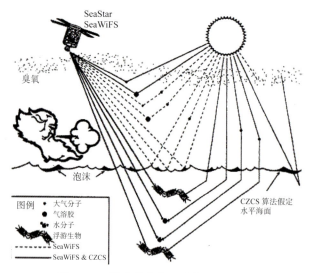

图 3.6　一类水体水色遥感信号的各种要素

SeaWiFS 算法中考虑的因素包括：大气分子散射，气溶胶散射，分子 – 气溶胶多次散射，臭氧吸收，O_2 对 765 nm 波段的吸收，粗糙海面反射的影响，气压。

一般在水色遥感中，将大气与海洋系统简化，水色遥感器接收到的总信号 L_t 可表示为（省略波长 λ）：

$$L_t = L_r + L_a + L_{ra} + TL_g + tL_f + tL_w \tag{3.6}$$

式中，L_r 为大气分子的 Rayleigh 散射（在 Gordon 模型中，L_r、L_a 已包括散射光在海面的反射和太阳直射光在海面反射后在大气中的散射）；L_a 为气溶胶散射；L_{ra} 为散射体与气溶胶之间的多次散射；L_g 为太阳光在海洋表面的反射信号 (sun-glint)；T 为光束透过率 (beam transmitance)；L_f 为海洋表面泡沫信号；t 为大气漫射透过率 (diffuse transmitance)；L_w 为离水辐亮度。

目前 L_r 已经可以很精确地得到，特别是对于 SeaWiFS 的对应波段，Gordon 等已给出对应不同太阳天顶角和方位角下遥感器不同观测角和方位角的数据表格 (Gordon et al., 1988)，该数据表格随 SeaDAS 软件一起免费提供给所有已登记的 SeaWiFS 水色数据用户 (seadas@seadas.gsfc.nasa.gov)。关键是气溶胶散射 L_a 和多次散射项 L_{ra} 的处理，不同算法的区别也主要体现在此。

3.2.2.2　SeaWiFS与MODIS水色大气修正Gordon算法

由于 SeaWiFS 比 CZCS 的技术指标有很大的提高，因此 Rayleigh 与气溶胶的单次散射近似已不适用于 SeaWiFS。即应考虑精确的散射体散射、气溶胶与大气分子之间的多次散射（不考虑太阳直射反射）：

$$L_t = L_r + L_a + L_{ra} + t L_w \tag{3.7}$$

式中，L_r 为精确 Rayleigh 散射；$L_a + L_{ra}$ 为气溶胶及气溶胶与大气分子之间的多次散射。

为继续使用利用单次散射算法导出的关系式：

$$L_{as}(\lambda)/L_{as}(\lambda_0) = \varepsilon(\lambda, \lambda_0) F'(\lambda)/F'(\lambda_0) \tag{3.8}$$

式中，L_{as} 为单次散射值，和"较清洁水体"（因为 SeaWiFS 又增加了两个大气修正波段 765 nm 和 865 nm）的概念进行大气修正，Gordon 和 Wang (1994) 提出了以下方法：

① 精确 Rayleigh 散射 L_r 计算，即带偏振的、粗糙海表的、多次散射计算；

② 将气溶胶分为 N 类，计算出该类气溶胶多次散射 $L_a + L_{ra}$ 与单次散射 L_{as} 的对应关系 [注：接近于线性关系 (Gordon et al., 1994)]；

③ 利用在"较清洁水体" 765 nm 和 865 nm 波段的 $L_w \approx 0$，从而得到

$$L_a + L_{ra} = L_t - L_r \tag{3.9}$$

再利用 N 类气溶胶模型 L_{as} 与 $L_a + L_{ra}$ 的关系，得到 N 个 $\varepsilon_i(\lambda, \lambda_0)$；

④ 由 N 个 $\varepsilon_i(\lambda, \lambda_0)$ 求得一个平均值 $\varepsilon(\lambda, \lambda_0)$：

$$\varepsilon(765, 865) = \frac{1}{N} \sum_{i=1}^{N} \varepsilon_i(765, 865) \tag{3.10}$$

这个 $\varepsilon(765,865)$ 必定落在某两个模型的 ε 之间。其他波段的 $\varepsilon(\lambda, \lambda_0)$ 便根据这两个气溶胶模型的 ε 值进行内插获得；

⑤ 利用 $L_{as}(\lambda)/L_{as}(\lambda_0) = \varepsilon(\lambda, \lambda_0) F'(\lambda)/F'(\lambda_0)$ 得到 412 nm，443 nm，490 nm，510 nm，555nm，670nm 波段的 $L_{as}(\lambda)$，再利用选定的两个气溶胶模式的单次散射与多次散射的关系及 $L_{as1}(\lambda)$、$L_{as2}(\lambda)$ 计算出 $(L_a + L_{ra})_1$、$(L_a + L_{ra})_2$ 并进行内插得到最终的 $L_a + L_{ra}$。

只要不是在浑浊的近岸水体，$L_w(765)$、$L_w(865)$ 都可认为是 0，因此可逐点地进行大气修正。Gordon 关于 SeaWiFS 与 MODIS 算法的关键是获得相应海区的可能的各种气溶胶光学特性。

3.2.2.3 水色大气修正算法分类

可用的大气修正模型有很多，但针对水色遥感且对现场实测参数要求最少或对业务化支持最好的是 Gordon 方法。在 Gordon "清洁水体"、气溶胶单次散射算法的基础上，水色大气修正算法从简单到复杂可分为如下 3 类。

1）均匀大气 (uniform atmosphere)

即对遥感图像上所关心的地区，认为其大气是均匀的，气溶胶成分稳定且光学厚度一样。如果在图像上能找到一个清水区 (clear-water)，则近红外波段 λ_0(CZCS 中为 670 nm，SeaWiFS 中为 765 nm 和 865 nm) 的离水辐亮度可近似为 0，在忽略 L_g 的情况下，即 $L_t(\lambda_0) = L_r(\lambda_0) + L_a(\lambda_0)$，由于 L_r 可直接（精确）计算，因此可得 $L_a(\lambda_0)$。则其他波段的离水辐亮度

$$L_w(\lambda) = [L_t(\lambda) - L_r(\lambda) - L_a(\lambda)] / t(\lambda) \tag{3.11}$$

根据单次散射近似式，其中 $L_a(\lambda)$ 可近似为

$$L_a(\lambda) = L_{acw}(\lambda) P_a(\alpha) F'(\lambda) \cos(\theta_{cw}) / P_a(\alpha_{cw}) F'_{cw}(\lambda) \cos(\theta) \tag{3.12}$$

式中，下标 cw 表示清洁水体；$L_{acw}(\lambda)$ 是利用 cw 像元已知的离水辐射特性得到的气溶胶辐射；P_a 是气溶胶相函数 [一般用双项 Henyey-Greenstein (TTHG) 函数近似]；F'，F'_{cw} 分别为经臭氧吸收校正的大气层外太阳辐照度。L_r，F'，t 都可通过理论计算或简化公式而得。该方法只要找到一个像元的清洁水体即可完成，适于小幅区域。

2）气溶胶组分均匀 (uniform aerosol composition) 大气

即气溶胶波长指数在所考虑区域是恒定的，气溶胶光学厚度可变，采用 Gordon 的 CZCS 算法。对 SeaWiFS、OCTS 等具有 765 nm、865 nm 波段的水色遥感器，只需利用一 "较" 清洁水域，便可由 765 nm、865 nm 波段之间的关系，外推导出 865 nm 对 412 nm、490 nm、510 nm、555 nm、670 nm 波段的 ε。可参见 Gordon 提出的 SeaWiFS 中等精度简化算法 (Gordon et al., 1994)。此简化算法的主要特点是可适应较宽的水域和随像元变化的气溶胶指数。

对于图像中不满足 $L_w(765)$ 与 $L_w(865)$ 趋近于 0 的部分，必须结合迭代方法或利用 TTHG 相函数和气溶胶单次散射近似式进行如下修正 (Gordon et al., 1988)：

$$L_a(\lambda) = L_{acw}(\lambda) \frac{F_0'}{F_{0cw}'} \frac{\left(P_a(\alpha_+) + [\rho(\theta) + \rho(\theta_0)] P_a(\alpha_-)\right)}{\left(P_a(\alpha_{+cw}) + [\rho(\theta_{cw}) + \rho(\theta_{0cw})] P_a(\alpha_{-cw})\right)} \frac{\cos\theta_{cw}}{\cos\theta} \quad (3.13)$$

$$\approx L_{acw}(\lambda) P_a(\alpha) F'(\lambda) \cos(\theta_{cw}) / [P_a(\alpha_{cw}) F'_{cw}(\lambda) \cos(\theta)]$$

3）变化的气溶胶组成与光学厚度（varying aerosol load and composition）的大气

此时，$\varepsilon(\lambda, \lambda_0) = (\lambda_0/\lambda)^n$，$n$ 可能在每一点产生变化，必须逐点对图像进行辐射修正。若对气溶胶变化情况比较了解，可采用 Gordon 与汪萌华（1994）提出的 SeaWiFS 大气修正算法（Gordon et al.，1994），对 ε 进行内插；若对气溶胶特性没有很好的先验参数，则可采用汪萌华与 Gordon 提出简化的中等精度的 SeaWiFS 大气修正算法（Gordon et al.，1994）。

此时，原则上任一点都要求 $L_w(765)$ 与 $L_w(865) \sim 0$，否则无法进行修正或精度较差。

3.2.2.4 二类水体水色大气修正算法

对于二类水体，特别是近岸高泥沙含量的浑浊水体，由于不存在 $L_w(\lambda_0) \sim 0$ 的波段，因此必须对 Gordon 的清洁水体算法进行适当改进。

1）Sturm 算法

该算法是基于散射角度变换的方法，见式（3.12）和式（3.13）。

2）Smith 和 Wilson 算法

该算法是利用水体光谱特性进行迭代的方法。

当 $L_w(\lambda_0) \neq 0$ 时，Smith 和 Wilson 利用对相应图像区域的不同波段离水辐亮度之间的关系（Smith 和 Wilson 采用的刚好在水表面下的向上辐射率）：

$$\frac{L_w(443)}{L_w(670)} = A \left[\frac{L_w(443)}{L_w(550)}\right]^B \quad (3.14)$$

然后采用以下迭代步骤：

第 $(i-1)$ 步：设 $L_w^{(i-1)}(670) = 0$；

第 (i) 步：按公式

$$L_w^{(i)}(\lambda) = [1/t(\lambda)] * \{L(\lambda) - L_r(\lambda) - S(\lambda, \lambda_0) \times [L(\lambda_0) - L_r(\lambda_0) - t(\lambda_0) L_w^{(i-1)}(\lambda_0)]\} \quad (3.15)$$

式中，$S(\lambda, \lambda_0) = L_a(\lambda)/L_a(\lambda_0) = \varepsilon(\lambda, \lambda_0) F'(\lambda)/F'(\lambda_0)$；

$\varepsilon(\lambda, \lambda_0) = w_a(\lambda) t_a(\lambda) / w_a(\lambda_0) t_a(\lambda_0) = (\lambda_0/\lambda)^n$

得到 $L_{\mathrm{w}}^{(i)}(443)$、$L_{\mathrm{w}}^{(i)}(520)$、$L_{\mathrm{w}}^{(i)}(550)$；同时得到新的

$$L_{\mathrm{w}}^{(i)}(670) = L_{\mathrm{w}}^{(i)}(443)A\left[\frac{L_{\mathrm{w}}^{(i)}(443)}{L_{\mathrm{w}}^{(i)}(550)}\right]^{B};$$

判断：

$$Err = \left[\frac{L_{\mathrm{w}}^{(i)}(670) - L_{\mathrm{w}}^{(i-1)}(670)}{L_{\mathrm{w}}^{(i)}(670)}\right]^2 + \left[\frac{L_{\mathrm{w}}^{(i)}(\lambda_j) - L_{\mathrm{w}}^{(i-1)}(\lambda_j)}{L_{\mathrm{w}}^{(i)}(\lambda_j)}\right]^2 < 0.1 \tag{3.16}$$

式中，λ_j=443，520，550。

如果 $Err<0.1$，则迭代结束；

否则，利用 $L_{\mathrm{w}}^{(i)}(670)$ 的值，按式 (3.15) 继续计算。

迭代算法的关键是提前经现场测量获得相应水体离水辐亮度波段之间的关系。但迭代关系本身是一个具有区域特点的基于统计的不很精确的关系式，沿岸水体受影响的因素很多，迭代关系很难保证适合所有情况。

3.2.3　水色参数反演方法

3.2.3.1　叶绿素浓度

叶绿素浓度遥感反演模式大致可分为 3 类：分析模式，半分析模式和经验模式。

1）分析模式

分析模式主要是利用海洋光学的基本理论和水体光谱计算模式来进行建模，以描述水中物质浓度与水体光谱之间的关系。海水总吸收系数 a 和总后向散射系数 b_{b} 为水中不同吸收体和散射体的单个系数线性总和：

$$a = a_{\mathrm{w}} + \sum a_i \tag{3.17}$$

$$b_{\mathrm{b}} = b_{\mathrm{bw}} + \sum b_{\mathrm{b}i} \tag{3.18}$$

式中，a_{w} 与 a_i 分别为海水及第 i 成分的吸收系数；b_{bw} 与 $b_{\mathrm{b}i}$ 分别为海水及第 i 成分的后向散射系数。这些系数与各自成分的浓度有关：

$$a_i = f_i^a(C_i) \tag{3.19}$$

$$b_{\mathrm{b}i} = f_i^b(C_i) \tag{3.20}$$

式中，f_i 一般为非线性的。上述诸关系可将 L_{w} 与 C 直接联系起来：

$$L_{\mathrm{w}} = \frac{t_{\mathrm{w}} E_{\mathrm{d}}\left(0^{-}\right)}{3 n_{\mathrm{w}}^2 Q}\left[\frac{b_{\mathrm{bw}} + \sum f_i^b\left(C_i\right)}{a_{\mathrm{w}} + \sum f_i^a\left(C_i\right)}\right] \tag{3.21}$$

由于海水中所含成分及其引起的后向散射特性与吸收特性之间关系复杂，上述分析方法很难求得 f 值，这也是分析模式难以在实际中应用的主要原因。

2）半分析模式

半分析模式利用海洋光学的基本理论和水体光谱计算模式，结合实测资料，来描述水中物质与水体光谱之间的关系。半分析模式中对一些未知参数的确定要么是根据经验数据来求解，要么是通过大胆的假设来确定，因此也称为"半经验模式"。

3）经验模式

经验模式是指依靠实验数据集，根据光谱值和水体各成分浓度值之间关系，对水体中的物理量（如叶绿素、悬浮泥沙、黄色物质浓度和衰减系数等）进行统计分析。比较常用的是 SeaBAM 经验模式和神经网络模式。

3.2.3.2 悬浮物浓度

传统的一类水体的悬浮泥沙浓度遥感反演模型：

$$SSC = 218.083\left[\frac{\left(R_{\mathrm{rs}(565)} - R_{\mathrm{rs}(670)}\right) R_{\mathrm{rs}(565)}}{R_{\mathrm{rs}(520)}}\right]^{-0.991} \tag{3.22}$$

传统的二类水体的悬浮泥沙浓度遥感反演模型：

$$SSC = 0.362 \exp\left(4.65\frac{R_{\mathrm{rs}(670)}}{R_{\mathrm{rs}(565)}}\right) \tag{3.23}$$

为了避免由于传统的一、二类水体悬浮泥沙反演模型的不同而造成结果的不连续，业务运行时需要一个过渡模型。利用实测数据确定该过渡模型为

$$SSC_1 = 218.083\left[\frac{\left(R_{\mathrm{rs}(565)} - R_{\mathrm{rs}(670)}\right) R_{\mathrm{rs}(565)}}{R_{\mathrm{rs}(520)}}\right]^{-0.991}, \quad SSC_1 < 5.0 \tag{3.24a}$$

$$SSC_2 = 0.362 \exp\left[4.65\frac{R_{\mathrm{rs}(670)}}{R_{\mathrm{rs}(565)}}\right], \quad SSC_1 \geqslant 5.0 \tag{3.24b}$$

$$SSC_3 = 10 \left\{ \lg\left(SSC_2\right) \frac{\left[\lg\left(SSC_2\right) - \lg\left(5.0\right)\right]}{\left[\lg\left(10.0\right) - \lg\left(5.0\right)\right]} + \frac{\left[\lg\left(10.0\right) - \lg\left(SSC_1\right)\right]}{\left[\lg\left(10.0\right) - \lg\left(5.0\right)\right]} \right\}, \quad 5.0 < SSC_1 < 10.0 \tag{3.24c}$$

3.2.3.3 海水透明度

海水透明度遥感反演算法从反演途径上可分为直接遥感反演算法和间接遥感反演算法。直接遥感反演算法是利用遥感反演的离水辐亮度或遥感反射比直接获取海水透明度；而间接遥感反演算法是指从由离水辐亮度反演水色要素浓度或水体的光学特性，进而反演得到海水透明度，是复合模型。目前，海洋水色遥感中直接透明度遥感反演算法并不比间接遥感反演算法精度高，且只适于局部海区。这里介绍的海水透明度遥感反演算法采用间接遥感反演模型。该模型是利用辐射传输对比度传输理论得到水下物体的能见度模型，进而应用到透明度观测上，得到透明度与水体固有光学量等的关系模式：

$$Z_d = \frac{1}{4\left(a + b_b\right)} \ln\left[\frac{\rho_p \alpha \beta \left(a + b_b\right)}{C_e f b_b}\right] \tag{3.25}$$

式中，a 为吸收系数；b_b 为后向散射系数；α 为水面折射因子；β 为水面反射因子；ρ_p 为透明度盘表面反射率；C_e 为肉眼对比度阈值。吸收系数 a 和后向散射系数 b_b 属于水体固有关系特性，可以表示为

$$a = a_w + a_c + a_p + a_y \tag{3.26}$$

$$b_b = b_{bw} + b_{bc} + b_{bp} \tag{3.27}$$

式中，a_w，a_c，a_p 及 a_y 分别为纯海水、叶绿素、悬浮粒子、黄色物质的吸收系数；b_{bw}，b_{bc} 及 b_{bp} 分别为纯海水、叶绿素、悬浮粒子的后向散射系数，其中 a_w、b_{bw} 采用 Prieur 的实验结果。对于传统的一类水体，根据 Morel 的模式，吸收系数 $a(\lambda)$ 和后向散射系数 $b_b(\lambda)$ 可表示为

$$a(\lambda) = \left[a_w(\lambda) + 0.06 A(\lambda) \text{Chl}^{0.65}\right]\left[1 + 0.2 e^{-0.014(\lambda - 400)}\right] \tag{3.28}$$

$$b_b(\lambda) = b_{bw}(\lambda) + \left[0.3 \text{Chl}^{0.62} - b_w(550)\right]\left\{0.002 + 0.02\left[0.2 - 0.25 \lg\left(\text{Chl}\right)\right]\frac{550}{\lambda}\right\} \tag{3.29}$$

式中，Chl 为叶绿素浓度。对传统的二类水体，还要考虑悬浮泥沙的吸收及散射：

$$a_{\mathrm{p}}(\lambda) = s\left[0.020\,5 + 0.038\mathrm{e}^{-0.005\,5(\lambda-440)}\right] \tag{3.30}$$

$$b_{\mathrm{bp}}(\lambda) = 0.019s\left[0.28 - 0.001\,67(\lambda-400)\right] \tag{3.31}$$

式中，s 为悬浮泥沙浓度。因此，透明度 Z_{d} 就可根据叶绿素、悬浮物浓度计算得到，而叶绿素、悬浮物浓度可由遥感反演得到。透明度间接遥感反演模型的精度取决于水色要素的反演精度，而对复杂的大气校正并没有直接提出精度要求。从当前海洋水色遥感的技术水平来看，在传统的一类水体，叶绿素浓度产品的反演精度能够达到 35%；在近海传统的二类水体，虽然水色要素反演在定量上存在许多问题，但在趋势上与实际是一致的。因此，在传统的一类水体，间接透明度遥感反演模型可望取得较高精度，而在近海传统的二类水体，可以获得其趋势。

3.2.4　数据处理结果实例

以 MODIS 数据为例，利用上述反演算法分别计算了中国近海的叶绿素 a 浓度、悬浮物浓度、海水透明度（图 3.7 至图 3.9）。

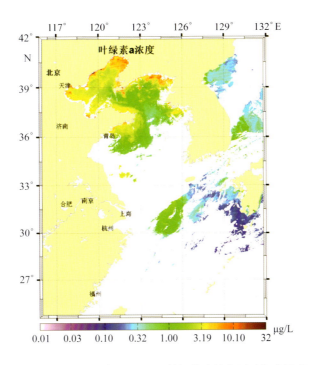

图 3.7　2012 年 10 月 10 日利用单轨 MODIS 数据获取的中国近海叶绿素 a 浓度分布

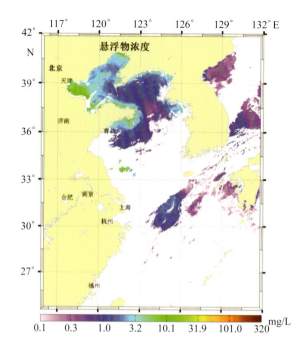

图 3.8　2012 年 10 月 10 日利用单轨 MODIS 数据获取的中国近海悬浮物浓度分布

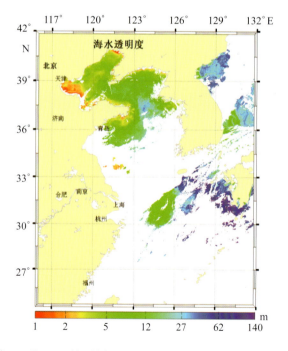

图 3.9　2012 年 10 月 10 日利用单轨 MODIS 数据获取的中国近海海水透明度分布

3.3　应用实践

3.3.1　赤潮监测

赤潮是海洋中的一种或多种微小浮游生物、原生动物或细菌，在一定的环境条件下突发性迅速增殖或聚集，引起一定海域范围在一段时间内变色的生态自然现象。赤潮作为一种海洋灾害不仅给海洋环境、海洋渔业和海水养殖业造成严重危害，对人类健康和生命也有一定影响。

我国东海海域是赤潮高发区域，卫星遥感技术为赤潮的监测和预报提供了有利的观测手段。综合利用 HY-1B、MODIS 等多颗海洋水色卫星可实现赤潮的监测。图 3.10 为 2013 年 7 月东海赤潮遥感监测分布。

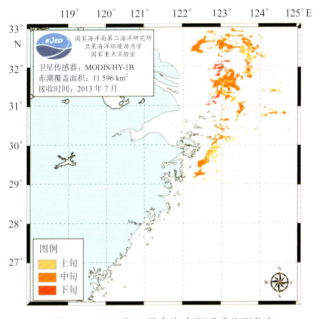

图 3.10　2013 年 7 月东海赤潮遥感监测分布

3.3.2　绿潮监测

大型海洋绿藻过量增殖的现象，被称为"绿潮"。人类向海洋中排放大量含氮和磷的污染物而造成的海水富营养化，是绿潮暴发的重要原因。海藻在铁量增加、阳光照射和其他所有条件同时出现的情况下，便会疯狂生长繁殖，进而形成绿潮。

绿潮已成为世界范围内的近海、海湾和河口等海域一个普遍的现象。从 1980 年开始，美洲的美国、加拿大，欧洲的丹麦、荷兰、法国、意大利，亚洲的日本、韩国和菲律宾等国家，均发生过绿潮灾害，法国沿岸海域的情况尤为严重，受绿潮危害的滨海城市达 103 个。2007 年夏季，中国黄海中、南部海域首次发现由浒苔大量增殖引发的绿潮，呈稀疏带状分布，过程持续约 2 个月，自此每年在相同海域相同时间段均发生规模不等的绿潮。绿潮严重影响海域景观和旅游观光，干扰水上运动项目的顺利进行；大量繁殖的浒苔能遮蔽阳光并消耗海水中的氧气，对海洋养殖业及渔业具有较大的破坏作用；当海流将大量绿潮藻类卷到海岸时，绿潮藻体腐败产生有害气体，破坏近岸生态系统。

利用 HY-1B、EOS/MODIS、环境一号 (HJ-1) 等光学卫星数据和 SAR 数据能够实现绿潮的综合监测。2012 年 6 月 19 日在东海发现绿潮，图 3.11 为 2012 年 6 月 19 日绿潮灾害卫星监测图像，其中绿色区域即绿潮暴发区域。图 3.12 为 2012 年绿潮暴发期间绿潮中心位置分布，其中绿点为中心点，标注时间代表卫星监测日期。

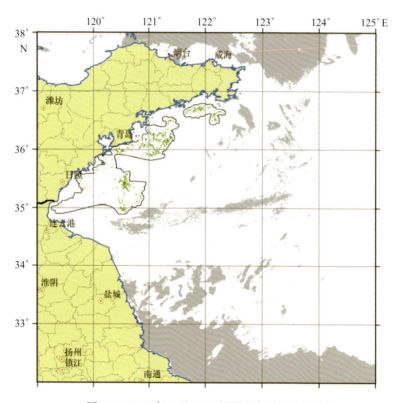

图 3.11　2012 年 6 月 19 日绿潮灾害卫星监测图像

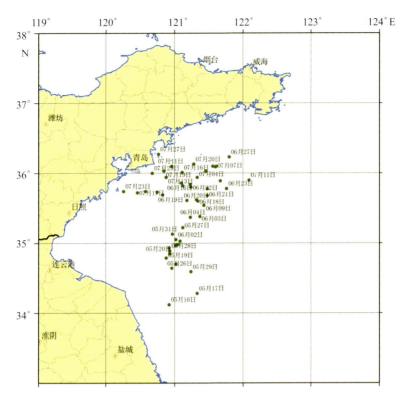

图 3.12 2012 年绿潮中心位置分布

3.3.3 叶绿素浓度监测

浮游藻类是海岸带生态系统中的生产者，是鱼类和贝类的食物来源。叶绿素 a 含量可以反映海区浮游植物浓度的高低。通常在河流入海口及上升流附近，因为营养物质丰富而具有较高的叶绿素浓度，从而形成渔场，比如舟山渔场。但是，叶绿素浓度过高之后导致水体透明度和溶解氧含量降低，对水中生命体不利，因而它又是海域富营养化的重要指标。

利用 HY-1B 卫星数据，结合 EOS/MODIS 产品资料，可获取我国管辖海域及周边海域的叶绿素浓度分布信息，这些信息已在海洋环境保护、海洋渔业等相关行业和部门得到使用。图 3.13 为 2012 年我国海域叶绿素浓度分布示意图。

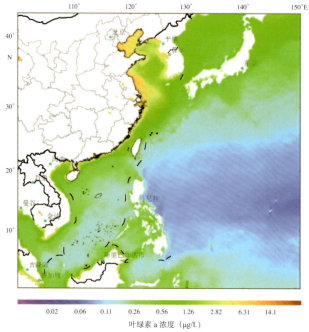

图 3.13　2012 年我国海域叶绿素浓度分布示意图

3.3.4　海冰监测

图 3.14 至图 3.16 为 2013—2014 年利用 HY-1B、MODIS 和高分一号等多颗卫星资料，对渤海及黄海北部的海冰灾害进行监测的结果。其中，图 3.14 为 2014 年 2 月 11 日 HY-1B 卫星遥感影像海冰图；图 3.15 为 2014 年 2 月 11 日卫星遥感监测海冰覆盖范围专题图；图 3.16 为卫星遥感监测海冰冰情图。

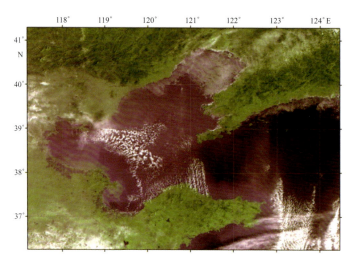

图 3.14　HY-1B 卫星遥感影像海冰图

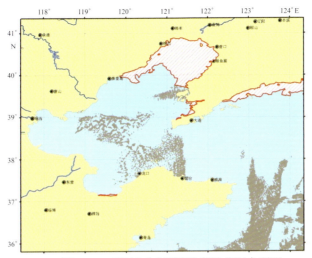

图 3.15 卫星遥感监测海冰覆盖范围专题图

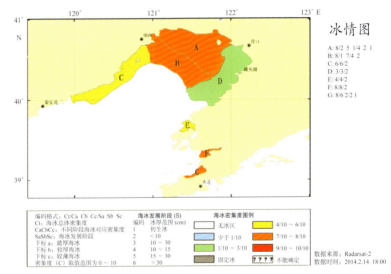

图 3.16 卫星遥感监测海冰冰情图

　　根据卫星监测结果，2014 年辽东湾最大浮冰范围出现在 2 月 9 日，为 62 海里；渤海湾整个冬季未出现大面积的浮冰；莱州湾整个冬季未出现大面积的浮冰；黄海北部最大浮冰范围出现在 2 月 21 日，为 40 海里。

　　利用 HY-1B 卫星遥感资料制作的海冰遥感和预报信息产品，还可应用到海冰数值预报中，进一步提高海冰预报的准确性和时效性。图 3.17 给出了 2012 年 2 月 3 日渤海海冰厚度分布和冰速数值预报图，其中色标表示海冰厚度，红色箭头长短与方向分别表示海冰冰速和方向。图 3.18 为 2012 年 1 月中旬卫星遥感影像的海冰旬预报图。

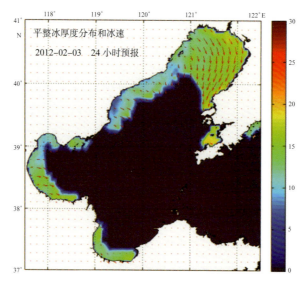

图 3.17　渤海海冰短期精细化数值预报

图 3.18　基于海冰卫星遥感影像的海冰旬预报

3.3.5　海洋水色信息在渔场分析中的应用

　　海水叶绿素信息反映了海洋初级生产力状况，叶绿素浓度越高意味着初级生产力越高，其支撑海洋渔业资源潜力也越大。目前，在商业捕鱼活动中，卫星遥感叶绿素信息在渔场寻找和捕捞活动中已经得到成功应用。图 3.19 为 2009 年 4 月 4—10 日的智利竹荚鱼渔场与叶绿素分布，图 3.20 为日本东部近海叶绿素锋面与渔场分布（陈雪忠等，2014）。

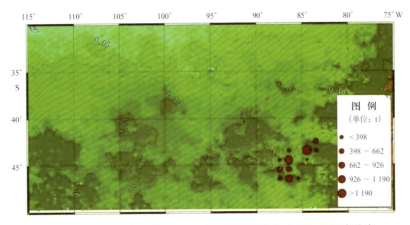

图 3.19　2009 年 4 月 4—10 日的智利竹筴鱼渔场与叶绿素分布

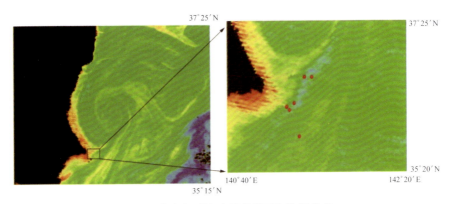

图 3.20　日本东部近海叶绿素锋面与渔场分布
红色圆点为渔场位置

　　海水叶绿素浓度含量大小的空间分布及随时间的动态变化能够指示出丰富的锋面、海流及涡旋信息，可据此分析渔场位置。海洋水色锋面通常由水色要素，如叶绿素浓度变化急剧的狭窄地带或叶绿素浓度梯度最大的地方来定义表示。大洋叶绿素锋面时常与温度锋面相伴出现，位置接近，因此通常把叶绿素锋面与温度锋面结合起来进行综合分析。

第 4 章　红外遥感调查技术

4.1　概述

海洋红外遥感从 1960 年 TIROS-2 开始，到 1969 年的 NIMBUS–3 才开始被海洋学家所接受并应用于海面温度 (SST) 遥感。红外遥感成熟的标志是 1978 年发射的 Tiros-n 上的 AVHRR (Advanced Very High Resolution Radiometer)（其后移到 NOAA-6 后的 NOAA 卫星系列上）。1981 年发射的 NOAA-7 上的 AVHRR/2 到 NOAA-14 上的 AVHRR/2 参数基本没变（但性能不断提高），成为最稳定、连续可靠、免费的红外资料来源。

从 1981 年载有 AVHRR/2 的 NOAA-7 卫星发射升空，卫星红外 SST 观测已有近 40 年的历史。这些 SST 观测可用于长期的全球多年气候变化研究和短期的区域性渔业、船舶航线和飓风预报的研究以及识别海洋锋、上升流区、赤道急流和海洋涡旋等 (Walton et al., 1998; Gentemann et al., 2009)。SST 作为一个至关重要的表面边界条件可用于数值天气预报 (NWP) 模式。SST 数据的应用涵盖了大洋东岸上升流的区域性研究到赤道太平洋厄尔尼诺 (ENSO) 现象的大尺度研究。

下面对红外遥感反演 SST 的方法进行介绍，首先介绍云检测算法和用于业务化 AVHRR 反演的、先进的晴空海洋业务化处理算法 (ACSPO)；描述 AVHRR、MODIS 和 VIIRS 业务化算法；最后，是关于 SST 数据应用的实例。

4.2　云检测算法

大气中存在各种各样的云，有温热的液水云、半透明的高层薄冰云、厚的不透明的冰或液态水的云、温暖的低层云或半透明薄雾以及破碎的碎云 (Pavolonis et al., 2005)。云检测取决于 3 个因素：① 相比海洋背景，云通常具有高反射而温度低的特征；② 不同类型云的发射和反射特性有不同的波长关系；③ 破碎的碎云与背景有着迥异的空间变化特征。

McClain 等 (1985)，Brown 和 Minnett (1999)，Pavolonis 等 (2005) 和 Petrenko 等 (2010) 给出的云检测算法，很多是基于 Saunders 和 Kriebel (1988) 的理论基础。对于无冰的洋面，无云的像元只占总像元的 10% ~ 20%。鉴别和剔除云的过程取决于卫星是白天观测还是晚上观测，也受制于洋面是否有冰。一般来讲，云和开阔水域的反射和发射特性有明显的差别，因此在开阔洋面上的云识别比在陆地或冰上要容易得多。

4.2.1 原理

海上无云是 SST 红外高精度反演的先决条件。在任何云剔除算法流程中，首先要进行陆地、冰盖和太阳耀斑的掩膜。在任意地点，可以根据 Cox 和 Munk (1954) 的数值模型，利用太阳天顶角和风速等气象数据进行估算。由于水蒸气和气溶胶的观测路径随入射角正比变化，因此丢弃大于 55° 入射角的数据。经过上述处理，接下来就是各种剔除云的算法。这些方法分为单像素应用和像素阵列应用。

最简单的单像素测试方法可剔除厚云。因为在白天，云比海洋表面反射强，无论白天和晚上，云总比海面要冷，可以利用反射率和温度的阈值加以区分。但是，这种方法在白天存在一点麻烦，因为反射率不仅受观测天顶角影响，也受太阳天顶角影响，而亮温只受观测天顶角影响。

另一个单像素算法是白天发射率波段比值法，这里反射率比值 C_R 定义为可见光波段 1 和近红外波段 2 的反射率比值。因为在大气中，可见光的 Rayleigh 散射比近红外强，而云通常在承载气溶胶的海洋边界层上方，晴空条件下，波段 1 的反射率大约是波段 2 的 2 倍；阴天条件下，发射率几乎相等 (Saunders et al., 1988)，这就意味着，如果 C_R 与观测角度的依赖关系小于阈值，则该像素点就是晴空。

第三个单点像素云检测方法利用了 SST 的反演结果，如果该点的 SST 明显偏离 Reynolds SST 或气候学检测标准，则该点标记为云。

上述气候学的检测可能会带来麻烦。Donlon 等 (2012) 描述的英国业务化 SST 和海冰分析系统 (OSTIA) 中，2008 年前设计的检测标准是：如果 SST 相对气候的变化值超过某个阈值，则观测 SST 值用气候 SST 值取代。在 2007 年 9 月北极冰盖融化期间，该系统无法正确获取 SST 而是错误地以气候数据代替，从而直接造成错误预报。

另外，还有利用一对红外波段判断薄雾和云层的单像素检测方法。这一方法利用了云发射率与波长等因素的关系。云是由小水滴组成的，那么云的发射率 e_c 就是波长 λ、小水滴的粒径分布以及云的物理和光学厚度的函数。Hunt (1973) 的研究表明，对于热红外波段，随着云厚度增加，发射率 e_c 增加而透射率降低，因此根据不同的波长和云的厚度，e_c 在 0 ~ 0.97 之间变化。对于厚云，4 μm 处的发射率 e_c 通常小于 11 μm 或 12 μm 的值，3.5 μm 的发射率约为 0.8，11 μm 的发射率约为 0.97。由于 e_c 和波长的关系，有一类夜间检测方法称为"三减五检测"(three minus five tests, TMFT)，即 $\Delta T_{35}=T_{3B}-T_5$，对于 AVHRR，亮温的变化量是 4 μm 和 12 μm 两个波段的差。有云存在时，$\Delta T_{35}<0$，晴天时则相反，由于所有波段的海水发射率都接近 0.99，5 波段的水汽衰减又比 3B 波段大，此时 $\Delta T_{35}>0$。

下面是一个关于薄卷云检测的例子。这些云由薄的、半透明的冰晶层组成，并且与对流层顶部活跃的雨团相关。在这一高度，数小时内冰晶迅速蔓延超过数百千米 (Prabhakara et al., 1988)。由于卷云很薄又是半透明的，通过卫星观测很难区分，而且，由于这些卷云很冷，会给 SST 反演带来很明显的误差。Prabhakara 等 (1988) 通过机载观测发现，这些卷云会使 T_{11} 和 T_{12} 都减小，但是对 T_{12} 的衰减会比 T_{11} 大。数据处理结果表明：卷云的存在会导致 $\Delta T_{11,12}=T_{11}-T_{12}$ 增大，反演的 SST 比 T_S 低估，所以 $\Delta T_{11,12}$ 在非晴空下就显得很重要。Martin 等 (2012) 说明，只有在 $\Delta T_{11,12}$ 小于或等于依赖观测方向阈值时，才符合使用单像素识别高卷云的白天/夜晚业务判别标准。

接下来，反演 SST 的空间均一性检测，就是分析 SST 像素数列的方差。检测依赖中心点像素的状态，对于 GAC（全球区域覆盖）像素采用 3×3 阵列，LAC（局部区域覆盖）或 FRAC（全分辨率区域覆盖）像素采用 5×5 阵列。如果数组超过阈值，则表明可能存在亚像素的碎云。这一测试须谨慎使用，尤其在有上升流、锋面和洋流存在的海区。Martin 等研究表明，这样的检测在海面异常变化时会增加误差，如中尺度涡、湾流的边缘、黑潮和上升流区。

4.2.2　先进的晴空海洋业务化处理算法 (ACSPO)

AVHRR 的业务化 SST 反演算法中，GAC、LAC 和 FRAC 像素都使用了 ACSPO 云检测算法，利用 ACSPO 计算无云情况的亮温和 SST，比较这些量与经过云掩膜后的差异 (Petrenko et al., 2010)。类似 ACSPO 的算法将用于 VIIRS 和用于计划 2015 年发射的 GOES-R 卫星上的先进基线成像仪 (ABI) (Ignatov et al., 2010)。

Petrenko 等（2010，2013）对 ACSPO 云检测过程描述如下：将每天收集的数据分成白天和夜晚两个组，分别进行海冰和陆地掩膜。有太阳耀斑的像素不会立即剔除，后面会讨论太阳耀斑的消除检测。海冰和陆地像元经过了 4 次单像素和 3 像素的测试。作为 ACSPO 的用户，首先输入的参数如下：前一天的 Reynolds 或者 OSTIA 的 SST 日产品、数值预报模型的大气温湿廓线以及太阳天顶角和卫星观测天顶角。ACSPO 利用这些数据和波段，通过通用辐射传输模型（CRTM）计算出晴空的辐亮度，然后将辐亮度与观测值进行比较，观测值与预测值的符合程度决定是否有云。通过这些测试，ACSPO 将像素分为三类：无云、可能无云和多云。

Petrenko 等（2010，2013）描述了 7 个测试，其中前 3 个都是关于确定是否有云覆盖的。第一个是单像素测试，探讨观测亮温和计算亮温的差别；第二个是单像素静态异常测试，主要比较观测和计算的 SST。这两个测试都是搜寻较冷的像元。第三个测试称为自适应 SST 测试，就是后面说的搜索云边缘阵列的方法。第四个和第五个测试是白天测试，通过测试单像素高反射率的点，搜索比海洋表面亮的像素。如果 1 个像素不满足上面 5 个测试中的任何一个环节，则判定该像素为云。最后两个测试是数列测试，有时也称为纹理测试。其中，一个是日/夜测试，主要判定反演的 SST 通过中值滤波后的标准差；另一个是白天测试，主要考察反射率和 SST 的相关性，高反射率和冷的温度相关则能表明该像素存在亚像素云。如果这些判别中有一个不满足，则该像素可能为晴空。下面是 ACSPO 测试的详细描述。

① 亮温测试（日/夜）。晚上通过比较 4 μm、11 μm、12 μm 亮温和利用 Reynolds 或 OSTIA 的 SST 日产品计算的亮温均方根差进行云的粗检测；白天通过类似方法比较 11mm、12mm 波段的亮温。通过测试剔除小于阈值的冷像元。

② SST 静态异常测试（日/夜）。该测试比较日/夜反演的 SST 与 Reynolds 或 OSTIA 的 SST 日产品的差异，如果反演的差异大于相应经纬度的阈值，则判定像元为云。

③ 自适应 SST 滤波器（日/夜）。该测试利用静态异常的结果，目的是寻找云的边界。测试中对 $T_s - T_0$ 进行统计分析，这是 ACSPO 中计算量最大的操作。对于 GAC 像素采用 7×7 阵列或 LAC 像素采用 21×21 阵列，这里 T_s 是 Reynolds 或 OSTIA 的 SST，T_0 是观测值。在中心像元周围，分别统计被标记为云和晴空的像素点，再进行比较；基于这种比较，一些标记为"晴空"的像元将重新标记为"云"。通过持续重复这样的比较，直到中心像元被稳定地分类为"晴空"像元或者"云污染"像元。

④ 反射率粗略比较测试（RGCT）（白天）。这个云的粗查是测试 AVHRR 通道 2 的反射率，如果这个反射率小于依赖观测天顶角和太阳天顶角决定的阈值，这个像元就是晴空像元。

⑤ 反射率对比测试（RGCT）。这个试验用于对波段 1 和波段 2 的反射率比率（C_R）进行检查。由于 NIR 通道的大气 Rayleigh 散射影响小于可见光通道，并且云通常会出现在气溶胶主导的海洋边界层，因此在有云条件下反射率是近似相等的。如果 C_R 小于阈值，那么该像元就是无污染的。

如果观测在以上任何一个测试环节失败，则该像元为晴空像元。

下面两个测试将针对一个中心像元周围反演的 SST 进行空间均匀性测试试验。在 ACSPO 中，这些测试应用到 GAC 或 LAC 像元阵列中。这些测试的目的是识别像元周围破碎的薄云。如果通过前面的测试确定为晴空像元，但却未通过这两个空间均匀性测试的任意一个，则该像元被归类为可能的晴空像元。

⑥ SST 均匀性测试（白天 / 夜间）。这个测试通过对 SST 变化的检查，在 3×3 滑动窗口内查找存在的亚像元尺度云。如前所述，如果像元位于热梯度区域、上升流边缘或湾流区域内，采用这个方法会出现问题，即误将这些区域归类为云污染区域。为减少海洋温度锋带来的影响，ACSPO 采用近似于标准方差的中值滤波器替代前面章节介绍的标准方差。该中值滤波是以 SST 和中值 SST 差值分析为基础的，这个中值是指在窗口内所有有效像元的中值。如果滤波器产生的结果小于阈值，则为晴空像元，否则将被归类为可能晴空像元 (Petrenko et al., 2010, 2013)。

⑦ SST/ 反照率互相关 (CC) 滤波。Ignatov 和 Petrenko (2010) 介绍了第二种均匀性测试方法，即白天时段第二通道反射率与 SST 的互相关法。因为散射的亚像元尺度云的存在，意味着受云影响的像元比晴空像元具有更高的反射和更低的温度，SST 的负波动与第二通道反射率的正波动是相关的，因此当超过阈值的互相关出现时，表明有云存在。这种滤波方式可以检测出已经通过 SST 均匀性测试并标记为云的像元。

Petrenko 等 (2013) 介绍了上述测试方法的应用。如果任何数据未通过 ① 至 ⑤ 中的任何一个测试，则该点判定为云污染像元；然后，继续用 ⑥ 和 ⑦ 空间均匀性测试方法对通过了前面所有 5 个测试的像元进行检测。如果像元通过了这两个测试，则判定为晴空像元；未通过其中任何一个测试，则被判定为可能晴空像元。根据 Petrenko 等 (2010) 的方法，针对 2008 年 8 月 1 日的观测数据，利用 ACSPO 早期版本的测试方法剔除了 55% 的像元；利用统计的 SST 方法剔除了 16% 的像元；采用云边缘附近自适应测试方法又剔除了 6% 的像元；最后，通过均匀性测试确定另外 7% 像元为可能晴空区像元；剩下 16% 为晴空区像元。白天的观测数据得到了同样的结果。表 4.1 给出了 ACSPO 获得的 3 颗 NOAA 卫星和 1 颗 METOP-A 卫星上的 AVHRR 遥感器的晴空像元的百分比。从表 4.1 中可以看出，晴空像元的比例约为 15%。

表 4.1　ACSPO获得的4颗卫星上的AVHRR遥感器的晴空像元的百分比

卫星	晴空像元百分比（%）
NOAA-16	17.24
NOAA-17	14.83
NOAA-18	15.20
METOP-A	14.88

注：100 轨数据，2008 年 8 月 1—7 日。[参考 Petrenko 等 (2010)，表 5]

4.2.3　MODIS和VIIRS的云算法

MODIS 和 VIIRS 比 AVHRR 有更多的观测波段。VIIRS 用 16 个波段进行海洋上空云测试；MODIS 使用 17 个波段 (Ackerman et al., 2010)。尽管增加了波段数，MODIS 和 VIIRS 仍使用前节介绍的多种单像元和多像元测试。同时，如 SQUAM (2013) 所述，NOAA 采用了 ACSPO 处理方法用于 MODIS 和 VIIRS 测试。

对于 MODIS，云算法不仅对 SST 和海洋水色反演进行云识别，还用于辐射平衡计算中的云分类 (Ackerman et al., 2010)。MODIS 的 250 m 和 500 m 较高分辨率波段与 AVHRR 相比，以较高分辨率提供的反射率和反射率比值用于阈值和均匀性测试，它能帮助识别云的边界、飞机的凝结尾迹和小碎云。18 波段和 26 波段出现在强水汽吸收波段，用于白天的薄卷云识别。19 波段用于探测云的阴影，27 波段用于极地区域云的识别，29 波段与 11 μm 和 12 μm 波段相结合用于云识别。

对于 VIIRS，所有图像分辨率 (I) 波段都用于云识别算法，这些波段与 AVHRR 波段具有相近的位置。中分辨率 (M) 波段中除了 M9、M10 和 M11 波段外，其他波段基本位于 0.378 ~ 2.25 μm 波长范围内 (M14 波段位于 8.55 μm)，这些波段与 AVHRR 或者 SeaWiFS 的波段位置基本一致。尽管采用了 ACSPO 处理方法，VIIRS 的云识别方法仍然采用了与 AVHRR 相同的 3 种分类。MODIS 和 VIIRS 的高分辨率波段用于空间均匀性测试；I5 波段 (11.45 μm) 用于夜间处理，而 I2 波段 (0.865 μm) 用于白天处理。这两种仪器的高分辨率波段为云边缘提供了更好的清晰度。

AVHRR 与其他两个遥感器之间的一个重要差别出现在两个强水汽吸收波段上：一个是 MODIS 独有的波段，位于 0.936 μm；另一个是 MODIS 和 VIIRS 共有的波段，位于 1.375 μm。Gao 等 (1993) 指出当 $V > 4$ mm 时，1.375 μm 波段的表面和近表面反射辐亮度被完全衰减。这为白天高卷云检测提供了简单的反射率阈值。因为这些云出现在对流层顶层和平流层低层位置，与完全衰减的表面反射率以及位于平流层的云相比较而言，它们是很亮的目标。

AVHRR 与其他遥感器的另一个差别是 MODIS 和 VIIRS 有位于 6 ~ 9 μm 之间的波段，其中 MODIS 有三个这样的波段，VIIRS 有一个。Ackerman 等 (2010) 和 Liu 等 (2004) 认为位于这个范围内的波段对中层大气的水分敏感，相比而言 11 ~ 12 μm 波段只对表面湿度敏感。利用这两个波段之间的亮温差异可以对中层云进行探测。加上 1.375 μm 和 8 μm 波段的测试，MODIS 和 VIIRS 这两个遥感器采用的单像元测试和多像元均匀性测试与 AVHRR 采用的方法是相同的。

4.3 海面温度反演算法

4.3.1 原理

由于不同波段的水汽衰减不同，MODIS、AVHRR 和 VIIRS 的 SST 算法中使用成对的波段来消除水汽的影响。对整层大气进行积分，可以推出 Schwarzschild 方程的常数系数形式，可写为

$$L(\lambda_i, z_\mathrm{H}) = L_0(\lambda_i)\, t_i^{\sec\theta} + f_\mathrm{p}(\bar{T}, \lambda_i)(1 - t_i^{\sec\theta}) \tag{4.1}$$

式中，下标 i 表示不同的波段。公式左边是卫星接收的辐亮度，右边第一项是衰减的大气辐亮度，第二项是大气路径辐亮度，这里 $(1-t)$ 因子是大气的发射率，θ 为观测天顶角。另外，假设底层对流层被赋予特征平均温度 $\bar{T}$，所以 $t = t(T, \bar{V}, \lambda_i)$。

在某一特定的波长 λ，由于其他大气气体的衰减是常数，尽管很容易对其进行分析，但仍忽略它对衰减的影响。由向下大气辐射的反射产生的相对小项也可以忽略。进一步分析忽略了气溶胶的影响，并假设 t 的变化只由低层对流层中的水汽含量引起。如果将辐亮度写成普朗克函数形式，式 (4.1) 可以进一步简化。假设 $e = 1$，表面发射的辐亮度可以写成 $L_0 = f_\mathrm{p}(T_\mathrm{s}, \lambda_i)$，其中 T_s 是皮层温度。类似地，在卫星上，$L(\lambda_i) = f_\mathrm{p}(T_i, \lambda_i)$，这里 T_i 是与接收辐亮度相对应的黑体温度。将普朗克函数代入式 (4.1)，为便利省去 t 的上标 $\sec\theta$，则有

$$f_\mathrm{p}(T_i, \lambda_i) = f_\mathrm{p}(T_s, \lambda_i) t_i + f_\mathrm{p}(\bar{T}, \lambda_i)(1 - t_i) \tag{4.2}$$

式 (4.2) 中表示接收辐亮度 L 或黑体温度 T_i 是 $\bar{T}$、T_s 和 t 这 3 个未知数的函数，其中 t 是柱水汽 V 的函数。

式 (4.2) 中应用于遥感观测 SST 的过程如下。自 AVHRR 开始，白天算法使用 4 波段和 5 波段；夜间算法使用 3B 波段、4 波段和 5 波段。下面的分析最初限定于白天算法，其中 i 代表 AVHRR 的 4 波段和 5 波段，T_{11} 和 T_{12} 是 4 波段和 5 波段在大气顶层接收的辐亮度。同时还表示其他太阳同步和静止卫星遥感器 11 μm 和 12 μm 波段。增加 4 μm 的 3B 波段，夜间算法形式也与此类似。

McClain 等 (1985) 推导出了 AVHRR 算法的最初形式，参照他们的工作，白天算法推导形式如下述。T_{11}，T_{12}，$\bar{T}$ 和 T_s 是同一类参数。因而，在式 (4.2) 中，每一 f_p 在温度为 T_s 的黑体辐亮度周围能被线性化成泰勒级数的第一阶，所以对 T_{11}(同样对 T_{12} 和 $\bar{T}$) 可表示为

$$f_\mathrm{p}(T_{11}) \cong f_\mathrm{p}(T_s) + \left.\frac{\mathrm{d}f_\mathrm{p}}{\mathrm{d}T}\right|_{T_s, \lambda_{11}} (T_{11} - T_s) \tag{4.3}$$

同时根据 McClain 等 (1985)，透过率 t 与 V 和 θ 之间的关系如下：

$$t_i = \exp(-m_i V \sec\theta) \tag{4.4}$$

在式 (4.4) 中，常数 m_i 的下标 i 表示与波长相关的水汽透过率，是波长的函数。为方便后面使用，ε_i 定义为

$$\varepsilon_i = m_i V \sec\theta \tag{4.5}$$

如果 $M_i = 1 - t_i$，将式 (4.3)、式 (4.4) 和 M_i 代入式 (4.2)，则有

$$T_{11} - T_s = (\bar{T} - T_s) M_{11}$$

$$T_{12} - T_s = (\bar{T} - T_s) M_{12} \tag{4.6}$$

在式 (4.6) 中，如果上面的公式乘以 M_{12} 和下面的公式乘以 M_{11}，然后上下公式相减并重新整理得

$$T_s = T_{11} + \Gamma(T_{11} - T_{12}), \text{ 其中, } \Gamma = (1 - T_{11})/(T_{11} - T_{12}) \tag{4.7}$$

式 (4.7) 称作 SST 算法的分裂窗 (split window) 形式。Γ 的定义来源于 Walton 等 (1998)，Γ 有时写为 γ (Barton, 1995)。如果 Γ 以小值 ε_i 项展开，可表示为

$$\varGamma_0 = m_{11}/(m_{12} - m_{11}) \tag{4.8}$$

$\varGamma_0$ 的典型值约为 2.5 (Barton, 1995)。对于小的 ε_i，式 (4.7) 和式 (4.8) 说明 T_s 不依赖于 V 和 θ，所以它只是 T_{11}、T_{12} 和两波段水汽吸收特性的函数。上面两组公式描述的温度和水汽之间的线性关系是几个红外 SST 算法的基础。作为柱体水汽与 $T_{11} - T_{12}$ 观察到的相关性的例子，图 4.1 表明，在小观测角情况下，其相关性是线性的，并在水汽含量较低的情况下出现偏离。

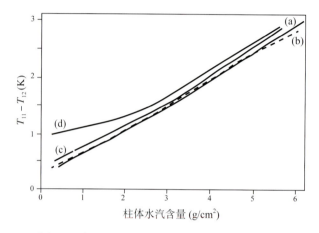

图 4.1　AVHRR 4 波段和 5 波段之间的亮温差值与 SSM/I 获取的柱体水汽含量之间的关系
不同卫星天顶角条件下的趋势线分别为：(a) 0° ~ 15°；(b) 15° ~ 20°；(c) 40° ~ 45°；(d) > 45°
(Kilpatrick et al., 2001)

式 (4.7) 里包含 3 个温度：T_{11}、T_{12} 和 T_s，这里温度差 $\Delta T = T_{11} - T_{12}$。在潮湿的热带大气和无云的条件下，$T_{11}$ 比 T_s 最大能降低约 9 K。在 MODTRAN 大气条件下，ΔT 的变化范围为 0.5 ~ 4 K，所以 T_{11}、T_{12} 和 T_s 近似相等 (Walton et al., 1998)。同样地，由于 $\bar{T}$ 是表示低层对流层温度，它也可以看作是 T_s。

4.3.2　AVHRR业务化SST算法

第一个 AVHRR SST 算法是 McClain 等 (1985) 根据式 (4.7) 推导出来的多通道 SST 算法 (MCSST)。在推导中，$\varGamma$ 是从一组海洋上空包含温度和湿度廓线的无线电探空数据中估算出的。当将 $\varGamma$ 的这个值代入式 (4.7) 之后，反演出的 T_s 和一组时间、空间与卫星观测相近的浮标测量的表面温度数据相比较。这些表面数据称为匹配数据集。然而，通过比较发现卫星反演的 T_s 相对于浮标数据的偏差很大。

基于这方面的不一致性，采用经验逼近法将式 (4.7) 重写为

$$SST = a_0 + a_1 T_{11} + a_2 (T_{11} - T_{12}) \tag{4.9}$$

式 (4.9) 中，a_0，a_1 和 a_2 为常数。公式的左边 SST 代替了 T_s，表示重新反演出的表面温度，它包含了水体温度的影响，不等于皮层温度。式 (4.9) 中的系数由卫星观测的 T_{11} 和 T_{12} 反演出的 SST 对匹配的现场观测数据通过最小二乘法回归得到。式 (4.9) 是双通道 SST 反演的最简单形式。例如在白天情况下利用 Walton 等 (1998，表 2) 给出的 NOAA–14 的系数，式 (4.9) 变成

$$SST = -261.68 + 0.958\ 76\ T_{11} + 2.564\ (T_{11} - T_{12}) \tag{4.10}$$

式中，T_{11} 和 T_{12} 的单位是开氏温度 (K)；SST 的单位是摄氏温度 (℃)。在式 (4.10) 中，第一项将开氏温度转成摄氏温度；第二项是 T_{11} 乘以一个接近于 1 的常数，以接近表面温度；第三项是去除水汽的影响，该项与 11 μm 和 12 μm 通道的亮温差值成正比。对 $\theta < 30°$，McClain 等 (1985)、Brown 和 Minnett (1999) 指出，式 (4.8) 至式 (4.10) 中描述的线性方法可给出具有期望精度的反演结果。

式 (4.10) 只对 ε_i 在小值的条件下有效，在 θ 和 V 较大的情况有几种模式可用。其中 3 种模式分别为：水汽 SST 模式 (WVSST)、修正的 MCSST 模式和非线性 NLSST 模式。

第一，关于 WVSST 模式，Emery 等 (1994，附录 1) 将 Γ 展开到 ε 的二阶项：

$$\Gamma = [m_{11} / (m_{11} - m_{12})][1 + (m_{11} V \sec\theta) / 2 + \cdots] \tag{4.11}$$

将式 (4.11) 代入式 (4.7) 得到了与 V 和 θ 关系清晰的 WVSST 方程，可将从探空和被动微波探测资料反演出的 V 直接应用到 SST 算法中。

第二，将变量 θ 或路径长度的影响引入式 (4.9)，白天 MCSST 方程重写为

$$SST = a_0 + a_1 T_{11} + a_2 (T_{11} - T_{12}) + a_3 (T_{11} - T_{12})(\sec\theta - 1) \tag{4.12}$$

在式 (4.12) 中，加入的 $\sec\theta$ 项给出的是随 θ 增加的路径长度，并包括水汽通过 $T_{11} - T_{12}$ 的影响作用。这些系数值与仪器有关，通过与匹配的浮标数据相比较获得。下面讨论等效的夜晚算法 (Walton et al., 1998)。与 NLSST 不同的是，算法 MCSST 的一大优点是系数一旦确定下来，方程是不变的。

第三，目前 NLSST 算法通过引入 V 的计算对 MCSST 进行了改进。如 Walton 等 (1998) 所述，通过大范围 SST 数据和海洋大气廓线与 Γ 关系的数值分析表明：在 $0 < SST < 30℃$ 条件下，Γ 随着 SST 呈线性增加。这是由于湿大气一般在海洋上面，

所以大气湿度随着 SST 的增加而增加。由于这个关系，一组表面参考温度被引入公式中：

$$SST = a_0 + a_1 T_{11} + a_2 T_R (T_{11} - T_{12}) + a_3 (T_{11} - T_{12})(\sec\theta - 1) \tag{4.13}$$

式中，a_s（指上式中的 a_0 至 a_3）是常数；T_R 是每日的高分辨率 Reynolds SST。式 (4.13) 的系数由反演的 SST 与匹配数据比较得到。NOAA-14 白天的 NLSST 算法形式如下：

$$SST = -255.16 + 0.939\ 8\ T_{11} + 0.076\ 1\ T_R (T_{11} - T_{12}) + 0.801\ 5\ (T_{11} - T_{12})(\sec\theta - 1) \tag{4.14}$$

式 (4.13) 和式 (4.14) 中的 T_{11} 和 T_{12} 的单位为 K；SST 和 T_R 的单位为 ℃。Petrenko 等 (2010) 指出，在 NOAA ACSPO SST 处理过程中，NLSST 方程用于白天数据处理，MCSST 用于夜间数据处理。

上面描述的 MCSST 和 NLSST 算法通过选择适当的系数都可适用于夜间处理算法。另外利用 3 波段的优势，MCSST 和 NLSST 算法的夜间形式使用了所有 3 个热红外波段，称做 3 窗口 (triple window) 算法，其中 T_4 和 T_{11} 的差值正比于水汽的衰减。与白天反演算法的变量相似，从 Walton 等 (1998，表 4) 可得 NOAA-14 的 NLSST 夜间算法如下：

$$SST = -266.19 + 0.98\ T_{11} + 0.031\ 9\ T_R (T_4 - T_{12}) + 1.818\ (\sec\theta - 1) \tag{4.15}$$

在式 (4.15) 和相似的白天算法中，T_{11} 这一项是 SST 的估算，其他项用于订正和转换到摄氏温度。由于式 (4.15) 带有 $\sec\theta$ 项的第四项缺少了 $(T_4 - T_{12})$ 的作用，夜间公式要比白天的简单。相对 11 μm 和 12 μm 波段而言，4 μm 波段的优点是对水汽的敏感性较低，所以在大范围大气条件下，T_4 比 SST 至多减少 2 K，而 11 μm 波段要减少 9 K (Walton et al., 1998)。

参照 Petrenko 等 (2010)，现在 ACSPO 中使用的 AVHRR 夜间算法为下式：

$$SST = b_0 + b_1 T_4 + b_2 T_{11} + b_3 T_{12} + [b_4 (T_4 - T_{12}) + b_5](\sec\theta - 1) \tag{4.16}$$

式中，b_s 为由匹配数据获取的夜间算法反演系数。

4.3.3　Pathfinder，MODIS和AVHRR算法

利用业务化算法获取的 SST 数据进行存档处理，同时仍采用 Pathfinder 算法提供 SST 气候数据记录 (CDR) (Kilpatrick et al., 2001)。CDR 数据集与业务化算法不同，

不能产生近实时结果；但仍使用这些 NOAA SST 数据的目的是为气候研究保持长期稳定的气候数据记录。该数据产品符合 GHRSST 的要求，并可用于 L3 级的网格化产品。

MODIS 和 VIIRS 的 SST 使用了分层算法，算法中包含了一系列干大气系数和一组湿大气系数。Pathfinder 采用白天和夜间相同的分层算法，而 MODIS 和 VIIRS 则只在白天反演中采用分层算法 (Petrenko et al., 2013)。通过对 ΔT 与水汽相关性的调查分析，Kilpatrick 等 (2001) 指出当 $\Delta T < 0.7$ K 时，存在连续的正偏差。为了对其进行校正，在分层算法中引入了一组系数用于 $\Delta T < 0.7$ K；另外一组系数用于 $\Delta T > 0.7$ K。为了避免不连续性，对于 $\Delta T = 0.7$ K，在 0.5 K $< \Delta T < 0.9$ K 条件下采用了两组解的线性插值。Pathfinder 算法表示为

$$SST = c_0 + c_1 T_{11} + c_2 T_R (T_{11} - T_{12}) + c_3 (T_{11} - T_{12})(\sec \theta - 1) \tag{4.17}$$

在 $\Delta T < 0.7$ K 情况下，NOAA-14 的系数为 0.640，0.952，0.121 和 1.145；在 $\Delta T > 0.7$ K 情况下，该系数为 1.457，0.942，0.075 和 0.758。式 (4.17) 中 SST 的单位为 K，T_R 为 Reynolds SST (Pathfinder, 2001)。如 Casey 等所述，使用了每日 Reynolds SST 的算法既可以用于白天也可以用于夜间观测。

MODIS 使用了两组热红外波段进行 SST 反演，3 个波段在 4 μm 窗口（20 波段，22 波段和 23 波段）用于夜间反演，2 个波段在 11 μm 窗口和 12 μm 窗口（31 波段和 32 波段）用于白天反演。11 μm 窗口算法与 Pathfinder 算法的形式是一致的，见下式：

$$SST = c_0 + c_1 T_{31} + c_2 T_R (T_{31} - T_{32}) + c_3 (T_{31} - T_{32})(\sec \theta - 1) \tag{4.18}$$

MODIS (2006) 介绍了 MODIS 的分层算法并提供了相应的系数。例如针对于 MODIS/AQUA，并设 $\Delta T = T_{31} - T_{32}$，那么当 $\Delta T < 0.7$ K 时，式 (4.18) 中 c_0 至 c_3 值分别为 1.101，0.947 0，0.171 0 和 1.421 0；当 $\Delta T > 0.7$ K 时，其值分别为 1.882 0，0.935 0，0.123 0 和 1.372 0。在 $0.5 \sim 0.9$ K 之间，SST 通过两组解的线性插值获得。这些公式基本只用于白天的反演。

MODIS 采用了不同于 AVHRR 的夜间算法模式。在 4 μm 窗口，MODIS 夜间 SST 反演 (SST4) 为基于 3.9 μm 和 4 μm (22 波段和 23 波段) 的非分层双波段算法，形式如下：

$$SST = c_0 + c_1 T_{22} + c_2 (T_{22} - T_{23}) + c_3 (\sec \theta - 1) \tag{4.19}$$

这个公式只用于夜间反演，并包括一组系数。对于 MODIS/AQUA，典型的系

数值为 0.529，1.030，0.499 和 1.458 (MODIS, 2006)。与式 (4.18) 相比较，式 (4.19) 更为简单，只有一组系数并且没有 T_R 项。式 (4.19) 体现了 4 μm 窗口的优势，该窗口的水汽影响要小于 11 μm 窗口。

MODIS 11 μm 窗口算法的优点是适用于白天和夜间的反演，延续了 AVHRR 的 SST 时间序列并提高了精度；缺点是对水汽过于敏感，同时对火山气溶胶和对流层气溶胶也非常敏感。SST4 算法相对更为简单，对水汽的敏感性较弱，并有更高的精度。该方法的问题是由于太阳耀斑的影响使其相对于白天 / 夜间的 11 μm 窗口反演有适用限制，其只能用于夜间反演；同时该波段对气溶胶也非常敏感，与 AVHRR SST 相比缺乏连续性。

目前 VIIRS 算法 (VIIRS, 2011) 应用了与式 (4.18) 相同的分层白天算法，其温度阈值分界点为 0.8 K，同时在两个区间范围具有不同的系数。利用两种算法的线性插值获取 0.6 ~ 1.0 K 区间的结果。使用不同的系数，VIIRS 的夜间算法与式 (4.15) 的形式相同。

4.3.4　数据处理结果实例

在实际的数据处理中，利用获取的红外遥感数据通过云检测对云和晴空进行识别后，通过 SST 反演算法可以得到沿轨的 SST 分布。图 4.2 和图 4.3 分别为基于 AVHRR 和 MODIS 数据得到的全球 SST 沿轨分布。

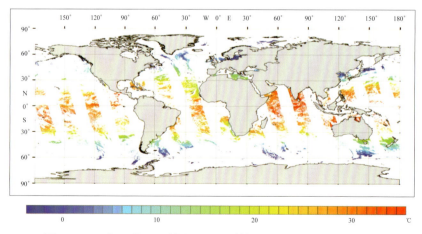

图 4.2　2012 年 4 月 5 日利用 AVHRR 数据得到的全球 SST 沿轨分布

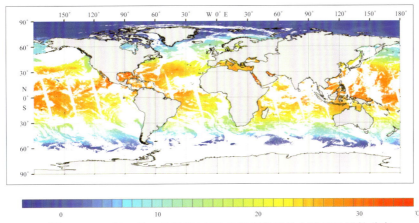

图 4.3　2014 年 8 月 8 日利用 MODIS 数据得到的全球 SST 沿轨分布

4.4　应用实践

下面介绍红外遥感应用的例子。4.4.1 节为利用 HY-1B、MODIS 等卫星数据融合后的中国近海海面温度；4.4.2 节对 MODIS SST 在全球的特征进行了分析；4.4.3 节介绍了厄尔尼诺到拉尼娜的过渡中海温和叶绿素的变化。

4.4.1　海面温度融合

海面温度是重要的海洋环境参数，在气候变化、大洋渔业、海洋科研等领域都有重要的应用。利用 HY-1B、MODIS 等卫星数据进行多源 SST 信息的融合，可以得到更高分辨率 SST 数据产品，这些信息已经在海温预报和海洋渔场环境监测中发挥了重要作用。图 4.4 为 2012 年 2 月和 5 月中国近海 HY-1B 和 HY-2A 卫星融合后的 SST。图 4.5 为全球覆盖多源卫星 SST 数据融合产品。

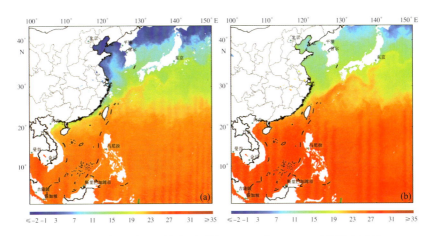

图 4.4　2012 年 2 月和 5 月中国近海 HY-1B 和 HY-2A 卫星融合后的 SST

(a) 2 月；(b) 5 月

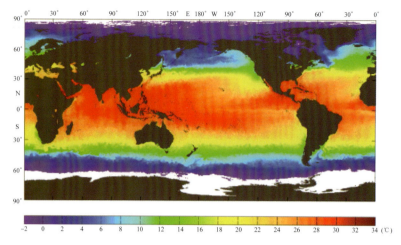

图 4.5 2014 年第 27 周周平均全球覆盖多源卫星 SST 数据融合产品

4.4.2 全球MODIS SST特征分析

图 4.6 为 2001 年 5 月全球平均的 MODIS SST 分布。在数据处理中使用了夜间数据和 11 μm 的 SST 算法。由图 4.6 看出，深蓝色的近极地锋面和近赤道的红色到高纬度的绿色描绘出了全球范围 SST 沿纬向的分布。同时，图中也有许多非纬向的特征，包括沿着北美东海岸与湾流 (a) 有关的向北流动的暖水羽流；由黑潮产生的临近日本海岸的类似羽流 (b)；沿着南非东海岸，向南流动延伸到好望角南面的厄加勒斯海流 (c)；图 4.6 中也显示了邻近南美西海岸的冷水上升流区和赤道太平洋的拉尼娜带冷水上升流区 (d)；相似的冷水带沿着赤道向大西洋延伸 (e)；最后，在临近中美洲的区域，强风吹过山峡的效应使当地两个区域产生上升流区 [(f) 和 (g)]。

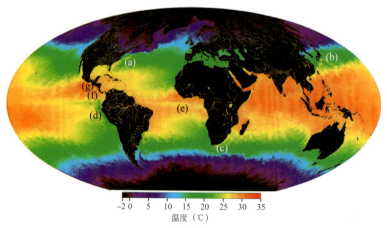

图 4.6 2001 年 5 月月平均的 MODIS SST 图像
(a) 至 (g) 见文中

4.4.3　厄尔尼诺到拉尼娜的过渡

厄尔尼诺发生时，赤道信风减弱，让温暖的不具有生物生产力的太平洋水代替冷的赤道拉尼娜上升流。图 4.7 中对 1998 年 1 月到 7 月期间太平洋海域的 AVHRR月平均的 SST 与基于 SeaWiFS 波段比值的 4 km 分辨率叶绿素浓度分布进行了对比(Chavez et al., 1999)。图中 SeaWiFS 的图像也显示了均一化陆地植被指数 (LDVI)。从厄尔尼诺到拉尼娜的过渡造成图中两组图像间的不同。1998 年 1 月的图像显示1997—1998 年的厄尔尼诺趋于结束；1998 年 7 月的图像显示向拉尼娜过渡的情况。图中 1 月的 SST 和叶绿素浓度显示，厄尔尼诺期间表现出赤道暖水和低浓度叶绿素的特点。

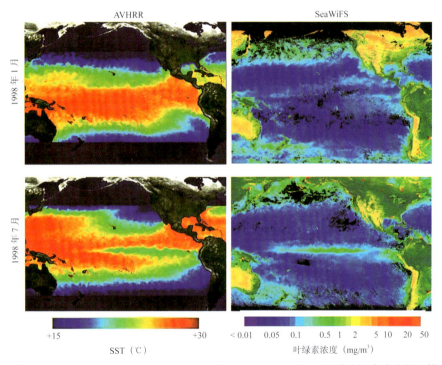

图 4.7　1998 年 1 月和 7 月 AVHRR SST 和 OrbView SeaWiFS 海洋叶绿素浓度的比较

1998 年 1 月，SST 异常超过 5 K，接近 SST 异常的最大观测值，而赤道的叶绿素浓度是有记录以来最低的。对于拉尼娜，7 月的图像表明，赤道的东向信风容易造成上升流，它引起的赤道冷水舌由南美沿岸向太平洋扩展。此时，相应的叶绿素 a 图像显示这个冷水舌伴随着赤道区域浮游植物的大量繁殖，造成叶绿素浓度的增加。这个现象对全球气候研究、区域渔业和增进对海洋碳吸收的了解有重要的作用。

第 5 章　主动微波遥感调查技术

5.1　概述

雷达是一种能够发射短能量脉冲，然后用高灵敏的接收机测量返回能量或雷达回波的主动微波设备。英文 Radar 是"radio detection and ranging"（无线电检测与测距）的缩写。雷达海洋应用的价值在于其对不同的地表类型有不同的响应。当雷达脉冲与强反射表面相互作用时，回波强或者亮；相反，当雷达脉冲与弱反射表面相互作用时，回波弱或者暗。脉冲信号被反射、散射的特性称之为后向散射。由于多种类型的海洋表面现象对后向散射的调制作用，使得雷达能够反演风速、风向、涌浪特性以及降雨；另外，雷达能够对距离进行精确测量，并且能够观测内波、海冰、溢油、生物量以及各种人造建筑，例如，船和石油平台等。

在海洋遥感中普遍使用的主动微波遥感器有：雷达高度计、微波散射计和合成孔径雷达。这些主动微波遥感器是我国海洋系列卫星中海洋动力环境和海洋监视监测系列卫星的主载荷，也是探测海洋动力环境要素必不可少的手段和海洋立体监测体系中的重要组成部分。利用它们获取的海浪、风场、海面高度、内波、潮汐、海冰等海洋环境信息在海洋防灾减灾、海洋维权、海洋环境预报、资源开发和利用、海洋科研等领域中发挥着重要的信息保障作用。

下面首先来介绍典型的 3 种海洋微波遥感器的原理、数据反演方法和数据处理结果实例。在此基础上，介绍利用这些遥感器获取的数据在海洋防灾减灾和海洋环境监测等方面的应用。

5.2 雷达高度计

5.2.1 原理

雷达高度计通过向海面垂直发射尖脉冲，并接收返回脉冲的信号进行观测。在返回的脉冲中包含了全球海面高度分布和变化、海浪振幅和风速的信息。具体来说，根据雷达发射和接收脉冲的时间间隔可以确定卫星到海面的距离或测距；根据返回脉冲的形状可以确定有效波高和海面风速。如果卫星轨道精确确定，并且影响卫星测距的电离层、大气、海面变化和固体地球因素校正后，那么就可以确定潮汐、地转流和其他海洋现象决定的海面高度 (SSH) 的变化，它的精度已经达到 2 ～ 3 cm。

5.2.1.1 雷达高度计脉冲与平坦海面的相互作用

1）天线指向角对测高反演的影响

雷达高度计的视轴不可避免地在天底点的方向发生变化。例如，图 5.1 为 T/P 高度计观测方向非天底指向角的日平均，图中角度的间隔为 0.05°。根据 T/P 高度计指向角和卫星高度可以确定 T/P 高度计在星下点的足印半径为 1.2 km 左右。利用简单的三角关系得到沿高度计视轴方向高程的变化为 0.5 m 或地转流造成高度变化的量级。尽管出现上述高程的变化，但因高度计发射的是球面波，根据下面的介绍可知小非天底指向角时高程的测量不受视角 θ 的影响。

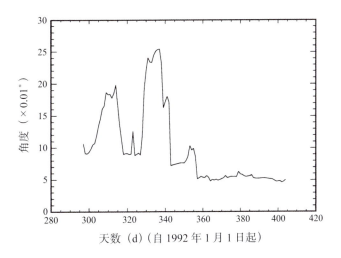

图 5.1　第 4 周期至第 14 周期非天底指向角的日平均

[Fu 等 (1994)，图 4，美国地球物理协会]

当天线天底指向观测时，图 5.2 为脉冲波束传播的示意图。天线发射脉冲在图 5.2 (a) 和图 5.2 (b) 这两种入射情况下，天线距离海面的高度是 h 和半功率波束宽度 $\Delta\theta_{1/2}$。图 5.2(b) 展示了在 $\theta < \Delta\theta_{1/2}$ 和球面波前的情况下，天线倾斜时的脉冲天底指向的分量使其脉冲传播时间同天底指向的情况相同。在小非天底指向角下高程的测量能力是雷达高度计能够成功观测的主要原因。

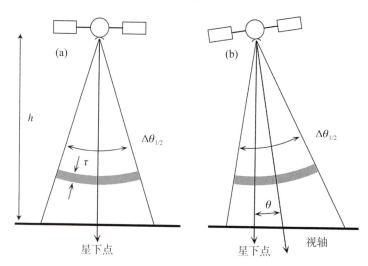

图 5.2 脉冲波束传播示意图
(a) 球面波的传播；(b) 天线斜入射波束的传播

2）脉冲有限的足印

由于雷达高度计发射窄脉冲，所以脉冲的足印比束宽有限时的足印小，这个小的 FOV（视野）称为脉冲有限足印，足印面积与脉冲宽度成正比。具体分析如下：在平坦的海面和天线天底指向时，雷达回波上升沿的时间 t_0 是脉冲由天线到海面的时间：

$$t_0 = h / c \tag{5.1}$$

图 5.3 为脉冲到达海面时足印的大小，图中简要地表示了脉冲到达海面的情况。根据图 5.4，如果 $t' = t - t_0$ 和 $0 \leqslant t' \leqslant \tau$，足印半径表示为

$$r^2 = (d^2 - h^2) = (ct)^2 - (ct_0)^2 = c^2 [(t_0 + t')^2 - t_0^2] \tag{5.2}$$

对于 $t' \ll t_0$，式 (5.2) 变为

$$r^2 = 2c^2 t_0 t' = 2hct' \tag{5.3}$$

式 (5.3) 表明在 $0 \leqslant t' \leqslant \tau$ 时，足印是一个面积随时间 t' 线性变化的圆盘。假设

高度计窄波束天底指向天线的增益为常数增益 G_0，并且海况条件在时变的足印内是均匀的，在这种情况下天线接收的后向散射能量 σ^0 同样随着 t' 线性增加。由图 5.4 和式 (5.3) 知脉冲照射的最大半径正比于 τ，并且

$$r^2 = 2hc\tau \tag{5.4}$$

随着脉冲波前继续传播，并且 $t' > \tau$，图 5.3 中脉冲海面足印成为一个环形，表示为

$$r_2^{\,2} = 2hc\,(t - t_0)，\quad r_1^{\,2} = 2hc\,[t - (t_0 + \tau)] \tag{5.5}$$

所以 $r_2^{\,1} - r_1^{\,2} = 2hc\tau$，同时照明区域的足印面积 A_{max} 保持不变，且 $A_{max} = 2\pi hc\tau$。

总之，在 $0 \leqslant t' \leqslant \tau$ 时，脉冲照明面积随着时间线性增加；在 $t' > \tau$ 时，直到 r_2 大于半功率带宽时照明面积一直保持不变；最后返回脉冲的能量降低到零。

对于平坦的海面，上面的论述表明了脉冲最大足印和环形足印的面积是相等的，并且正比于 τ。对于 T/P 来说，$\tau = 3.125$ ns，脉冲长度是 0.9 m，所以 $r = 1.6$ km，面积 $A_{max} = 8$ km^2。通过比较，C 波段脉冲束宽有限时的足印直径约为 60 km，Ku 波段的足印直径约为 26 km，所以对于平坦海面，脉冲有限的足印比束宽有限时的足印直径要小。为了避免其他频段的干扰，最小脉冲长度应限制在 1 m，为的是能产生最小的高度计脉冲地面足印。假设海面有相互作用发生，这时脉冲往返时间的计算将在下节介绍。

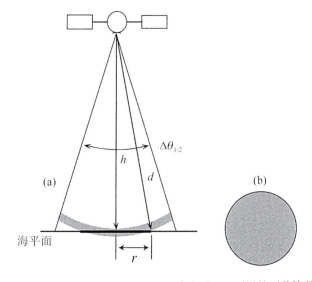

图 5.3 雷达脉冲传播到平坦海面 (a) 侧视和 (b) 下视的两种情况

海面处的黑色实线在 (a) 情况下为观测足印的直径；在 (b) 情况下观测区域为圆形

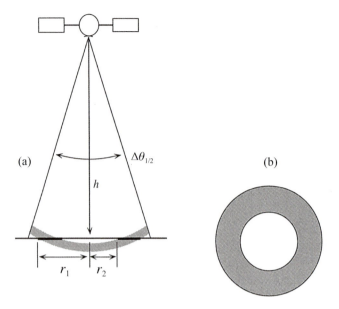

图 5.4 在 (a) 斜入射和 (b) 正入射两种情况下 $t' > \tau$ 时脉冲照明的环形区域

3）脉冲往返时间的确定

平坦海面返回脉冲波形的情况，可将脉冲波形分为四个部分。第一部分是在返回脉冲达到之前仪器的噪声；第二部分是返回脉冲前沿到达天线时天线接收到的部分，此时 Φ_R 随时间线性增加与足印面积成正比；第三部分是当脉冲足印成为环形时对应波形的部分，此时返回脉冲能量是常量，如此 Φ_R 达到脉冲平稳区；第四部分是返回脉冲的后沿对应区域，此时的脉冲环形足印超过半功率带宽，并且 Φ_R 减弱称为平坦区衰减。假如考虑到海面相互作用，对应回波脉冲中点的脉冲往返时间 t_{RT} 定义为：脉冲照明区域等于最大足印一半时的时间表示为

$$t_{RT} = 2t_0 + \tau/2 \tag{5.6}$$

根据上述讨论，确定 t_{RT} 变为寻找回波波形线性上升区中点的问题。t_{RT} 是在返回脉冲功率等于平稳区和噪声区能量差的一半时利用星上的跟踪算法估算得到的。

影响确定 t_{RT} 的因素有两个：即非天底点指向角、海洋波浪和海面粗糙度。非天底指向角会对观测带来两大影响：第一，非天底指向会使更多的能量反射掉，而没有被天线接收到；第二，如果非天底指向角过大，那么脉冲照射到海面的圆或圆环足印会超过束宽有限的足印。这就意味着平稳区要随视角发生变化，使平稳区降低过早，造成平稳区的确定更加困难。

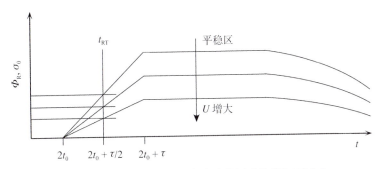

图 5.5 脉冲平稳区高度随着风速的增加而减小

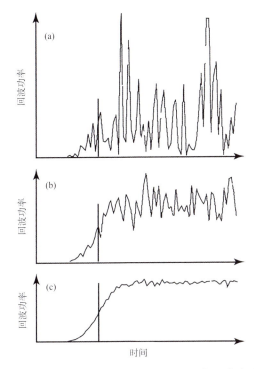

图 5.6 模拟的高斯分布 $H_{1/3}=10$ m 波高的脉冲回波

(a) 单个回波；(b) 25 个回波平均；(c) 1 000 个回波平均。横轴表示噪声水平 [Townsend 等 (1981)，图 1b]

5.2.1.2 波浪的影响

海洋波浪对回波的影响包括脉冲足印和回波能量的上升时间两方面。对于高度计来说，波浪的振幅可以用有效波高 $H_{1/3}$ 表示。根据 T/P 高度计的观测，$H_{1/3}$ 一般为 3 m；每月 $H_{1/3}$ 最大的平均值约为 12 m；$H_{1/3}$ 最大的瞬时值是 15 ~ 20 m (Lefevre et al., 2001)。脉冲遇到海面波浪的情况如图 5.7 所示。由于波浪的出现，高度计最先接收到脉冲的时间表示为

$$t_1 = t_0 - H_{1/3}/2c \tag{5.7}$$

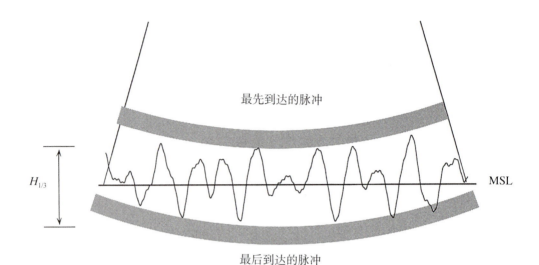

图 5.7 波浪条件下球面波前的传播

MSL 是平均海平面，脉冲波前被展宽

与之类似，在天底点最后接收到脉冲的时间为

$$t_2 = t_0 + H_{1/3}/2c + \tau \tag{5.8}$$

与平坦海面的情况类似，在 $t_1 < t \leqslant t_2$ 时，足印是圆盘形，且面积随着时间线性增加；在 $t > t_2$ 时，足印成为环形，因此脉冲最大照明区域 A_{max} 可以表示为

$$A_{max} = 2\pi h\,(c\tau + H_{1/3}) \tag{5.9}$$

式 (5.9) 表明 A_{max} 随着 $H_{1/3}$ 线性增加，对于 T/P 来说，$c\tau$ 约为 1 m，当 $H_{1/3}$=3 m 时，A_{max} 是平坦海面情况下的 4 倍。表 5.1 列出了 A_{max} 与 $H_{1/3}$ 的对应关系以及相应的直径和 1 s 平均后的沿轨道与垂直轨道方向的足印面积。当 $H_{1/3}$ 由 0 m 增加到 15 m 时，脉冲足印的最大面积 A_{max} 也相应地由 3.2 km² 增加到 13 km²，此时仍小于 Ku 波段高度计 26 km 的足印直径。在 $H_{1/3}$=3 m 时，足印是 12 km×6 km，而在南极汇流圈这样有大浪的区域足印面积达到 20 km×15 km。这表明大浪的出现增加了海面脉冲足印面积，并限制了高度计的空间分辨率的提高。

表5.1 有效波高$H_{1/3}$与脉冲足印面积和直径的关系
以及脉冲1s平均后脉冲在轨道方向和垂直轨道方向上的足印大小

$H_{1/3}$ (m)	A_{max} (km²)	直径 (km)	足印面积 (km × km)
0	8	3.2	9×3
3	34	6.5	12×6
6	59	8.7	15×9
15	134	13	19×13

图5.8比较了有波浪与没有波浪两种情况下的回波波形，由图中看出当波浪出现时波形的上升时间长和斜率较小。尽管出现上述变化，通过AGC的调节使两种情况下波形平稳区高度和半功率点位置保持了一致。因此，在平坦海面下适用的方法同样适用于波浪覆盖的海面时脉冲往返时间的反演。根据$H_{1/3}$与斜率的反比关系可以用来反演全球的有效波高场，并能够进一步分析$H_{1/3}$的季节变化。

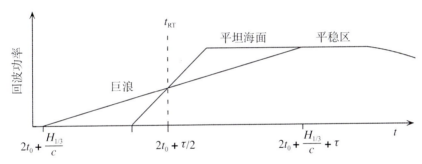

图5.8 平坦海面和波浪条件下后向散射信息随时间的变化比较

5.2.1.3 SSH反演中的误差分析

在本节中将介绍SSH反演中的误差或偏差，这些误差源包括五个方面：高度计噪声、大气误差源、海况偏差、轨道误差和环境误差源。

1）高度计噪声

在Fu等(1994)的工作中介绍了如何由高度计10 s回波的序列中采用谱分析法确定T/P高度计噪声的方法。高度计噪声随着有效波高的变化而变化，如2 m的$H_{1/3}$高度计噪声的均方根是17 mm。当$H_{1/3}$增加时噪声的均方根也增加，直到$H_{1/3}>3$ m时它将达到一个稳定值20～25 mm。POSEIDON与T/P高度计的噪声相比，POSEIDON高度计的噪声比T/P略大。根据卫星发射前的数据得到Jason-1高度计的噪声是±15 mm。

2）大气误差源

大气校正及其不确定性包括三个部分：干对流层、湿对流层和电离层。干对流层指全部对流层中除了水汽和云液态水的气体；湿对流层是指水汽和云液态水；电离层是指自由电子。

（1）干对流层

干对流层造成的测高路径延迟随着遥感器与海面之间大气质量的变化而变化或等于海面压强的变化，并且每 100 Pa（1 mbar）的压强造成 2.7 mm 路径延迟。干对流层的校正要用到欧洲中期天气预报（ECMWF）中心的海面压强数据。T/P 和 Jason-1 基于 ECMWF 300 Pa（3 mbar）的压强数据计算得到的干对流层测高路径延迟的误差是 7 mm（Chelton et al., 2001）。

（2）湿对流层

湿对流层路径延迟取决于 V 和 R_R，其中 L 带来的误差非常小，可以忽略。对于 V 来说，通过 TMR 与陆基的辐射计和探空气球的测量结果比较显示：利用 TMR 测量的 V 计算路径延迟带来的误差是 11 mm（Fu et al., 1994）。利用 JMR 反演的结果与 TMR 有相同的精度，在 2.3.1 节已经介绍了 TMR 和 JMR 以及双频高度计能识别降雨的发生，为数据处理提供降雨标识。

（3）电离层

T/P 和 Jason-1 电离层路径延迟校正通过双频高度计进行，其误差为 5 mm。对于在 T/P 上的 POSEIDON 单频高度计电离层路径延迟校正通过倾斜视角的双频 DORIS 确定。DORIS 的倾斜视角会造成计算得到的高度计垂直方向电离层路径延迟的不确定性，这个不确定性是 17 mm，或者约 3 倍于 T/P 校正值的不确定性。

3）海况偏差

海况偏差由海洋波浪造成。它分为两部分：一部分是电磁偏差（EM），它是由雷达脉冲与海面相互作用造成的平均海面的下降；另一部分是跟踪或偏斜偏差，它是由跟踪器确定的半功率点位置造成对海面高度估计偏低的误差。这两部分合称为海况偏差。偏斜偏差可以通过数据的后处理消除；电磁偏差不能够完全消除（Chelton et al., 2001）。

（1）电磁偏差

在波浪条件下，EM 偏差是由于波谷比波峰更多地反射了脉冲，因此平均反射面低于平均海面。电磁偏差受两个因素的影响：即波峰中的毛细结构和有限振幅的波浪。对于前者波峰中的毛细结构散射了部分脉冲的能量，并造成平均反射面的降低；对于后者波陡 ak_w 增大时，波谷展宽波峰变窄。因为展宽的波谷比波峰具有更好的反射特性，所以平均反射面被进一步降低。

通过实验证实 EM 偏差是负值，并且与 $H_{1/3}$ 近似呈线性关系，即为 (2% ~ 3%)×$H_{1/3}$，其中比例常数取决于地理位置和 U (Chelton et al., 2001)。$H_{1/3}$ 的波陡有大有小，这为 EM 的确定带来了很大误差。对于 $H_{1/3}$ 可看作由小波陡长周期的正弦波组成，它最初由远处的风暴或者当地风暴产生的大振幅波浪激发。因此，波陡或确切的偏差不能由 $H_{1/3}$ 得到，只能根据 T/P 反演的 $H_{1/3}$ 和 U 来部分参数化 (Chelton et al., 2001)。以 T/P 和 Jason-1 为例，它们 EM 偏差的均方根误差等于 $H_{1/3}$ 的 1%。因此，对于 $H_{1/3}$=2 m 的区域 EM 偏差在 40 ~ 60 mm，且均方根误差为 ±20 mm (Fu et al., 1994)。这个误差很难消除，并且在量级上仅次于 POD 的误差。

（2）跟踪或偏斜偏差

卫星雷达高度计跟踪器的作用是确定高度计返回脉冲波形上升沿中点的位置，在其中的计算中假设波形的振幅呈高斯分布。由于实际波形是非高斯型或是偏斜的，所以跟踪器应附加一个负的补偿量，这个补偿量与 $H_{1/3}$ 成正比。在 $H_{1/3}$=2 m 时 T/P 确定偏斜偏差的误差约为 ±12 mm (Fu et al., 1994)；在 $H_{1/3}$=10 m 时这个误差达到最大值约 ±40 mm (Chelton et al., 2001)。跟踪或偏斜偏差是仪器误差，它可以通过数据处理技术消除。实际上，偏斜偏差很难从 EM 偏差中分离出来，所以这两者一般统称为海况偏差。

4）轨道误差

卫星轨道位置的不确定性在短期内是整个测高的最大误差源。轨道误差指的是每条轨道的轨道误差，它与每条轨道的测量有关，并且这个误差与数百千米空间尺度上每月或更长时间的平均有关。T/P 每条轨道的轨道误差均方根约为 2.5 cm，这里面包含随机和系统误差 (Chelton et al., 2001)。

5）环境误差源

在 SSH 的观测中除了地转流造成的高度变化外，SSH 同样还受海洋潮汐和大气逆压的影响而发生变化。潮汐是由于地球、月亮和太阳之间的相对运动造成的。大气逆压是海面压强的空间变化对 SSH 的影响。在地转流的计算中，潮汐和大气逆压的影响必须去除。

（1）潮汐

海洋潮汐具有不同的频率成分，包括半日潮、全日潮和每周的、每月的、半年的和一年的潮汐。潮汐能够使海面发生 1 ~ 3 m 的变化，除了大的海浪外，它对海面变化的影响最大 (Wunsch et al., 1998)。在 T/P 卫星之前，潮汐模式主要依靠在海岸和岛屿附近的潮汐站配合。在雷达高度计对潮汐高度的观测中，通过 T/P 观测和海面实测与潮汐数值模式结合，使对潮汐各主要分量振幅的测量达到 1cm 的误差 (Le Provost, 2001)。基于潮汐模型，大部分潮汐信号可以从高度计测高数据中去除，这能极大地改善地转流反演的精度。

（2）大气逆压

大气逆压效应为时间尺度在两天以上时 SSH 对海面压强空间变化后的响应。海面压强空间上均匀的变化不影响 SSH，这里压强的变化一般指的是空间平均后的压强。压强的变化满足以下条件：压强每增加 100 Pa，海面降低 1 cm。大气逆压校正在开阔海域效果好，但在边缘海域和湾流经过海域的校正效果差。虽然大气逆压和干对流层校正是海面压强的函数，但它们有本质的区别。干对流层校正与海面的位移无关；大气逆压效应则是物理海面的位移。大气逆压与干对流层路径延迟校正的方法类似，都使用 ECMWF 海面压强数据来消除。大气逆压校正的误差约为 300 Pa 或 3 cm 的高程变化 (Chelton et al., 2001)。

5.2.2　海洋参数反演方法

5.2.2.1　海面高度

影响卫星雷达高度计海面高度测量精度的因素很多，主要包括干湿对流层路径延迟、电离层路径延迟、海况偏差、大气逆压等误差。利用观测的雷达到海面的距离 (Range) 结合精密定轨得到的轨道高度 (Altitude) 可获取未经误差修正的 SSH_{Raw}：

$$SSH_{Raw} = Altitude - Range \tag{5.10}$$

利用式 (5.10) 得到 SSH_{Raw} 后，还需对 Range 进行测高误差修正，修正后的 Corrected_Range，具体计算方法见式 (5.11)：

$$Corrected\_Range = Range + H_{wet} + H_{dry} + H_{ion} + H_{ssb} \tag{5.11}$$

式中，H_{wet} 为湿对流层延迟修正；H_{dry} 为干对流层延迟修正；H_{ion} 为电离层误差修正；H_{ssb} 为海况偏差修正。

结合式 (5.10) 和式 (5.11) 可以得到测高误差修正后的 SSH：

$$SSH = Altitude - Corrected\_Range \tag{5.12}$$

1）干对流层延迟校正

雷达高度计发射的电磁波信号要穿过地球大气层，由于大气层的折射现象的存在，使得电磁波的实际传播速度会小于真空中的光速值，因此获得的高度计测量值总会比真实值大。

干对流层路径延迟量 (Fu et al., 2001)：

$$PD_{dry} = 0.227\,7\,P_0(1 + 0.002\,6\cos 2\phi) \tag{5.13}$$

其中，PD_{dry} 的单位为 cm；P_0 为海面大气压 (SLP)，单位为 mbar；ϕ 为星下点地面纬度。

海面压强数据采用 NECP 提供的压强数据。该数据为一天 4 次 (00:00, 06:00, 12:00, 18:00 UTC)，$1°\times1°$ 网格化全球数据，可通过空间插值获得与高度计时空匹配的数据。

2）湿对流层延迟校正

大气湿对流层延迟校正主要有两种方法：第一种是采用校正微波辐射计测得的亮温，根据亮温与路径延迟的转换关系进行校正；第二种方法是基于当地气压，利用校正模型计算得到。

湿对流层路径延迟包括两部分：水蒸气导致的路径延迟和云液态水导致的路径延迟。水蒸气导致的路径延迟 (Boudouris, 1963)：

$$PD_V = 1.763\times10^{-3}\int_0^H\left(\rho_V/T\right)dz \tag{5.14}$$

云液态水导致的路径延迟 (Hans et al., 1989)：

$$PD_L = 1.6L_z = 1.6\int_0^H\rho_L(z)dz \tag{5.15}$$

总的湿对流层距离延迟 (Keihm et al., 2000)：

$$PD_W = PD_L + PD_V \tag{5.16}$$

式中，PD_V，PD_L，PD_W 分别为水蒸气、云中液态水和总的路径延迟，单位为 cm。ρ_V，ρ_L，T 分别为水蒸气、云中液态水的密度剖面和大气温度剖面数据，单位分别为 g/cm^3，g/cm^3，K；H 为卫星高度，单位为 cm。

计算中使用的数据为 NCEP 提供的 $1°\times1°$ 网格化位势，温度、相对湿度剖面数据和云液态水含量数据，通过空间插值得到高度计星下点位置的相应数据。为保证时间上的相关性，选择与卫星过境时间最接近的 NCEP 数据进行计算。

其中位势剖面数据转化为卫星到海面的高度，温度和相对湿度剖面数据用下式转化为水蒸气密度剖面数据 (Keihm et al., 2000)：

$$\rho_V = 1.739 \times 10^9 \times RH \times \theta^5 \times \exp(-22.64\theta) \tag{5.17}$$

式中，RH 为相对湿度；$\theta = 300/T$。

3）电离层路径延迟校正

电磁波经过电离层时会发生折射，大气中的电离层折射是由与自由电子有关的上层大气介电特性决定的。电离层折射引起的误差范围通常为 0.2 ~ 40 cm，需要对电离层路径延迟进行校正。目前，雷达高度计电离层校正多采用双频高度计校正的方法。以 HY-2A 为例，具体校正方法如下。

设 Ku 波段和 C 波段的测量值分别为 h_{Ku} 和 h_C，则

$$\begin{cases} h_{Ku} = h_0 + A_{Ku}I/f_{Ku}^2 + b_{Ku} + c \\ h_C = h_0 + A_C I/f_C^2 + b_C + c \end{cases} \tag{5.18}$$

HY-2A 卫星雷达高度计工作在 Ku 波段和 C 波段，满足二次相位误差的限制条件，所以高阶频率的色散影响可以完全忽略。其中，A_{Ku} 和 A_C 在忽略高阶频率色散影响时，$A = A_{Ku} = A_C$，都等于 40.3 m³/(el·s²)，b_{Ku} 和 b_C 表示其他与频率相关的误差校正项（如电磁偏差），变量 c 是与频率无关的其他误差。设给定 b_{Ku} 和 b_C，可以利用 h_{Ku} 和 h_C 来计算电离层误差和电离层总电子含量，通过上面公式可得

$$I = \frac{(h_C - h_{Ku} + b_{Ku} - b_C)}{A\left(\dfrac{f_{Ku}^2}{f_C^2} - 1\right)} \tag{5.19}$$

令 $K = (f_{Ku}/f_C)^2$，得

$$I = \frac{f_{Ku}^2(h_C - h_{Ku} + b_{Ku} - b_C)}{A(K-1)} \tag{5.20}$$

$$\Delta h_{ion} = \frac{A}{f^2}I = \begin{cases} \dfrac{h_C - h_{Ku} + b_{Ku} - b_C}{K-1} &, \quad f = f_{ku} \\ \dfrac{K(h_C - h_{Ku} + b_{Ku} - b_C)}{K-1} &, \quad f = f_C \end{cases} \tag{5.21}$$

例如，HY-2A 卫星雷达高度计 $f_{Ku} = 13.58$ GHz、$f_C = 5.25$ GHz，则 $K = 6.69$。

电离层路径延迟精度还与电磁偏差计算精度有关，由于海况偏差也和频率有关，因此在电离层修正之前，需对两个频段的海况偏差作修正。

实测数据中，两个频段的海况偏差的差别约为波高的 0.5%，当 $SWH=4$ m 时，此时由其引起的电离层校正项的误差约为 3.5 mm，可以忽略不计。因此，电离层误差修正项 $\Delta h_{ion} = \dfrac{h_C - h_{Ku}}{K-1} - \dfrac{b_C - b_{Ku}}{K-1}$，在忽略电磁偏差时，可简化为

$$\Delta h_{ion} = \frac{h_C - h_{Ku}}{K-1} \tag{5.22}$$

参考 1994 年 Imel 的结果，两波段测高偏差可假定为有效波高 SWH 的函数 (Imel，1994)，可以看出，在 SWH 达 8 m 时，电离层校正项标准偏差为 1.0 cm。

4）海况偏差校正

电磁(EM)偏差、斜偏差和跟踪偏差统称为海况偏差(SSB)，其典型值在 –1%SWH 和 –4%SWH 之间。海况偏差在总 RMS 中所占的比重非常大。理论推导的 SSB 模型并不适用于雷达高度计的海况偏差校正。本研究采用 Gaspar (1994) 及 Chelton (2001) 描述的 SSB 经验模型算法。对高度计数据推导的相对于参考椭球面的海表面高度 (SSH)、风速 (U) 和有效波高 (SWH) 进行交叉点差值，得到交叉点不符值 ΔSSH，ΔU，ΔSWH。利用这三组数据进行线性回归得到最佳的海况偏差经验参数模型，最后利用卫星高度计观测的有效波高和风速求出 SSB。

以 HY-2A 卫星雷达高度计为例，海况偏差误差修正经验模型表示为如下形式：

$$SSB = \sum_{i=1}^{p} a_i X_i + \varepsilon_{SSB} \tag{5.23}$$

式中，ε_{SSB} 为海况偏差的非模型部分；a_i 为与 SSB 有关的 X_i 变量的参数；X_i 为有效波高 (SWH)、风速 (U)、波龄相关量 [$\rho = (rSWH / U^2)^{-0.5}$] 或者它们的任意组合。则式 (5.23) 变为

$$\Delta SSH'_m = \sum_{i=1}^{p} a_i \Delta X_i + \Delta \varepsilon_{SSB} + \Delta \eta + \Delta \varepsilon_{h'_a} \tag{5.24}$$

将所有误差合为零平均噪声 (ε) 和偏差 (a_0) 的和，则可重新表示为

$$\Delta SSH'_m = \sum_{i=1}^{p} a_i \Delta X_i + \varepsilon \tag{5.25}$$

式中，ΔX_0 假定为单位变量，则此问题成为一个典型的多元线性回归问题。给定 $(\Delta SSH'_m, \Delta X_i)$ 的若干个观测值，参数的标准线性最小二乘估计为

$$\hat{a} = (\Delta X^T \Delta X)^{-1} \Delta X^T \Delta SSH'_m \tag{5.26}$$

如果 ΔX 和 ε 不相关，则估计量无偏差。

根据实际情况将经验模型定为有效波高和风速以及这两个变量的各种组合形成的泰勒展开式。根据实际情况把展开式限制在二次，得到如下形式的经验算法模型

$$SSB_m / SWH = a_1 + a_2 SWH + a_3 U + a_4 SWH^2 + a_5 U^2 + a_6 SWH \cdot U \tag{5.27}$$

式中，SSB_m / SWH 为相对海况偏差，各组参数模型保留常数项 a_1，可以得到 1 个常数模型，5 个双参数模型，10 个三参数模型，10 个四参数模型，5 个五参数模型，1 个六参数模型，共计 6 组 32 种形式。

5.2.2.2　有效波高

雷达高度计的回波波形中与有效波高 (SWH) 有关的系统参数包括：半功率点对应的时间 t_0、星下点偏移角 ξ、参数 σ_c（用于计算有效波高，单位为 s）、波形的峰值 A_u。其中，SWH 可由参数 σ_c 计算得到：

$$SWH = 2c\sigma_c \tag{5.28}$$

式中，c 为光速。

卫星雷达高度计的海面回波波形可解析表示为

$$W(t) = A\exp(-v)\,[1 + \mathrm{erf}\,(u)] \tag{5.29}$$

$$v = a\left[(t - t_0) - \frac{a}{2}\sigma_c^2\right], \quad u = \frac{(t - t_0) - a\sigma_c^2}{\sqrt{2}\,\sigma_c}, \quad a = \alpha - \frac{\beta^2}{4}$$

其中，

$$\alpha = \frac{\ln 4}{\sin^2(\theta/2)}\frac{c}{h}\frac{1}{(1 + h/R)}\cos(2\xi)$$

$$\beta = \frac{\ln 4}{\sin^2(\theta/2)}\left[\frac{c}{h}\frac{1}{(1 + h/R)}\right]^{1/2}\sin(2\xi), \quad A = A_u \exp\left[\frac{-4\sin^2(\xi)}{\gamma}\right]$$

式中，h 是卫星高度，单位为 m；R 为地球半径，单位为 m；θ 是 3dB 天线波束宽度；ξ 是星下点偏移角。上式中的未知量为半功率点对应的时间 t_0（用于计算卫星到海面的距离）、星下点偏移角 ξ、参数 σ_c、波形的峰值 A_u（用于计算风速），其中用于计算 SWH 的参数 σ_c 是作为拟合参数中的一个进行计算的。

雷达高度计 SWH 反演算法流程如图 5.9 所示。

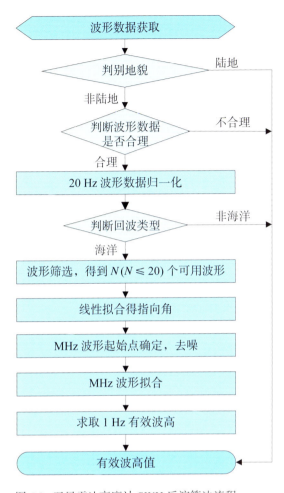

图 5.9　卫星雷达高度计 SWH 反演算法流程

5.2.2.3　海面风速

　　海面在风的作用下能够产生厘米尺度的波浪，从而引起海面粗糙度的变化。雷达高度计对于大于或等于其工作波长（一般为 2 cm 左右）的海面粗糙度变化有敏感的响应。雷达信号散射理论表明，雷达后向散射系数 σ_0 与表征海面粗糙度的海面均方斜率之间存在下列关系：

$$\sigma_0(\theta) = \frac{\alpha \left| R(0) \right|^2}{S^2} \sec^4(\theta) \exp\left(-\frac{\tan^2 \theta}{\overline{S}^2} \right) \tag{5.30}$$

式中，$\left| R(0) \right|^2$ 为 Fresnel 反射系数；θ 为入射角；α 为比例系数；S^2 为均方斜率。海面风速与海面粗糙度密切相关，Cox 和 Munk（1954）将机载照相机拍到的海表面粗糙度和海面风速建立关系，得出了海面均方斜率与海上风速之间的经验关系：

$$S^2 = 0.005\,12\,U_{12.5} + 0.003 \tag{5.31}$$

式中，$U_{12.5}$ 代表 12.5 m 高处风速。

卫星雷达高度计采用天底方向观测 (θ 近似为 0°)，在这种情况下合并式 (5.30) 和式 (5.31)，得

$$\sigma_0(\theta) = \frac{\alpha \left| R(0) \right|^2}{0.005\,12\,U_{12.5} + 0.003} \tag{5.32}$$

卫星雷达高度计观测的 σ_0 和海表面风速之间存在着一种近似非线性反比关系，即风速增加，海面粗糙度随之增加，使得雷达脉冲向其他方向散射的能量增加，从而导致高度计接收到的后向散射系数 σ_0 下降。σ_0 与海面风速之间的数学关系称为"反演算法"。高度计测量的数据必须通过反演算法才能转换成海面风速。

随着雷达高度计风速反演算法研究的发展，在海面风速反演算法中引入了海洋中波浪成长状态的信息，即在风速反演函数中引入有效波高。Gourrion 等 (2002) 提出双参数模型，即

$$U_{10} = \frac{Y - a_{U_{10}}}{b_{U_{10}}} \tag{5.33}$$

$$Y = \left[\, 1 + \exp-(\vec{W_y}\,\vec{X} + \vec{B_y}\,)\, \right]^{-1} \tag{5.34}$$

$$\vec{X} = \left[\, 1 + \exp-(\vec{W_x}\,\vec{P}^{\,T} + \vec{B_x}^{\,T}) \right]^{-1} \tag{5.35}$$

其中，U_{10} 为距离海面 10 m 高处的风速；P 为 SWH 与 σ_0 归一化后的矩阵，维度为 1×2；$a_{U_{10}}$，$b_{U_{10}}$ 为风速系数；$\vec{W_x}$，$\vec{W_y}$，$\vec{B_x}$，$\vec{B_y}$ 为待定的模型参数矩阵，维度分别为 2×2，2×1，1×2，1×1。该算法既考虑了海面风速同后向散射系数之间的近似反比关系，同时引入了有效波高对风速的影响。利用神经网络模型确定的上述模型中的待定参数见表 5.2 和表 5.3。

表 5.2　Gourrion 模型参数 1

参数	a	b
σ_0	−0.343 36	0.069 09
SWH	0.087 25	0.063 74
U_{10}	0.1	0.028 44

表 5.3　Gourrion 模型参数 2

参数	矩阵元素	
$\vec{W}_x$	−33.950 62	−11.033 94
	−3.934 28	−0.058 34
$\vec{W}_y$	0.540 12	10.404 81
$\vec{B}_x$	18.063 78	−0.372 28
B_y	−2.283 87	…
$\vec{P}$	$a_{\sigma_0} + b_{\sigma_0}\sigma_0$	$a_{\mathrm{SWH}} + b_{\mathrm{SWH}} SWH$

根据 HY-2A 卫星雷达高度计 AGC（自动增益控制）和其 σ_0 得到 Ku 波段线性关系为：$\sigma_0 = (AGC - 28.15)$。

5.2.2.4　海流

在水平压强梯度力的作用下，海水将在受力的方向上产生运动。若不考虑海水的湍应力和其他能够影响海水流动的因素，这种水平压力梯度力与科氏力取得平衡时的定常流动，称为地转流。世界上大多数海流都近似为地转流。卫星雷达高度计在观测全球海洋大尺度地转流方面具有独特的优势。通过获取的海面高度结合地转方程可以得到 x 方向地转流速度，图 5.16 描绘了全球地转流的变化。关于地转流的具体计算公式如下：

$$v = \frac{g}{f} \frac{\partial h}{\partial x} \tag{5.36}$$

式中，v 为地转流速；$f = 2\omega\sin\varphi$；ω 为地转角速度；φ 为纬度；g 为重力加速度；h 为海面高度。在北半球，海流方向右边水位高，左边水位低；在南半球则相反。

5.3　数据处理结果实例

利用雷达高度计数据反演得到的海洋环境参数包括：海面高度、有效波高和海面风速。

5.3.1　海面高度

图 5.10 为利用 2011 年 10 月 11 — 12 日 HY-2A 卫星雷达高度计数据获取的全球海面高度沿轨分布。图 5.11 为同期利用 Jason-2 卫星高度计获取的全球海面高度。

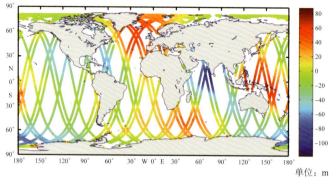

图 5.10　HY-2A 卫星雷达高度计全球海面高度沿轨分布
（2011 年 10 月 11—12 日）

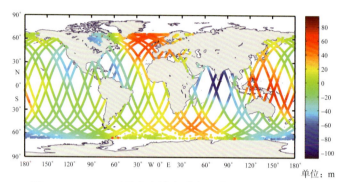

图 5.11　Jason-2 卫星高度计全球海面高度沿轨分布
（2011 年 10 月 11—12 日）

5.3.2　有效波高

图 5.12 为利用 2011 年 10 月 11—12 日 HY-2A 卫星雷达高度计波形数据反演得到的全球有效波高沿轨分布。图 5.13 为同期利用 Jason-2 卫星高度计获取的全球有效波高。

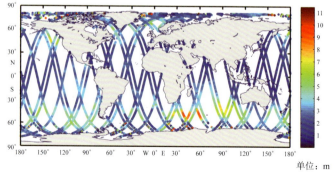

图 5.12　HY-2A 卫星雷达高度计多轨数据全球有效波高沿轨分布
（2011 年 10 月 11—12 日）

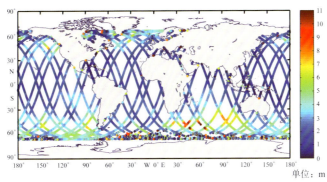

图 5.13　Jason-2 卫星高度计多轨数据全球有效波高分布

（2011 年 10 月 11—12 日）

5.3.3　海面风速

图 5.14 为利用 2011 年 10 月 11—12 日 HY-2A 雷达高度计获取的后向散射系数经反演得到的全球的海面风速。图 5.15 为同期利用 Jason-2 卫星高度计获取的全球海面风速。

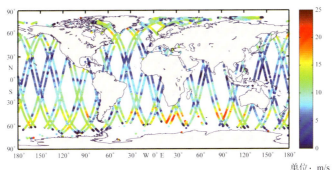

图 5.14　HY-2A 卫星雷达高度计多轨数据全球海面风速分布

（2011 年 10 月 11—12 日）

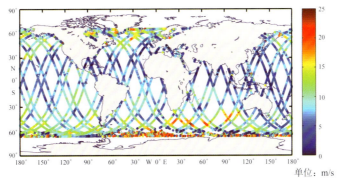

图 5.15　Jason-2 卫星高度计多轨数据全球海面风速分布

（2011 年 10 月 11—12 日）

5.3.4 海流

数据处理中使用了 4 年（1992 年 10 月 12 日至 1996 年 10 月 9 日）平均的 TOPEX 海面高度数据（图 5.16），采用了滤波处理，去除了空间尺度小于 500 km 的成分。图中彩色代表海面高度，箭头代表地转流。因为地球的自转影响，在赤道箭头被省略。

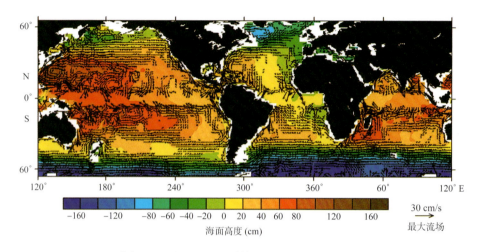

图 5.16　基于 TOPEX 数据得到的全球地转流分布

5.4　微波散射计

5.4.1　原理

利用后向散射系数 σ_0 的多次测量反演海面风矢量需要理解 σ_0 与海面风场的函数关系，这种关系我们称之为地球物理模式函数，简称为模式函数。由于微波散射计测量的 σ_0 与观测角和方位角有关，并且与海面粗糙度成正比，而与海面 10 m 风速不一定成正比，因此散射计对海面风矢量的测量不是直接的。散射计反演的海面风速是指海面 10 m 高处的中性稳定风速，所谓中性稳定是指没有大气层化。尽管以后所提到的风速或者 10 m 风速都是指中性稳定风速，但是正如下面所讨论的，散射计测量的风速与实测风速略有不同。

当海洋表面的温度比大气的温度高时，边界层不稳定，所以动量就很容易从海面 10 m 的风速传到海洋表面。固定的风速在不稳定的大气条件下比稳定层化大气更容易产生海面粗糙度和后向散射，因此不稳定层化使得散射计反演的风速比实测值偏大；而稳定层化使得散射计反演的风速比实测值偏小。所以，在将浮标数据与散射计反演的风速数据比较之前，必须考虑大气的层化，并适当地调整浮标观测的风速值，调整的大小为 0.1 ～ 0.2 m/s。另外，溢油会造成海面张力的增加，进而减小海面的粗糙度，使得散射计反演的风速比实测值偏低。

模式函数的一般形式给出了 σ_0 与极化方式 p(VV, HH)、入射角 θ、风速 u 和风向的相对方位角 ϕ_R 的函数关系。这种函数关系可表示为

$$\sigma_0 = F(p, u, \theta, \phi_R) \tag{5.37}$$

基于机载和星载散射计数据，在固定的风速、入射角和极化方式条件下，σ_0 与 ϕ_R 的关系可以通过经验获得，并可描述为傅里叶级数展开的形式 (Wentz et al., 1984; Wentz et al.,1999; Brown, 2000)：

$$\sigma_0 = A_{0p}(1 + A_{1p}\cos\phi_R + A_{2p}\cos 2\phi_R + \cdots) \tag{5.38}$$

式 (5.38) 中下标 p 表示极化方式。尽管 Wentz 和 Smith (1999) 说明了式 (5.38) 中高阶项（$\cos 3\phi_R$，$\cos 4\phi_R$ 等）的贡献不会超过前 3 项的 4%，但是有时候也需考虑这些高阶项。

式 (5.38) 中的系数，可通过将散射计的测量数据与实测或者其他卫星传感器数据进行比较，采用经验方法确定。具体包括与 NDBC 浮标数据的比较 (Freilich et al., 1999)以及与SSM/I风速和ECMWF NWP风速的比较(Wentz et al., 1999)。另外，风速反演模式函数仍处在不断的更新之中。SeaWinds 散射计利用 QuikSCAT 模式函数反演海面风场；ERS-1/ 2 散射计利用 CMOD-4 模式函数 (Liu et al., 1998)。模式函数由经验获得而不是通过粗糙度理论模型建立的主要原因是缺少足够准确的理论来描述海面风引起的海浪短波与风之间的响应关系。

浮标的测风精度在低风速和高风速时存在明显的偏差。低风速时，浮标和散射计测量的风向精度偏低；在高风速时，浮标会发生倾斜，海浪的飞沫将影响浮标上的风速计。涌浪还会影响浮标上风速计与海面的相对高度。另外，海流也将影响散射计的测风精度。

QuikSCAT 模式函数所描述的后向散射系数与风速、风向的关系如图 5.17 所示。在逆风和顺风时，后向散射系数达到极大值；横风时，后向散射系数达到极小值。模式函数的曲线形状与以下 3 个因素有关：①后向散射系数随着风速的增加而增大；②后向散射系数在逆风和横风的差异；③后向散射系数在顺风和逆风的不对称性。

第一，在固定的风速和方位角条件下，后向散射系数与风速的对数成正比。后向散射系数随着风速的增加而增大意味着随着风速的增大，后向散射系数的测量精度也会提高，但是严重的海浪破碎情况除外。

第二，后向散射系数在逆风和横风的差异（逆风 / 横风比率）以及后向散射系数与风向相对方位角之间的关系使得散射计能够反演风向信息。从图 5.17 可以看出，后向散射系数在逆风和横风的差异随着风速的增大而减小。

第三，逆风 / 顺风的不对称性是指逆风的后向散射系数要比顺风时稍大。这种现象的发生是由于在长波的逆风部分泡沫的存在以及短毛细重力波的突然增加。这种不对称性使得反演而得到唯一的风矢量解成为可能。一般来讲，逆风 / 顺风的不对称性随着入射角的增大而增加，在低风速达到极大值，并且 HH 极化的不对称性要大于 VV 极化。Freilich 等 (1999) 指出后向散射系数随着风速变化的灵敏度、逆风 / 横风比率以及逆风 / 顺风的不对称性而变动，随着入射角的增大而增加。

式 (5.37) 所描述的模式函数以查找表的形式给出了系数 A_{0p}，A_{1p} 和 A_{2p}，如果有必要也可以给出与风速和风向有关的更高阶的系数。扇形波束的散射计，例如 NSCAT 和 AMI，其模式函数中规定的入射角的范围为 15° ~ 65°，并且 NSCAT 模式函数需要区分 VV 和 HH 极化。由于上述散射计在垂直轨道方向上有大约 20 个风矢量测量单元，因此需要比较复杂的模式函数查找表。相反，SeaWinds 散射计仅具有两个入射角，因此比扇形波束的散射计更容易更新模式函数，更容易提高风速和风向反演的精度。

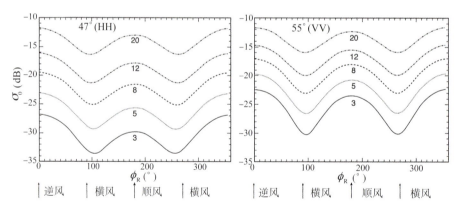

图 5.17　QuikSCAT 模式函数所描述的后向散射系数与风速、风向的关系

5.4.2　海洋参数反演方法

微波散射计通过准确测量海面的雷达后向散射系数及其测量参数，并结合海陆、海冰分布图、大气校正衰减量以及模式风场等外部辅助数据，利用特定的模型函数和反演算法获取海面风场信息。利用微波散射计数据反演海面风场信息的技术流程，如图 5.18 所示。

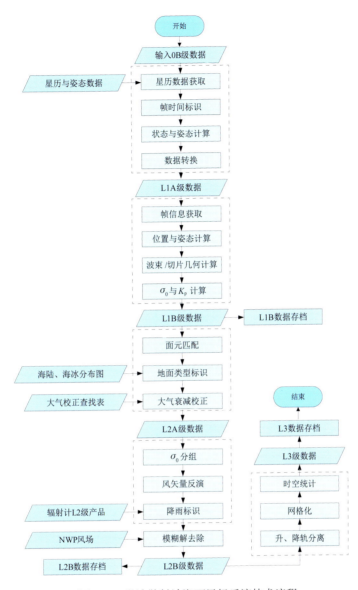

图 5.18　微波散射计海面风场反演技术流程

5.4.2.1　风矢量反演算法

以 HY-2A 卫星微波散射计为例，采用最大似然 (MLE) 法实现海面风矢量模糊解的反演。根据 MLE 风矢量反演方法，散射计所接收到的后向散射系数由两部分组成：

$$z_i = \sigma^0_i(w, \Phi - \phi_i, p_i, \theta_i) + \varepsilon_i(w, \Phi - \phi_i, p_i, \theta_i) \tag{5.39}$$

式中，σ_i^0 为无噪声的理想散射计，在特定参数条件下——雷达观测方位角 ϕ_i、入射角 θ_i、极化方式 p_i、风速 w、风向 $\varPhi$ 测得的雷达后向散射系数，即真实值；ε_i 为相同条件下的随机测量噪声，满足均值为 0、方差为 V_{ε_i} 的高斯分布。

模型函数的不确定性导致了真实值与模型预测值之间也存在一个偏差 ε_{M_i}，称为模型误差。模型后向散射系数值由下式定义：

$$\sigma_{M_i}^0 = M(w, \varPhi - \phi_i, \theta_i, p_i) \tag{5.40}$$

则真实值与模型预测值的关系为

$$\sigma_i^0 = M(w, \varPhi - \phi_i, \theta_i, p_i) + \varepsilon_{M_i} \tag{5.41}$$

这里的 ε_{M_i} 也可看作一个均值为 0、方差依赖于真实风矢量和雷达参数的正态分布随机变量；模型误差随观测参数（方位角和入射角）的变化比较缓慢，以至于可以由测量值 θ_i 和 ϕ_i 来近似估算其方差 $V_{\varepsilon M_i}$。

同样，测量噪声也可以进一步分解为通信噪声 (communication noise) 和雷达定标噪声 (radar equation noise) 两部分，其中定标噪声用来反映由观测几何关系或其他仪器因子的不确定性所导致的误差。如果设 ε_N 和 ε_R 分别为通信噪声和定标噪声，则有

$$\varepsilon_i = \varepsilon_{N_i} + \varepsilon_{R_i} \tag{5.42}$$

式 (5.39) 可以重写为

$$z_i = \sigma_{M_i}^0 + \varepsilon_{N_i} + \varepsilon_{R_i} \tag{5.43}$$

对于给定的风矢量 $(w, \varPhi)$，测量值 z_i 相对于模型预测值之间的残差 R_i 可定义如下：

$$R_i(w, \varPhi - \phi_i, \theta_i, p_i) = z_i - \sigma_{M_i}^0 = \varepsilon_{N_i} + \varepsilon_{R_i} + \varepsilon_{M_i} \tag{5.44}$$

若假定通信噪声、雷达噪声和模型误差之间完全相互独立，则误差总体方差可表示为

$$V_{R_i} = V_{\varepsilon N_i} + V_{\varepsilon R_i} + V_{\varepsilon M_i} \tag{5.45}$$

在此情况下，总体误差也符合均值为 0、方差为 V_{R_i} 的高斯分布。则根据高斯正态分布的概率密度计算公式，单个测量值总体误差的条件概率密度函数为

$$p(R_i \mid \sigma_i^0) = p\left[R_i \mid (w, \varPhi)\right] = \frac{1}{\sqrt{2\pi \cdot V}} \cdot \exp\{-(R_i)^2 / 2V_{R_i}\} \tag{5.46}$$

假设某个风矢量单元内有 N 个后向散射系数测量值，所有这些测量值对应同一个未知的风矢量 (w, Φ)，而每个测量值所对应的总体误差是相互独立的，所以这些误差的联合条件概率密度函数为

$$p(R_1, \cdots, R_N \mid (w, \Phi)) = \prod_{i=1}^{N} p[R_i \mid (w, \Phi)] \tag{5.47}$$

上式的最大似然解对应于使得上式取得最大值的风矢量 (w, Φ)，因此上式通常被称为似然函数。对式 (5.47) 两边取自然对数，即可得到最大似然估计风矢量反演的目标函数：

$$J_{\text{MLE}}(w, \Phi) = -\sum_{i=1}^{N} \left[\frac{\left[z_i - M(w, \Phi - \phi_i, \theta_i, p_i)\right]^2}{2V_{R_i}} + \ln \sqrt{2\pi V_{R_i}} \right] \tag{5.48}$$

去掉常数 2π，进一步简化得

$$J_{\text{MLE}}(w, \Phi) = -\sum_{i=1}^{N} \left[\frac{\left[z_i - M(w, \Phi - \phi_i, \theta_i, p_i)\right]^2}{V_{R_i}} + \ln V_{R_i} \right] \tag{5.49}$$

MLE 风矢量反演方法实际上就是要寻找合适的风矢量（风速、风向），使得式 (5.49) 取得局部最大值。

5.4.2.2 模糊解去除算法

1）矢量圆中数滤波算法

在风矢量反演的过程中，有多个风矢量解可使目标函数式取极大值，其中只有一个解是真实解，其余的称伪解或模糊解。所以在利用 MLE 方法求得使目标函数取得局部最大值的风矢量后，还要进行风向的多解去除，以得到真实解。常用的模糊解去除算法包括基于观测资料以及雷达数据的模糊解去除算法，借助空气动力学的约束条件场方式模糊解去除方法以及中数滤波技术等。HY-2A 卫星微波散射计数据处理中的风向多解去除采用矢量圆中数滤波算法。中数滤波采用无噪声的邻点数据替代误差点数据，特别适合于一个风矢量点与周围邻点方向相反时的所谓 180° 模糊问题，尤其是当用于大气风场时，中数滤波不会把大于所开窗口的低频特性如收敛线、气旋等在风向上变化剧烈的特性滤掉。用 ϕ_{ij1}，ϕ_{ij2}，…表示模糊风向（由似然值按顺序给出），则风向反演误差与脉冲噪声相类似。真实风向 ϕ'_{ij} 可作为信号值，用最大似然估计的 ϕ_{ij1}（第一风场解）作为观测值，$\phi'_{ij} + \pi$ 作为误差值，则脉冲模型可表达如下：

$$\phi_{ij} - \phi^t_{ij} = \delta_{ij}\pi + \varepsilon_{ij} \tag{5.50}$$

式中，$\delta_{ij} = [-1，0，1]$ 是风向反演误差模型；$\varepsilon_{ij} \ll \pi$ 表示反演过程中其他随机误差。当 $\delta_{ij} = 0$ 时，ϕ_{ij} 表示真实风向，当 $\delta_{ij} = \pm 1$，ϕ_{ij} 相应于与真实风向成 180° 的伪解。

风向模糊排除的目标是从 $\phi_{ijk} (k = 1, 2, 3, \cdots)$ 中选择一个风向使得与真风向 ϕ^t_{ij} 最接近，换言之，该方法通过选择下标 k 使 $|\phi_{ijk} - \phi^t_{ij}|$ 最小。真风向在运算过程中未知，但可用矢量圆中数滤波法对每一个风矢量面元上进行真风向估计。首先，通过选择真风向等于面元周围窗口内风矢量的矢量中数；然后从模糊解中选择出接近于真风向估计的解；最后，基于这些新选择的解，重新估计真风向值。上述估计真风向的过程连续迭代直到所选风矢量不变或迭代次数超过给定的最大次数。记 ϕ^r_{ij} 表示真风向的估计值（有时称之为参考风向），则第 m 次迭代得到的风矢量 S^m_{ij} 可表示为

$$\phi^r_{ij} = CMF(\phi_{ijk} \supseteq k = S^{m-1}_{ij}, W_{ij}, N) \tag{5.51}$$

$$S^m_{ij} = \min_k |\phi_{ijk} - \phi^r_{ij}| \tag{5.52}$$

式中，CMF 表示一个 $N \times N$ 窗上的矢量中数滤波算子；W_{ij} 为该面元上的权，当风矢量面元上不包含任何风矢量或面元不在刈幅上，$W_{ij} = 0$。

2）矢量圆中数滤波初始场算法

矢量圆中数滤波技术的物理基础是风矢量面元的风向不是独立的，而是与周围风矢量面元风向具有一定的相关性，通过周围风矢量面元的风向，计算出一个中数，然后将风矢量面元中风向与中数最接近的解赋为真值，对每个风矢量面元都做同样的操作，完成一次迭代。经过多次迭代，结果稳定之后，即得到多解的模糊性消除风矢量。关于初始解的选择，可以采用两种方式：①以最可能的风矢量解作为初始解；②以数值天气预报模式风场最为接近的风矢量解作为初始解。

HY-2A 卫星微波散射计初始场的选择采用第二种方式，即数值天气预报模式（NWP）初始场优化技术。NWP 初始场优化技术是基于这样的事实：在超过 85% 的情况，与真实风场最接近的解是第一或第二模糊解。此外，通过这两个解可粗略地确定风场流线（但存在方向模糊性）。由于模糊解消除的能力在很大程度上取决于仪器噪声，而非天气物理条件，因此，将物理因素加入模糊解的选择、初始场的生成，都能够极大地提高模糊解消除的性能。将目标函数值居前两位的模糊解与第三方风向（NCEP 风场）比较，初始场的性能可得到有效提高。

5.4.3 数据处理结果实例

利用上述算法对 HY-2A 卫星微波散射计的遥感数据进行处理，所得结果如图 5.19 所示。图 5.19 给出了 HY-2A 卫星微波散射计于 2011 年 10 月 11 日观测到的全球海面风场。该结果表明 HY-2A 卫星微波散射计具有全球海面风场的观测能力，一天能够覆盖全球 90% 的海域，可以捕捉到全球大部分的气旋。

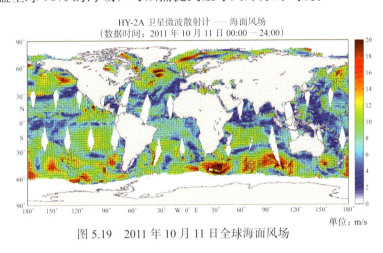

图 5.19　2011 年 10 月 11 日全球海面风场

5.5 合成孔径雷达(SAR)

5.5.1 原理

星载 SAR 是一种主动微波遥感仪器。它不受天气、地理和时间等因素的限制，可对地球表面进行高分辨率成像，提供丰富的海陆洋信息。SAR 是通过安装在运动平台上的雷达不断地发射脉冲信号，接收它们在海面或地面的回波信号，经信号处理后就像有一个很大孔径的天线发射和接收到信号一样。这样大大提高了雷达飞行方向的分辨率。这也是为什么这一类成像雷达被称为 SAR 的缘由（魏钟铨等，2001）。

SAR 在卫星轨道的垂直平面内向海面发射微波脉冲，采用侧视的方式观测海面，照射海面的足印呈椭圆形，其几何关系如图 5.20 所示。SAR 到海面观测面元的距离称为斜距。垂直于卫星轨道的方向为距离方向，平行于卫星轨道的方向为方位方向。距离分辨率就是距离方向上的地面两点可分辨的最小距离。设地面两点相距 X_r，则雷达脉冲返回时间差 Δt 可表示为

$$\Delta t = 2X_r \sin\theta/c \tag{5.53}$$

式中，θ 为入射角；c 为光速。如果雷达信号脉冲长度为 τ（脉冲带宽 B 定义为 $B = 1/\tau$），则脉冲雷达系统的距离分辨能力可表示为

$$X_r = c\tau/2\sin\theta = c/2B\sin\theta \tag{5.54}$$

因此，脉冲雷达系统的距离分辨能力主要由雷达发射脉冲带宽 B 所限制。脉冲带宽可通过减小脉冲的长度来获得，但脉冲越短，信噪比越差。为了有效地产生短脉冲，需要使用脉冲压缩技术。

方位分辨率几何关系如图 5.21 所示。对于一个真实孔径为 D_R 的天线，其地面分辨率 L_R 为（董庆等，2005）

$$L_R = \frac{R\lambda}{D_R} \tag{5.55}$$

式中，R 为斜距；λ 为雷达波长。由式 (5.55) 知，天线孔径越大，空间分辨率越好。由此产生合成孔径的概念。SAR 合成孔径的长度取决于地面某一点受照射时卫星移动的距离，该距离为 L_R。因此合成孔径的地面分辨率为

$$L_S = \frac{R\lambda}{2}L_R = \frac{R\lambda}{2R\lambda/D_R} = \frac{D_R}{2} \tag{5.56}$$

SAR 接收的海面反射信号与观测元的物理特性有关，通常由后向散射系数 σ^0 来描述。在一阶近似情况下，可假定 SAR 发射微波信号与海面微尺度结构的相互作用以布拉格散射为主。布拉格散射共振方程为

$$\lambda_S = \frac{\lambda_r}{2\sin\theta} \tag{5.57}$$

式中，λ_S 为布拉格散射共振波长；λ_r 为微波雷达工作波长；θ 为入射角。布拉格共振短波的形成与风应力有关。研究表明，与 C 波段微波产生共振的海面毛细波或小重力波所对应的海面 10 m 风速阈值为 3.25 m/s。布拉格散射的共振条件为

$$\lambda'_S = \frac{\lambda_r \sin\phi}{2\sin\theta} = \lambda\sin\phi \tag{5.58}$$

式中，ϕ 为海面微尺度表面波的传播方向与雷达视线的夹角。

虽然 SAR 仅对引起布拉格共振散射的海表面波直接成像，但因布拉格尺度的表面波空间分布易被较长重力波所调制，从而显示了引人注目的海洋观测能力（冯士筰等，1999）。

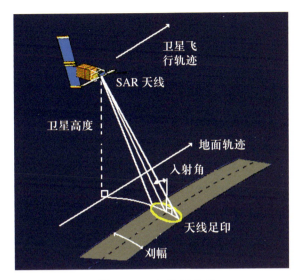

图 5.20　SAR 几何关系

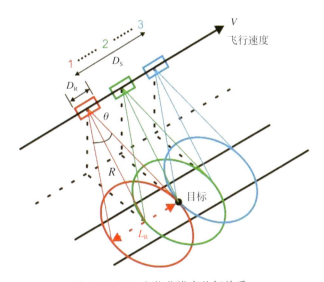

图 5.21　SAR 方位分辨率几何关系

5.5.2　海洋参数反演方法

5.5.2.1　海浪谱

SAR 通过雷达波与海面小重力波的布拉格共振对海浪进行成像，并获取海浪方向谱。但并非所有海浪都能成像。一般认为在高海况和平滑海浪情况下，SAR 难以对海浪成像。因此，SAR 对海浪的成像能力与 SAR 系统和海况直接有关，一方面要有高的空间分辨率；另一方面 SWH 和海面风速不能太小。SAR 对随机海浪的成像基于 3 种调制机制：① 短波和长波的流体力学相互作用对布拉格散射波的能量和波束的调制，称为流体力学调制；② 在长波波面引起雷达入射角的变化，称为倾斜调制；③ 长波沿卫星轨道方向的运动速度，使后向散射元产生平移，相当于返回信号的多普勒频移，最终导致后向散射元在 SAR 图像上的位移和模糊，此项调制属于速度聚束调制。尽管倾斜调制和流体力学调制通常被近似为线性过程，然而速度聚束过程却常表现出很强的非线性。仅在位移与长波相比较小时，这一机制才被认为是线性的，可表示为速度聚束传递函数。这里介绍两种卫星 SAR 海浪图像反演海浪方向谱的方法。

1）线性调制传递函数(MTF)方法

线性近似情况下，SAR 对海浪成像的图像可表示为

$$P_k^s = \frac{1}{2}\left[\left|T_k^s\right|^2 F_k + \left|T_{-k}^s\right|^2 F_{-k}\right] \tag{5.59}$$

式中，T_k^s，T_{-k}^s 分别表示两种传播方向的系统成像传递函数，由前述 3 种成像机制调制传递函数组成；F_k，F_{-k} 分别代表两种不同传播方向 $(k, -k)$ 的海浪方向谱。在风浪情况下，海浪传播多以某个传播方向为主，亦即 $\left|F_k\right| >> \left|F_{-k}\right|$ 或 $\left|F_k\right| << \left|F_{-k}\right|$，因此海浪方向谱 F_k 或 F_{-k} 可由式 (5.60) 计算：

$$P_k^s = \frac{1}{2}\left|T_k^s\right|^2 F_k \quad \text{或} \quad P_{-k}^s = \left|T_{-k}^s\right|^2 F_{-k} \tag{5.60}$$

由此可以看出，在 MTF 方法中，虽然海浪方向谱在波数谱能量分布上基本得以保持，但无法分辨海浪传播方向 $(k$ 或 $-k)$，亦即海浪方向谱反演中的 180° 方向模糊。

2）Hasselmann 非线性反演方法

Hasselmann 于 1991 年提出 SAR 海浪方向谱反演非线性映射关系：

$$p^s(k) \approx \exp\left(-k_x^2 \xi^2\right) \sum_{n=1}^{\infty} \sum_{m=2n-2}^{2n} \left(k_x \beta\right)^m p_{nm}^s(k) \tag{5.61}$$

式中，$p^s(k)$ 为 SAR 图像谱；n，m 为非线性阶数；β 为速度聚束参数；ξ 代表后向散射单元方位位移引起的方位模糊。由于非线性映射关系无法直接反演海浪方向谱，Hasselmann 非线性反演算法中，通过引入第一猜测谱和递归算法使价值函数最小，达到反演海浪方向谱的目的。

5.5.2.2 海面风场

海面风通过风应力对海面的作用，产生风生海表面波。这些表面波直接或间接地改变了海面粗糙度和雷达后向散射系数，于是，风的信息被以灰度值记录在 SAR 图像上。只要已知风向，就可利用雷达后向散射系数计算海面风速。

1）风向的反演

在很多情况下，SAR 图像上存在与海面风向平行的周期性条纹，这种条纹称做风条纹。这些条纹的形成与海洋大气边界层的不稳定性有关。

由于海洋大气边界层出现的不稳定性，在海面之上形成螺旋状大气边界层涡旋，大气边界层涡旋作用于海面，使海面产生辐聚或辐散，从而改变了海面粗糙度，在 SAR 图像上形成黑白相间的条纹，这就是风条纹。风条纹的间距约为几千米的量级。

大量观测、理论研究和数值模拟均表明，大气边界层涡旋的轴线方向与海面风矢量的方向基本一致。

由于 SAR 图像上的风条纹提供了海面风向的信息，假设海面风向和 SAR 图像上由边界层涡旋引起的风条纹方向是一致的，于是，SAR 图像上风条纹的二维波数谱峰值连线的垂线方向就是海面风场的方向。

利用二维快速傅里叶变换 (FFT) 计算 SAR 图像波数谱的方法如下：

$$Y_{l,m} = \sum_{j=1}^{N}\sum_{k=1}^{N} X_{j,k}\, e^{-2\pi i\left(jl+km\right)/N} \tag{5.62}$$

式中，Y 为图像低波数谱；X 为图像灰度值；$l, m = 1, 2, \cdots, N$。

利用上述方法得到的风向有 $180°$ 的方向模糊。在近岸海区，这种风向的不确定性可通过 SAR 图像纹理结构如背山风和落山风的走向等加以消除。

2）风速的反演

SAR 通过发射微波波束、接收来自海面的后向散射获取海面信息。在 $20°\sim70°$ 波束入射角的条件下，海面的微波散射为布拉格散射。由布拉格散射定理可知，风致海面微尺度波是产生雷达后向散射的主要散射体。因此，由风速与雷达后向散射系数之间的关系，可以计算海面风速。海面的后向散射系数、波束入射角、海面风向作为参数输入到地球物理模式函数即可获得海面风速信息。目前，应用最为广泛的模式函数是描述 C 波段 VV 极化后向散射系数 σ_0^V 和风矢量关系的 CMOD 系列模式函数。模式函数一般形式为

$$\sigma_0 = au^v[1 + b(\theta)\cos\phi + c(\theta)\cos(2\phi)] \tag{5.63}$$

式中，σ_0 为雷达测量的后向散射系数；u 为海面 10 m 风速；ϕ 为风向；θ 为入射角；系数 a，b，c，γ 与入射角和极化方式等有关。

5.5.3 数据处理结果实例

5.5.3.1 海浪谱

图 5.22 显示了 SAR 观测到的海浪方向谱的一个例子，计算中使用了 2001 年 11 月 22 日美国圣弗朗西斯科（旧金山）国家海岸附近的 Radarsat-1 SAR（C 波段，HH）图像数据，子图像大小为 6.4 km × 6.4 km。

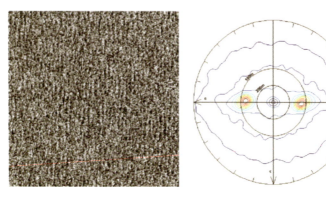

图 5.22　SAR 观测到的海浪方向谱（引自 SAR 海洋使用手册）

5.5.3.2 海面风场

星载 SAR 具备以很高的空间分辨率（数米到数十米）测量海面风场的能力，特别适用于近海、岛屿和冰缘附近海域海面风场以及局地风场的测量。图 5.23 为利用 2001 年 3 月 19 日美国阿拉斯加湾附近 Radarsat-1 SAR 图像数据反演的风场产品，反演结果显示最大风速为 25 m/s。

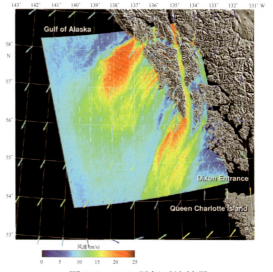

图 5.23　SAR 风场反演结果
（引自 SAR 海洋使用手册）

5.6 应用实践

5.6.1 台风监测

台风是中心持续风速在 12 级到 13 级的热带气旋。台风发源于热带海面,那里温度高,大量的海水被蒸发到了空中,形成一个低压中心。随着气压的变化和地球自身的运动,流入的空气也旋转起来,形成一个逆时针旋转的空气旋涡,这就是热带气旋。只要气温不下降,这个热带气旋就会越来越大,最后形成台风。台风是我国沿海主要的海洋灾害。卫星遥感以其大面积、全天候和全天时的观测优势,成为监测台风的有效手段。

海洋卫星搭载的微波散射计能够获取全球的海面风场,进而可监测台风移动路径,并识别台风中心。利用微波散射计进行台风中心提取时,主要有两个方法:①通过区域风场的风速进行提取。针对有眼台风,通过观察风场风速的分布,寻找高风速区域中的极小值,可以快速、有效并且高精度地获取台风中心;②通过区域风场风向进行提取。由于台风天气有明显的气旋式涡旋结构,风向通常旋涡式指向台风中心,通过寻找旋涡指向中心,也能够确定台风中心。但是值得注意的是,由于台风区域通常伴随着较强的降雨,对海面后向散射产生较强影响,有时通过风速与风向确定的台风中心位置可能不重合。

HY-2A 卫星主载荷之一的微波散射计能够进行台风和风暴潮的监测。HY-2A 微波散射计顺利完成 2012—2014 年全部台风的监测任务,在每次台风的生命周期中,至少对其完成一次观测,3 年共计捕获 79 次台风,为业务和科研提供了准确的数据源。图 5.24 为 HY-2A 卫星微波散射计对"苏力"台风的监测实例。"苏力"台风 2013 年 7 月 13 日登陆台湾北部,以后逐渐趋向浙闽沿海,登陆时中心附近最大风力 12 级 (33 m/s),为当年登陆我国的最强台风。HY-2A 卫星微波散射计有效完成了对"苏力"台风整个过程的监测,卫星观测的海面风场清晰反映了台风位置和强度信息。

2012 年形成于大西洋洋面上的一级飓风"桑迪",因其侵袭美国东部,造成严重灾害而受到关注。"桑迪"飓风 10 月 28—30 日横扫美国东部海岸,HY-2A 卫星在 27 日成功观测到该飓风及其移动方向,为有效地防范飓风在 28 日的登陆提供了预警时间。图 5.25 为飓风期间风场和波高的变化。由图 5.24 和图 5.25 可以看出,HY-2A 观测的台风有规则的台风眼,而"桑迪"飓风则没有规则的"飓风眼",但"桑迪"飓风期间具有明显超过 6 m 以上的波高,因此,"桑迪"飓风造成的损失不容忽视。

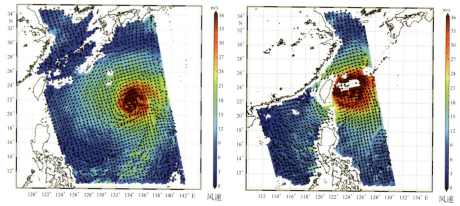

图 5.24　HY-2A 卫星微波散射计对"苏力"台风的监测

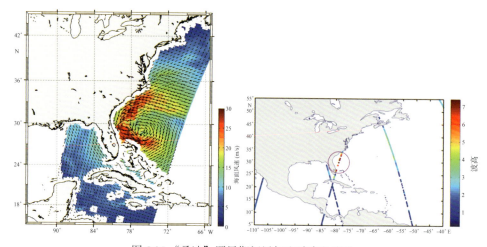

图 5.25　"桑迪"飓风期间风场和波高的变化

5.6.2　灾害性海浪监测

灾害性海浪是波高大于等于 4 m 的海浪。我国近海每年灾害性海浪都会造成大量的经济损失和人员伤亡。在 2013 年，我国近海共出现 43 次灾害性海浪，造成经济损失 6.3 亿元。近 10 年来，我国沿海共发生 427 次灾害性海浪，造成 1 147 人死亡，直接经济损失 34.47 亿元。卫星雷达高度计是能够提供全球海洋有效波高信息的主要载荷，可为灾害性海浪的预警报提供可靠的观测数据。图 5.26 和图 5.27 分别为 Jason-1 和 Envisat 高度计观测到的东北大西洋近海海域的 SWH。在图 5.27 中，Envisat 高度计观测的 SWH 大部分在 13 ～ 15 m 之间，最大 SWH 为 16 m。图 5.28 和图 5.29 分别为 HY-2A 和 Jason-2 高度计获取的全球灾害性海浪的分布。

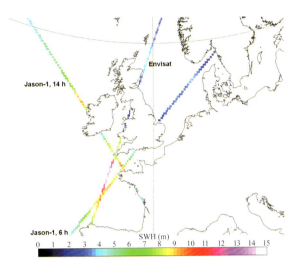

图 5.26 Jason-1 和 Envisat 高度计沿轨道观测到的 SWH

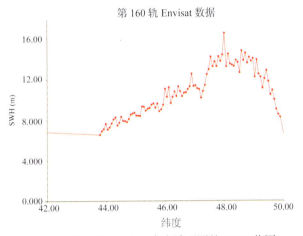

图 5.27 Envisat 高度计观测的 SWH 范围

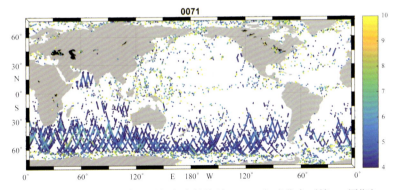

图 5.28 HY-2A 高度计观测的灾害性海浪 SWH 全球分布（第 71 周期）

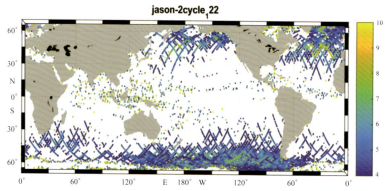

图 5.29　Jason-2 高度计观测的灾害性海浪 SWH 全球分布（第 122 周期）

5.6.3　风暴潮监测

风暴潮是发生在沿海近岸的一种严重的海洋自然灾害。它是在强烈的空气扰动下所引起的海面增高，这种升高与天文潮叠加时，海水常常暴涨造成自然灾害。风暴潮会导致近海及沿岸浅水域水位猛烈增长，当风暴潮与天文潮叠加后的水位超过沿岸"水位警戒线"时，会造成海水外溢，甚至泛滥成灾，造成人民生命财产以及工业、农业、海业、交通运输等方面的巨大损失。

有效地对风暴潮进行预警报，是预防和减小风暴潮损失的关键。风暴潮预警报的关键是如何将预报出的风暴增水值叠加到相应的天文潮位上。通常采取的做法是：风暴潮预报员根据热带气旋预测的移动速度和热带气旋强度，计算出某个时刻热带气旋中心位置是否达到有利于热带气旋引发某个验潮站产生最大风暴潮增水时刻，然后将该时刻的风暴潮增水值叠加到对应的天文潮位上。上述预报方法的关键是精确地确定热带气旋的移动速度、强度和移动路径。其中，热带气旋越强、风速越大，风暴潮增水也就越大，造成的危害也就越大。

海洋卫星上搭载的微波散射计在热带气旋的观测中具有明显的优势，能够观测热带气旋的风速和风向，对涡旋特征进行识别和定位，并能够实时监测热带气旋移动路径。图 5.30 为利用 HY-2A 卫星微波散射计观测到的台风"灿鸿"的中心位置和中心风速。

利用微波散射计提供的风场和气旋位置等信息，根据最小二乘原理，用模型风场拟合卫星风场数据，得到一个最大风速半径 R，然后利用风暴潮模式进行计算，可得到沿岸风暴潮增水值。

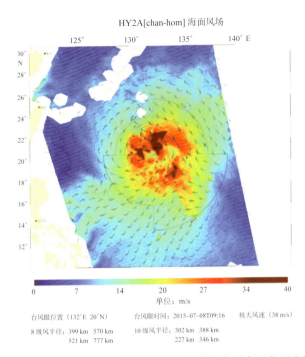

图 5.30 利用 HY-2A 卫星微波散射计观测到的台风中心位置和风速

5.6.4 全球海平面变化监测

随着人类活动对海洋、大气系统影响的迅速扩大，全球变暖、海平面上升已经成为全球性重大环境问题。海平面上升给人类生存环境造成巨大的威胁，已经引起全世界科学家和各国政府的高度关注。卫星雷达高度计在全球海平面变化监测中具有独特的优势，获取的 SSH 数据已经成为全球平均海平面上升研究中的重要数据源。

利用 1993 年 1 月至 2013 年 3 月 TOPEX、Jason-1 和 Jason-2 数据得到的全球平均海平面变化趋势图，如图 5.31 所示。在这 20 年间全球平均海平面升高了大约 6.4 cm。图中曲线的生成以及 Jason 和 TOPEX 卫星的相互标定是一个非常复杂的过程。该标定通过对卫星高度计观测的 SSH 与全球 64 个验潮仪观测的 SSH 进行比较分析确定，验潮仪的测量精度为 0.3 mm/a。利用标定后的数据估计出全球平均海平面每年上升约 (3.2 ± 0.4) mm/a 或 3.2 cm/10a，冰川的均衡调整约为 0.3 mm/a。图 5.32 中的曲线还可表示出由于海洋的升温和冷却导致的全球海平面一年和半年的变化速率。

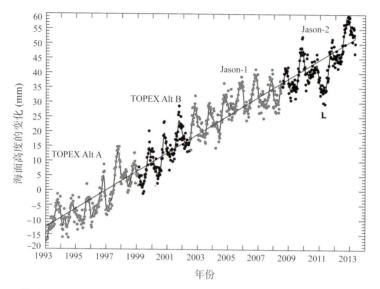

图 5.31 基于 TOPEX、Jason-1 和 Jason-2 卫星数据计算的 1993 年 1 月至 2013 年 3 月
全球海平面的变化 [引自 Beckley 等 (2010)，图 16]

利用验潮仪观测数据计算的结果显示，20 世纪全球海平面大约每年上升 1.7 mm；按此计算，21 世纪上升速率差不多翻了一倍。图 5.31 中字母"L"标记为 2010 年 3 月和 2011 年 5 月海平面有 5 mm 的下降。拉尼娜期间的降雨量会发生变化，即降雨量在陆地增大，海洋减少，这导致了澳大利亚、巴基斯坦和中国的洪水。Boening 等（2012）认为 2010/2011 拉尼娜导致了过去 80 来年最冷的事件发生，并带来陆地储水量的增加，造成全球平均海平面相应下降。

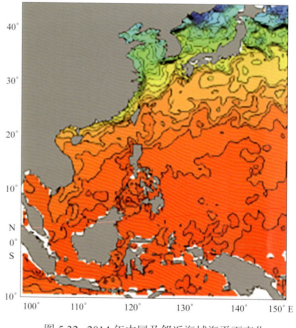

图 5.32 2014 年中国及邻近海域海平面变化

利用 HY-2A、Jason-1/2 等卫星雷达高度计的融合数据，也能够实现中国近海海平面变化的监测。图 5.32 显示了 2014 年中国及邻近海域海平面变化。

5.6.5 海啸预警

由于水下地震、火山爆发或水下塌陷和滑坡等激起的巨浪，在涌向海湾内和海港时所形成破坏性的大浪称为海啸。海啸是一种破坏性极强的海浪，能够带来巨大的经济损失。因此，实时地对海浪进行监测是防范海啸的一种有效手段。图 5.33 为利用 Jason-1 和 Envisat 雷达高度计获取的 2004 年印度洋海啸期间的海面高度异常 (SLA)。图中分别为 Jason-1 和 Envisat 高度计的两条降轨经过海啸发生的区域。图 5.34 为 Jason-1 和 Evisat 雷达高度计观测到的 2011 年日本海啸后波高的变化。

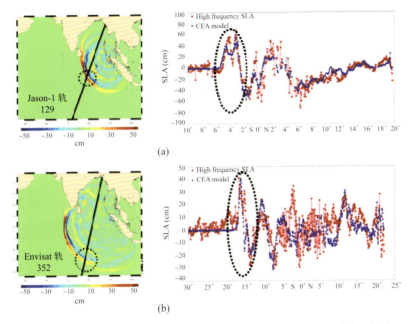

图 5.33 Jason-1 和 Envisat 高度计观测到的 2004 年印度洋海啸 SLA 变化（引自 CLS）

(a) Jason-1；(b) Envisat

我国的 HY-2A 卫星雷达高度计已具备高精度、全天候、全天时获取全球海洋有效波高和海面高度信息的能力，也可为海啸监测提供可靠的观测数据。2012 年 4 月 11 日中国地震台网测定，北京时间 16:38，印度尼西亚苏门答腊北部附近海域 (2.3°N，93.1°E) 发生里氏 8.5 级地震，震源深度为 20 km。11 日当天再次发生里氏 8.2 级强震。利用 HY-2A 卫星雷达高度计实现了印度尼西亚地震前后 SWH 的监测，在此期间国外的卫星高度计也获得了观测数据。图 5.35 和图 5.36 分别为地震前后全球海域有效波高分布。图 5.37 和图 5.38 分别为地震前后印度洋海域 SWH 分布。由图可知，地震前后全球范围内，特别是地震最有可能引发海啸的印度洋海域 SWH 变化不大，印度洋海域 SWH 变化不超过 1 m。根据比较结果，可以初步判定在印度洋海域不会发生海啸。美国太平洋海啸预警中心在发布了海啸预警信息后，随后取消了针对印度洋相关地区的海啸预警，由此验证了利用 HY-2A 卫星观测数据分析后得出不会发生海啸的结论，从而也证明了 HY-2A 具备提供海啸预警报的能力。

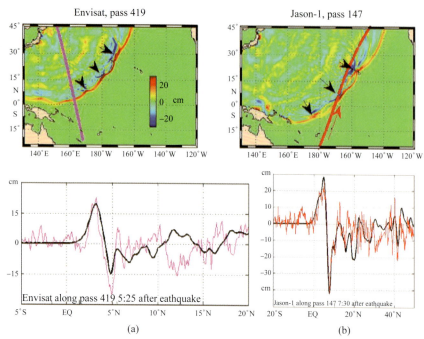

图 5.34　Jason-1 和 Envisat 高度计观测到 2011 年日本海啸后波高的变化（引自 CLS）

(a) Jason-1；(b) Envisat

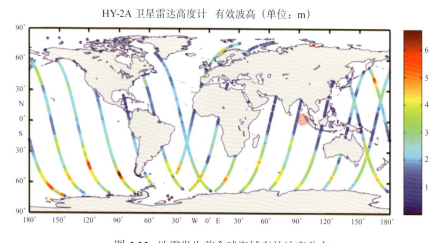

图 5.35　地震发生前全球海域有效波高分布

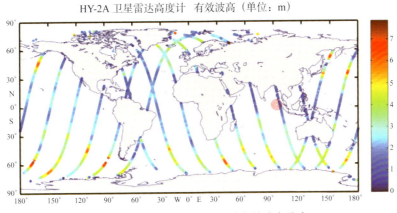

图 5.36 地震发生后全球海域有效波高分布

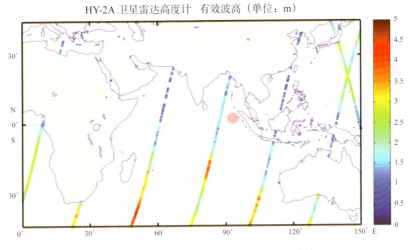

图 5.37 地震发生前印度洋海域有效波高分布

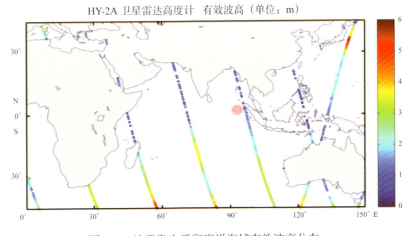

图 5.38 地震发生后印度洋海域有效波高分布

5.6.6 溢油监测

溢油灾害是由于轮船在航行过程中，遇到天灾人祸等原因导致轮船油舱破损发生溢油从而对人类的生命财产以及附近海域的海洋环境造成的损失和污染。近年来我国的溢油灾害时有发生，这不仅是对宝贵石油资源的浪费，还会对海洋生态造成巨大的危害。

海面溢油会抑制波长 0.3 m 以下的波浪，从而大大降低了布拉格散射强度。在 SAR 图像中，由于船舶和近岸建筑物是镜面反射体，显得较亮；溢油抑制了布拉格散射，则显得较暗。因此 SAR 提供了一种监视海上溢油的技术手段。

图 5.39 是 Envisat ASAR 于 2002 年 11 月 17 日观测到的"威望"号油轮海面溢油图像。油轮位于大西洋海岸西班牙加利西亚自治区附近海域 (ASAR, 2013b)，图中 P 标示了油轮位置，G 标示了加利西亚自治区，W 为经过溢油带船舶的尾迹。图 5.39 是 400 km×400 km 宽幅扫描模式图像的局部，溢油范围超过 150 km²。由图像可以看出油轮为明亮的点以及从油轮溢出的黑色羽状原油。油轮周围更小的亮点是救援船。油轮位置正好处于主航道外，溢油带横穿过主航道，其他主航道内的船只也显示为亮点。在 SAR 观测时，"威望"号装载的 70 000 t 原油已经泄漏了 10 000 t，污染了 200 km 海滩。

2012 年 3 月 6 日，利用 SAR 数据在渤海曹妃甸东部海域连续监测到海面油膜（见图 5.40）。通过 3 月 8 日的海上核查，该区域存在长约 2 km，宽 100 m 的银白色油膜。

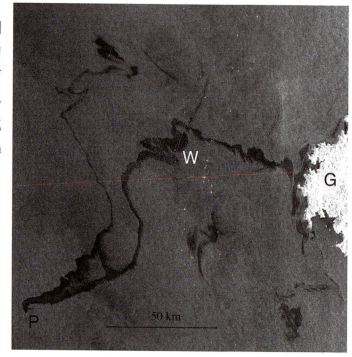

图 5.39 2002 年 11 月 17 日 ASAR 观测到的
"威望"号油轮海面溢油

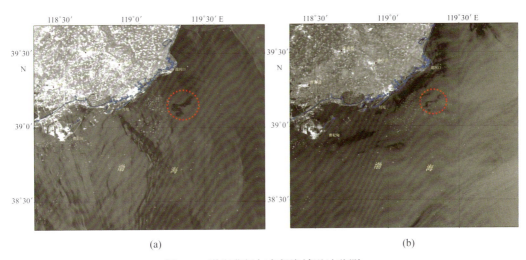

图 5.40　渤海曹妃甸东部海域溢油监测

(a) 2012 年 3 月 6 日海上油膜分布区域；(b) 2012 年 3 月 7 日海上油膜分布区域

5.6.7　海冰监测

SAR 数据可以间接地估算海冰厚度。Matsuoka 等报道了海冰厚度与交叉极化的 L 波段后向散射系数之间的显著相关性，可用下面的回归公式拟合（图像数据经过了入射角校正），该方法不适用于多年冰。

$$\sigma^0_{\text{LHV}} = 7.3 \lg\left(\frac{d}{m}\right) - 28.4\,\text{dB} \tag{5.64}$$

还有两种利用 SAR 数据估算海冰的方法。一种是用 SAR 数据对海冰进行分类，然后以此作为冰厚的替代指标。该方法基于多年冰比一年冰更厚（约 3 倍）这个条件。另一种方法是用 SAR 图像的时间序列探测冰的运动，并用 Lebedev 公式模拟新冰在冰间水道中的增长：

$$h = 1.33 F^{0.58} \tag{5.65}$$

式中，h 是冰厚，单位为 cm；F 表示累计冻结度 – 日数。

图 5.41 为 2003 年 1 月和 2 月利用 Radarsat–1 ScanSAR 的宽刈幅模式图像数据获取的波的尼亚湾海冰厚度分布。

极地海冰是全球气候系统的重要组成部分，在全球气候模型系统中海冰至关重要。近几十年来北冰洋海冰面积逐渐减少，迫切需要认识由此产生的气候环境后果。因此，需要大规模开展北极海冰的观测，才能理解北极冰盖快速变化对于海洋物理过程、生态系统和生物地球化学循环的影响。

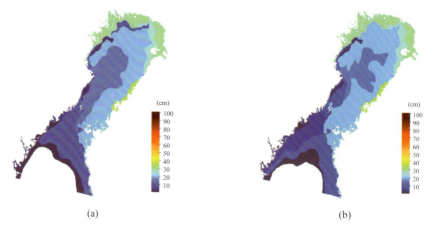

图 5.41 2003 年利用 Radarsat-1 ScanSAR 观测的波的尼亚湾海冰厚度分布

(a) 1 月; (b) 2 月

Onstott 描述了不同类型的海冰的雷达后向散射。随着海面由开阔水域变成薄冰、新生冰、一年冰和多年冰,海冰厚度随之增加,表面粗糙度和后向散射系数通常也会增加,SAR 能够识别冰的这些类型。在开阔海面,海面亮度受风速影响,可能会比相邻的冰更亮或更暗。图 5.42 为 1997 年 11 月 2—5 日北极区域刈幅为 500 km 的 ScanSAR 覆盖图,或称为北极快照,图像由阿拉斯加 SAR 数据处理中心提供。由图像中标记为"Chukchi"(楚科奇)的区域可以明显看出,图像刈幅范围内没有经过辐射校正。图中白线标识为海岸线,楚科奇海、阿拉斯加和俄罗斯在图像上都标示出来,其中,图

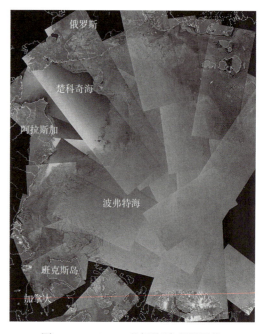

图 5.42 Radarsat 北极海域观测图像

像特征最明显的区域在楚科奇海开阔海域,因该区域主要受通过白令海峡暖水通量的影响。由于快照是由 3 d 内的升轨与降轨数据组成,并且观测区域的温度和风速都不同,因此,每幅图像刈幅内的亮度差异都不相同。快照的重复周期为 3 ~ 6 d,主要用于观测浮冰的移动和变化。

图 5.43 显示的是从北极快照中提取的部分波弗特海的浮冰图像,测量范围为 500 km²。图中有两种不同类型的海冰,图左面较暗的冰是秋天冰冻期在附近海岸

生成的一年冰；图右面显示了北极中部大量多年浮冰的特性，它们的后向散射较强，浮冰间由覆盖了较暗的薄冰的水道分隔。这些较大浮冰的长度为 25 ～ 75 km。图中下方亮的直线可能是由于受压的冰脊镜面散射或者水道上霜花的布拉格散射引起的。

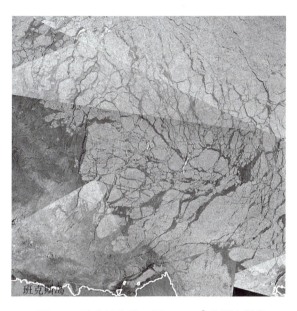

图 5.43　波弗特海的一幅 500 km² 的浮冰影像

在我国渤海海冰的监测中，通过高分辨率的 Radarsat-2 卫星 SAR 也能够获取渤海海域的海冰信息。图 5.44 中显示了 2014 年 2 月 14 日的渤海冰情。

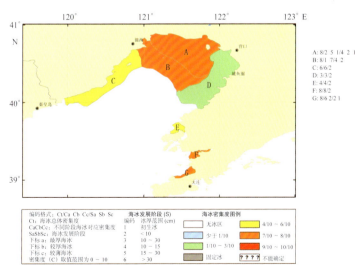

图 5.44　2014 年 2 月 14 日 Radarsat-2 SAR 监测的渤海冰情

5.6.8　渔场环境信息获取

卫星获取的海面风场、有效波高、流场和海面地形等海洋动力环境信息与渔业生产也有着密切的关系。目前，主要应用海面高度及其计算的地转流信息进行渔场分析和应用（陈雪忠，2014）。图 5.45 和图 5.46 分别为海面高度异常与水团的关系以及海面高度与箭鱼渔场分布。

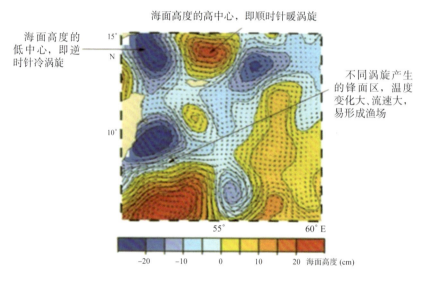

图 5.45　海面高度异常与水团的关系

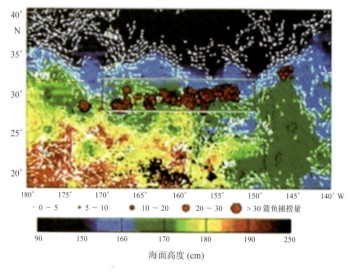

图 5.46　海面高度与箭鱼渔场分布

如图 5.45 所示，海面高度的异常变化与温度场冷暖水团的关系密切，如在北半球海面高度的正距平区域对应顺时针方向的暖中心，海面高度的负距平海域对应逆时针方向的冷涡，南半球则相反。一般来讲，冷暖中心边缘的过渡区通常形成锋面，海流流速较大，某些鱼类集群易形成渔场。此外，海洋锋面附近常表现出较为复杂的海洋动力特征，如海面流速较大，水团配置比较复杂等。因此，结合这些海洋特征，从海面高度异常和海流流速流向的分布可以推知海洋锋面。图 5.46 为 T/P 雷达高度计获取的海面高度及海流信息与箭鱼渔场的关系，由图可知，渔场位于海面约 170 cm 处海域。

5.6.9 中尺度涡监测

中尺度涡是海洋中的一种涡流，各大洋中都有这种涡流的存在。中尺度涡的旋转速度一般都很大，并且一面旋转，一面向前移动。它的移动方式很像台风，而且有很大的动能。雷达高度计是能够观测海洋中尺度现象的卫星遥感器之一，可获取涡旋的面积、高度和类型等信息。图 5.47 为利用 Jason-1 和多源高度计海面高度异常 (SLA) 数据获取的南海中尺度涡分布图。从图中看出，利用多源高度计 SLA 数据获取的中尺度涡具有更精细的空间结构。

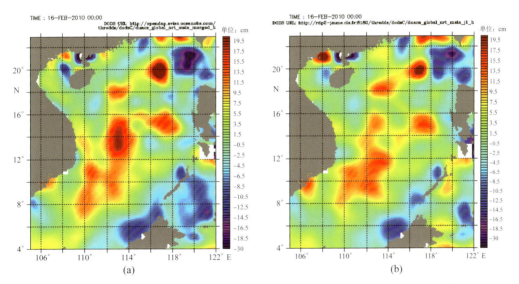

图 5.47 利用 Jason-1 和多源高度计数据得到的南海中尺度涡分布（引自 CLS）

(a) 多源高度计融合 SLA；(b) Jason-1 观测的 SLA

图 5.48 为利用了 TOPEX 卫星高度计第 60 个周期的观测数据给出的印度洋海面高度 (SSH) 分布。图 5.48 (a) 中箭头所指的矩形色谱为 25°S 的观测；图 5.48 (b)

为海面高度异常 Hovmoller 分析图，横轴为经度，纵轴为 TOPEX 周期数。如图所示，SSH 从右下到左上成楔形特征，对应着这些涡的西向传播。利用 16 年的 ERS-1、ERS-2 和 Envisat 卫星高度计数据以及 TOPEX 和 Jason-1 数据，Chelton 等 (2001) 检验了这些涡中的 35 891 个，这些涡的生命周期超过 16 周，典型振幅是 10 cm，半径是 100 km。研究发现涡几乎在海洋中所有地方都会发生，并且尺度最大的大约是 300 km，向西传播。

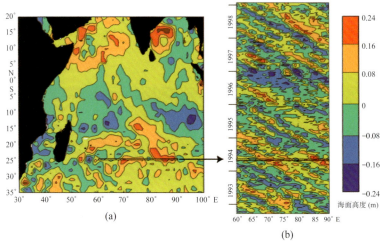

图 5.48　印度洋的中尺度涡

(a) 利用 TOPEX 第 60 周期（1994 年 5 月 1—11 日，共 10 d）数据得到的印度洋海表面高度异常分布；
(b) 25°S 断面的 Hovmoller 分析图 [引自 Killworth (2001)]

5.6.10　海面高度的季节变化

海面高度在不同的季节和区域都具有不同的统计特征。图 5.49 中的 4 个图为 TOPEX 卫星高度计数据 9 年平均后的季节 SSH 异常。图中包括北半球秋季（9—11 月），冬季（12 月至翌年 2 月），春季（3—5 月）和夏季（6—8 月）。Wunsch 和 Stammer (Wunsch et al., 1998) 研究发现季节 SSH 异常的来源有两个：由季节冷热变化造成的比容变化和由于季风的变化带来的流场系统的变化。

由图 5.49 知，南北半球 SSH 异常不同步，相差 6 个月，受季风的影响在一些区域有复杂的变化。在北大西洋和太平洋最大的 SSH 异常集中在秋季和春季部分时间。由于冬季强烈的热交换，在湾流和黑潮区域每年最大 SSH 异常的变化达到 20 cm 左右。除了这些流场系统，北半球每年的变化是 12 cm；南半球的变化正好相反，SSH 最大异常在 3—6 月，最小异常在 9—11 月。

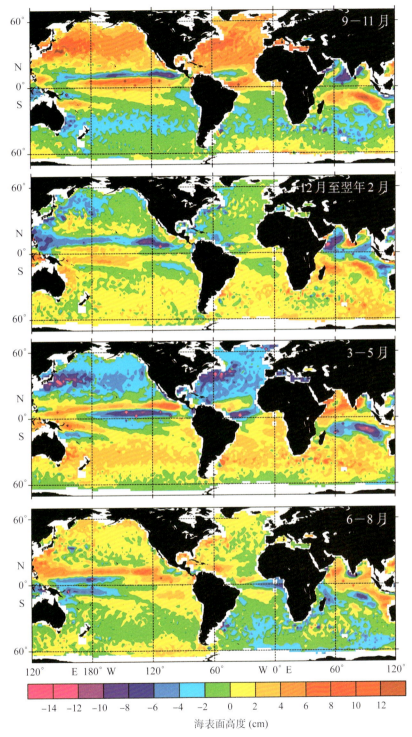

图 5.49　TOPEX 卫星高度计数据 9 年平均后的季节 SSH 异常

南半球 SSH 每年的变化约为 6 cm 或大约北半球的一半。北半球大范围的陆地对 SSH 异常的变化产生了很大影响。由于冬天陆地区域比海洋的温度更低，北半球冬天的季风降低海洋温度比南半球明显，因此北半球海洋比南半球的温度变化更大。在南北半球，由于冷的海水对温度的变化相对不敏感，所以最大的立体变化发生在中纬度，而不是高纬度。

图 5.49 中同样展示了大规模的海流和风系统造成 SSH 异常的年际变化。图中赤道上表现出比较复杂的情形，这是由于对 1992—1993 年和 1997—1998 年两次厄尔尼诺平均的结果，并且由于西向和东向流错综复杂的带状结构造成。在赤道北部，图中显示了北赤道流和逆流的带状季节特征。逆流东向流场在 9—11 月达到最大和在 3—5 月达到最小；而北赤道流具有相反的特点。一个类似但强度小的流场系统发生在赤道南部。在北印度洋，季节性 SSH 异常是由于海洋受季风的影响造成的。

5.6.11 海洋重力场监测

确定地球形状及其外部重力场是大地测量学的基本任务之一，也是其科学目标。海洋占地球表面积的 71%，全球重力场的确定在很大程度上取决于海洋重力场的确定。卫星测高的出现为确定海洋重力场精细结构提供了可能。随着测高技术的不断发展以及地球重力场模型的不断改进，由测高数据推算海域重力异常的精度也得以不断提高。

由于雷达高度计能周期性地快速获得全球海域广大范围内的测高信息，因此卫星高度计计划一开始，地球物理学家和大地测量学家便着手研究如何由测高数据反演重力异常这一课题。随着测高技术的不断发展，地球重力场模型的不断改进，利用测高数据推算海域重力异常的精度不断提高，目前，在宽阔海域，与船测重力异常比较，其精度在 3 ～ 5 mGal。

由卫星测高数据反演海洋重力异常一般采用以下 5 种方法：① 最小二乘配置法；② Stokes 公式逆运算法；③ 垂线偏差法；④ Hotine 积分法；⑤ 直接求解法等。实际计算中，先由 10′×10′ 平均海面高模型计算的重力异常场为参考场，利用"移去－恢复"处理技术计算波形重构处理后的海洋重力异常。图 5.50 为计算得到的中国近海及其邻域海洋重力异常。图 5.52 为利用 Cryosat-2 和 Jason-1 雷达高度计数据得到的全球海洋重力异常分布。

如图 5.51 所示的研究区域内，海洋重力异常最大值为 154.88 mGal，最小值为 –92.97 mGal，平均值为 12.57 mGal。将由波形重构后平均海平面计算的海域重力异常与由 CLS01 海面高模型所得的参考重力场进行比较，两者差值最大值为 1.08 mGal，最小值为 –1.13 mGal，平均值为 –0.01 mGal，标准偏差为 0.35 mGal。差异较大部分主要分布在近海岸区域，具体分布如图 5.51 所示。

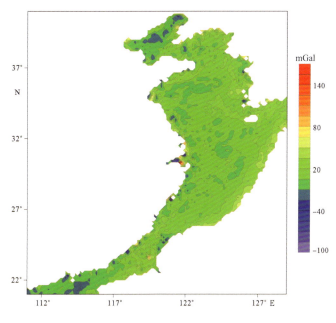

图 5.50　中国近海及其邻域海洋重力异常

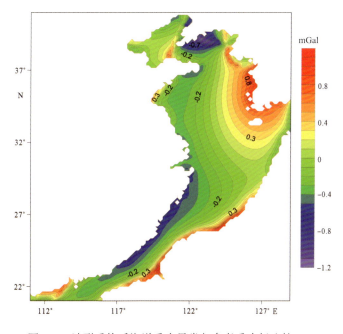

图 5.51　波形重构后海洋重力异常与参考重力场比较

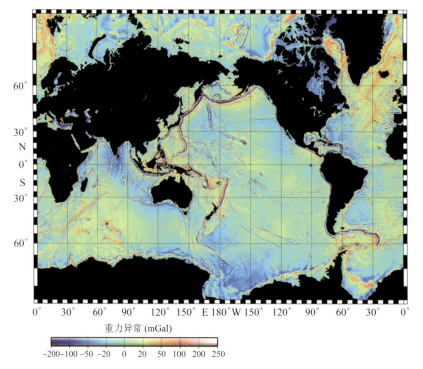

图 5.52　利用 Cryosat-2 和 Jason-1 雷达高度计数据得到的全球海洋重力异常分布

5.6.12　内波

内波产生应具备两个条件：一是流体中密度稳定分层；二是有扰动源。两者缺一不可。海洋中存在分层，海水吸收了太阳辐射的热量后，海洋近表面层温度升高，密度降低，导致了流体分层。对密度跃层（密度变化最大的区域）的激励或扰动会导致内波。由于海水的密度分布经常处于不均匀状态，并且引力潮或强海流与起伏的海底地形相互作用、海底地震、航行舰船等都可能成为内波的扰动源，因此海洋内波是一种较普遍的海洋现象。

尽管内波发生在海面以下，但它可引起海水表面的辐聚或辐散。若海表面存在对应于 SAR 波长引起海面粗糙度的小尺度波，则辐聚或辐散使海面粗糙度增加或降低，在 SAR 图像上即表现为亮或暗的区域，因此 SAR 可以对内波成像。当然 SAR 不一定能对所有内波成像，这依赖于内波的深度、强度及海面粗糙度。用常规方法观测内波非常困难，而 SAR 无疑提供了一种先进的内波观测手段。通过 SAR 对大、中尺度内波成像，可以观测内波空间分布及季节变化，并提取内波参数，如振幅、周期、波长、传播方向及速度。

5.6.12.1 内波群速度

从 SAR 图像测量得到两个半日潮或全日潮产生的独立内波群的间距 Λ，然后利用式 (5.66) 计算内波群速度：

$$C_0 = \Lambda / T \tag{5.66}$$

式中，T 为半日潮或全日潮周期。

5.6.12.2 内波深度

在混合层深度为 h_1 和底层深度为 h_2 的二层海洋系统中，内波的相速度为

$$C_p = C_0 \left[1 + \frac{\eta_0 \left(h_2 - h_1 \right)}{2 h_1 h_2} \right] \tag{5.67}$$

式中，η_0 为内波振幅；C_0 由式 (5.68) 给出：

$$C_0 = \left[\frac{g \Delta\rho h_1 h_2}{\rho \left(h_1 + h_2 \right)} \right]^{1/2} \tag{5.68}$$

这里，$\Delta\rho = \rho_2 - \rho_1$ 为下层与上层海水密度之差；ρ 为海水平均密度；g 为重力加速度。此外，如果 η_0、h_1 和 h_2 满足如下条件：

$$\varepsilon \equiv \frac{\eta_0}{2} \cdot \frac{\left| h_1 - h_2 \right|}{h_1 h_2} << 1 \tag{5.69}$$

由式（5.69）可知：

$$C_p \approx C_0 \tag{5.70}$$

由式 (5.67) 至式 (5.70)，可以得到内波深度（即跃层深度 h_1）的计算公式：

$$h_1 = \frac{g'h \pm \left(g'^2 h^2 - 4 g'h C_0^2 \right)^{1/2}}{2g'} \tag{5.71}$$

式中，正、负号分别对应上升型内波和下降型内波，$g' = g \Delta\rho / \rho$ 为约化重力加速度。由海图或数字地形图得到 h，由实测或历史观测资料得到 g，只要从 SAR 图像上测得内波群的间距，就由式 (5.66) 计算内波群的速度，再由式 (5.71) 计算内波深度。

当上升型内波和下降型内波同时发生在某一海区时，同一幅 SAR 图像上将出现上升型内波的暗 – 亮条纹和下降型内波的亮 – 暗条纹。此时，可依据两种内波在 $h_1 = h_2 = h/2$ 处相互转化的特性，由 SAR 图像直接获取内波深度 h_1。

5.6.12.3　内波振幅

在 SAR 图像上，由内波引起的图像灰度值的相对变化为

$$\frac{\Delta I}{I_0} = \frac{\Delta \sigma}{\sigma_0} = B\,\mathrm{sech}^2\left(x'/l\right)\tanh\left(x'/l\right) \tag{5.72}$$

式中，$\Delta I = I - I_0$ 为内波引起的 SAR 图像的亮度值 I 与 SAR 图像背景亮度值 I_0 之差；$\Delta \sigma^0 = \sigma^0 - \sigma_0^0$ 为内波引起的 SAR 雷达后向散射系数 σ^0 与背景海面的雷达后向散射系数 σ_0^0 之差；l 为内波的半振幅宽度；$B = \pm\dfrac{4+\gamma}{\mu}\dfrac{2C_0\eta_0}{h_1 l}\cos^2\phi$，这里，$\phi$ 为内波传播方向与雷达视向的夹角，γ 为布拉格波的群速度与相速度之比，μ 为张弛率。

由式 (5.72) 可知，单个内波中最亮点和最暗点的位置由式 (5.73) 确定：

$$\frac{\partial}{\partial x}\left(\frac{\Delta I}{I_0}\right) = -\frac{B}{l}\,\mathrm{sech}^2\left(x'/l\right)\cdot\left[3\tanh^2\left(x'/l\right)-1\right] = 0 \tag{5.73}$$

求解该式，得 $x' = \pm 0.66l$。于是，单个内波中最亮点与最暗点的间距（或亮带中心点与暗带中心点的间距）满足以下关系：

$$D = 1.32l \tag{5.74}$$

D 值很容易从 SAR 图像上得到。此外，在二层海洋系统中，内波半振幅宽度为

$$l = \frac{2h_1 h_2}{\sqrt{3\eta_0\left|h_2 - h_1\right|}} \tag{5.75}$$

由式 (5.71) 和式 (5.75) 可以得到内波振幅为

$$\eta_0 = \frac{4h^2 C_g^4}{3g'l\left(g'^2 h^2 - 4g'hC_g^2\right)^{1/2}} \tag{5.76}$$

将式 (5.74) 代入式 (5.76) 中，可得

$$\eta_0 = \frac{4h^2 C_g^4}{3g'\left(\dfrac{D}{1.32}\right)^2\left(g'^2 h^2 - 4g'hC_g^2\right)^{1/2}} \tag{5.77}$$

从 SAR 图像中测量得到 D 之后，即可由上式计算内波振幅 η_0。

图 5.53 显示了 SAR 在中国南海观测到的内波。所使用的 SAR 图像是 1998 年 6 月 23 日 14:40，东沙岛附近的 ERS-2 图像。该图像的分辨率是 12.5 m。从图中可

以看出，西传的内波经过东沙岛后发生绕射，分裂为西向和西北向两支。图的左上角还显示了另外一支北向传播的内波，它和西传的内波分支发生相互作用。对于西传分支，明显看到存在一条孤立波带。

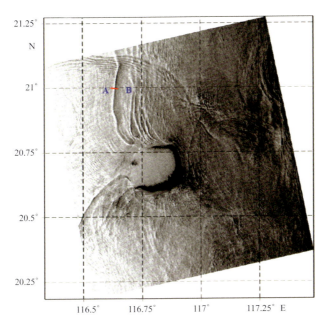

图 5.53 SAR 在中国南海观测到的内波

第 6 章　被动微波遥感调查技术

6.1　概述

微波辐射计是工作在微波波段的无源被动遥感器，是海洋微波遥感中的主要传感器之一。微波辐射计本身不发射微波信号，只是被动地接收目标和环境发射的随机微波辐射。实际海洋目标发射的微波噪声功率非常微弱，微波辐射计就是用来接收和记录这些微弱微波噪声信号的高灵敏度接收机。微波辐射计对海洋的观测，主要是测量海洋表面的微波辐射强度，即海面亮温。亮温是物质发射率、介电常数和表面粗糙度的函数。当微波辐射计天线主波束指向海洋表面时，天线收到海洋表面的微波辐射能量，引起天线视在温度的变化，天线接收的信号经放大、滤波、检波和再放大后，以电压的形式给出。对微波辐射计的输出电压进行定标后，即建立输出电压与天线视在温度的关系，就可以确定所观测目标的亮温，即海洋表面亮温。不同的观测频段测量得到的辐射亮温，可以反映海面和海面上空的不同的特性，通过多种频段的组合观测来实现对海洋表面温度、海洋上空降雨量等海洋参数的测量。

下面将分别介绍微波辐射计的原理和海洋参数反演方法。在此基础上，介绍微波辐射计数据在海冰监测、大洋渔业和气候异常监测等方面的应用。

6.2　原理

微波辐射计海洋参数反演物理算法是建立在准确的大气海洋参数与辐射计接收亮温之间的函数关系上的，所以需要掌握微波辐射在整个传输过程中的变化，建立准确的物理模型。微波辐射传输模型是整个辐射计反演算法的基础，它建立了微波辐射计测量的亮温与地球物理参数海温 T、风速 W、水汽 V 和液水 L 之间的关系。相对于得到海面参数的反演方法来说，建立微波辐射传输模型就是建立一个正演模型，准确的参数化正演模型是得到反演算法的关键一步。

当不考虑大雨滴和云颗粒散射影响的时候，以地表为下边界、以宇宙冷空为上边界的大气辐射传输模式可以用吸收 – 发射模式近似，这样可以使推导简化。在晴空、有云和不大于 2 mm/h 的轻度降雨的情况下，对于 6～37 GHz 光谱范围来讲，这种近似是有效的。Wentz(1997) 对 SSM/I 的观测降雨结果研究表明，雨率大于 2 mm/h 的情况仅为所有海洋降雨的 3%，这样吸收 – 发射模式将可以应用于 97% 的海洋辐射计观测。

对于被动微波遥感来说，最重要的量是单色辐照度 $L(\theta, \phi)$，单位 J/(s·m²·sr·Hz)，其定义为：在球坐标系下，沿 (θ, ϕ) 方向传播的单位频率、单位立体角的辐射通量密度。此外，还要考虑辐射的极化方式。通常把信号分解成为水平极化和垂直极化两部分，用 H 和 V 来表示，在以后的表达式中用 P 表示。根据 Beer 定律，沿路径 ds 的辐射衰减（消光）与沿路径的质量密度 ρ 成正比，即

$$dL = -k_e \rho L ds \tag{6.1}$$

$$k_e = k_a + k_s$$

式中，k_e 是质量消光系数；k_a 是质量吸收系数；k_s 是质量散射系数。当使用体消光、吸收和散射系数时，分别乘以密度即可。与辐射消光相对应的是辐射的热发射和散射。由 Kirchhoff 定律，物质的热辐射与吸收系数和 Planck 函数 $B(t)$ 成正比。

$$B(t) = \frac{2hv^3}{c^2(e^{hv/kt} - 1)} \tag{6.2}$$

式中，t 是热力学温度；c 是光速；h 是 Planck 常量；k 是 Boltzmann 常量。由于散射引起的辐射增强可以表示为单次散射反照率 $\omega = k_s/k_e$ 和辐照度 L 对于立体角的加权平均值的乘积，权为 $r(\theta, \phi; \theta', \phi')$。通过以上定义，完整的辐射传输方程 (RTE) 可以表示为

$$dL(\theta, \phi) = k_e \left[(1-\omega)B(t) - L(\theta, \phi) + \frac{\omega}{4\pi} \iint r(\theta, \phi; \theta', \phi') L(\theta, \phi) \sin\theta \, d\theta \, d\phi \right] ds \tag{6.3}$$

对于微波辐射，应用 Rayleigh-Jeans 近似，L 可以用亮温 T_B 表示：

$$T_B = \frac{\lambda^4 B(t)}{2kc} \tag{6.4}$$

同时，使用吸收－发射近似，不考虑散射影响，$\omega=0$，$k_e=k_a$，RTE 变为

$$dT_B(\theta,\phi)=k[T-T_B(\theta,\phi)]\,ds \qquad (6.5)$$

由于 $k_e=k_a$，故用 α 代替，表示大气吸收系数。在大多数情况下（降雨除外），考虑微波在大气中的辐射传输时，仅考虑平面平行大气情况就已足够，也就是说，α，T 都是高度 h 的函数（忽略地球曲率）。这时，ds 可用 dh/μ 代替，$\mu=\cos\theta$，则下行亮温为

$$T_{BD}(\mu)=\tau(0,\infty)T_{BC}+\frac{1}{\mu}\int_0^\infty T(h)\alpha(h)\tau(0,h)\,dh \qquad (6.6)$$

T_{BC} 是宇宙背景亮温 2.7 K。同理，大气顶部观测到的上行亮温的贡献为

$$T_{BU}(\mu)=\frac{1}{\mu}\int_0^\infty T(h)\alpha(h)\tau(h,\infty)\,dh \qquad (6.7)$$

式中，τ 是大气透过率。

$$\tau(h_1,h_2)=\exp\left[-\frac{1}{\mu}\int_{h_1}^{h_2}\alpha(h)\,dh\right],\ h_2>h_1 \qquad (6.8)$$

从空间观测到的亮温包括式 (6.6)、式 (6.7) 的贡献，其中，式 (6.6) 中包括低一级的界面反射及发射成分。最简单的情况是平面反射，表达式为

$$T_B(\mu)=T_{BU}(\mu)+\tau(0,\infty)[\varepsilon_p T_s+(1-e_p)T_{BD}(\mu)] \qquad (6.9)$$

式中，e_p 是在极化方式 p 下的平面发射率；T_s 是表面热力学温度。

然而，在大多数情况下，表面反射不是一个严格的平面发射，而是漫反射，因而有

$$T_B(\mu,\phi)=T_{BU}(\mu)+\tau(0,\infty)\left[e_p(\mu,\phi)T_s+\frac{1}{\pi}\iint r_p(\mu,\phi;\mu',\phi')\mu T_{BD}(\mu)\,d\mu\,d\phi\right] \qquad (6.10)$$

式中，$r_p(\mu,\phi;\mu',\phi')$ 是双向反射系数，表示下行 (θ,ϕ) 方向的辐射亮温散射到向上的卫星辐射计方向 (θ',ϕ') 的角度权重函数，其中，$\mu'=\cos\theta'$。漫反射表面发射率 e_p 为

$$e_p(\mu,\phi)=1-\frac{1}{\pi}\iint r_p(\mu,\phi;\mu',\phi')\mu\,d\mu\,d\phi \qquad (6.11)$$

总之，从空间观测到的亮温仅依赖于大气的温度廓线 $T(h)$、吸收系数廓线 $\alpha(h)$、表面温度 T_s 和双向反射系数 $r_p(\mu,\phi;\mu',\phi')$。其中，$\alpha(h)$ 依赖于观测频率，r_p 还依赖于极化方式和海面状况。图 6.1 是卫星天线亮温贡献示意图。

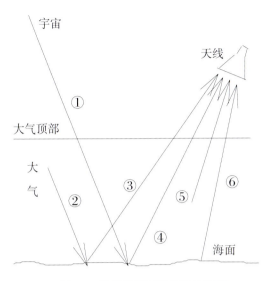

图 6.1 卫星天线亮温贡献示意图

① 来自宇宙背景的辐射；② 大气发射的下行辐射；③ 海面反射的大气下行辐射贡献；
④ 海面反射的宇宙背景辐射；⑤ 大气发射的上行辐射；⑥ 海面辐射的亮温

6.3 海洋环境参数的反演方法

6.3.1 多元线性回归算法

考虑一个列向量 X 作为输入，变换到一个列向量 Y 作为输出的线性过程，这个过程将 X 与 Y 通过矩阵 A 联系：

$$Y = AX \qquad (6.12)$$

测量 Y 通常都有噪声 ε，表示为

$$Y' = Y + \varepsilon = AX + \varepsilon \qquad (6.13)$$

反演问题就是用给定的 Y' 来估计 X，估算 X 最常用的方法就是找到一个 X 使得 Y 和 Y' 之间的方差最小，通常使用的是最小二乘法：

$$\check{Z} = (A^T \varXi^{-1} A)^{-1} A^T \varXi^{-1} Y' \qquad (6.14)$$

这里 $\varXi$ 是误差向量 ε 的相关矩阵，如果误差不相关，则 $\varXi$ 是对角矩阵。

在实际计算中，系统输入矢量 X 是一系列的地物参数 P，输出矢量 Y' 是一系列 T_B 观测值。注意 X、Y 可以是 P 和 T_B 的非线性函数，不违反 X 和 Y 之间的线性度的关系。A_O 是一个相对常量，例如 T_B 和大气参数 V 和 L 的关系可以近似为

$$T_B \approx T_E\{1 - R\exp[-2\sec\theta_i(A_O + a_V V + a_L L)]\} \tag{6.15}$$

T_E 是海洋 – 大气系统的有效温度，是一个相对常量。这样

$$\ln(T_E - T_B) = \ln(RT_E) - 2\sec\theta_i(A_O + a_V V + a_L L) \tag{6.16}$$

这样我们可以看到 T_B 和 V、L 之间的关系可以通过由 $Y = T_B$ 变化到 $Y = \ln(T_E - T_B)$ 实现线性化。总的线性统计回归算法表示为

$$P_j = \mathscr{R}\left[c_{0j} + \sum_{i=1}^{I} c_{ij}\mathscr{I}(T_{Bi})\right] \tag{6.17}$$

式中，$\mathscr{I}$ 和 $\mathscr{R}$ 是线性函数；下标 i 代表辐射计通道；下标 j 代表要反演的参数 (T, W, V, L)。

对于 6.9 GHz 和 10.7 GHz：

$$\mathscr{I}(T_B) = T_B \tag{6.18}$$

对于 18.7 GHz，23.8 GHz，37.0 GHz：

$$\mathscr{I}(T_B) = -\ln(290 - T_B) \tag{6.19}$$

另外假设

$$\mathscr{R}(X) = X \tag{6.20}$$

根据获取的亮温，海面温度、风速、水汽含量和液态水的反演算法如下

$$
\begin{aligned}
P_j = &\ \mathrm{const} + aT_{B6v} + bT_{B6h} + cT_{B10v} + dT_{B10h} - e\log(290 - T_{B18v}) - f\log(290 - T_{B18h})\\
&- g\log(290 - T_{B23v}) - h\log(290 - T_{B23h}) - m\log(290 - T_{B37v}) - n\log(290 - T_{B37h})
\end{aligned} \tag{6.21}
$$

通过线性回归算法，分别对 j 为 T、W、V、L 计算出相应的系数（见图 6.2）。

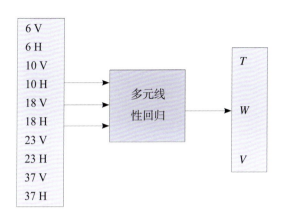

图 6.2 微波辐射计数据反演示意图

从原理上讲，如果给出矩阵 A 和误差相关矩阵，系数 c_{ij} 就能通过前面得出。然而，使用线性化的函数后，Y 和 X 之间还不是严格的线性关系，矩阵 A 的元素不是常数，而是随 P 变化。我们可以导出一个 Y 与 X 的近似线性关系式，然后再导出 c_{ij} 系数。

6.3.2   非线性迭代算法

多元线性回归算法的主要缺点是 T_B 和 P 之间的非线性关系用一种特定的形式处理，线性函数仅仅是一种近似，只包括二次项，如 T_B^2 和 $T_{B37v}T_{B23h}$，并不能真正描述 T_B 和 P 之间的互逆关系。非线性问题的一种严格的处理方式是用一个非线性模式函数 $F(P)$ 表达 T_B 和 P 之间的关系：

$$T_{Bi} = F_i(P) + \varepsilon_i \qquad (6.22)$$

式中，i 表示观测次数；ε_i 表示测量噪声。观测次数必须等于或者大于未知数的数目（P 中元素的个数）。对微波辐射计的观测，反演方程都可以产生 P，这种数值计算方法比线性回归算法繁重，因为线性回归算法中 T_B 和 P 之间有固定的关系，但就今天的计算机的速度不成问题。

假定亮温是海面温度 T_s、风速 W、风向 ϕ、水汽含量 V 和液态水含量 L 的函数，那么一个通道的亮温表示为

$$T_{Bi} = F_i(T_s, W, V, L) + \varepsilon_i \qquad (6.23)$$

式中，i 表示通道，对任一通道我们用牛顿迭代法展开：

$$T_{\mathrm{B}i} = F_i(\bar{P}) + \sum_{j=1}^{4}(P_j - \bar{P}_j)\frac{\partial F_i}{\partial P_j}\bigg|_{\bar{P}} + O^2 + \varepsilon_i \qquad (6.24)$$

式中，$P_0(T_{s0}, W_0, \phi_0, V_0, L_0)$ 是初始估计值。O^2 表示高阶小量。我们设

$$A_{ij} = \frac{\partial F_i}{\partial P_j}\bigg|_{P} \qquad (6.25)$$

$$\Delta T_{\mathrm{B}i} = T_{\mathrm{B}i} - F_i(\bar{P}) \qquad (6.26)$$

$$\Delta P_j = P_j - \bar{P}_j \qquad (6.27)$$

则上面写成矩阵的形式：

$$\Delta T_{\mathrm{B}} = A\Delta P + O^2 + \varepsilon \qquad (6.28)$$

忽略高阶项 $(O^2=0)$，则方程的解为

$$P = \bar{P} + (A^T \Xi^{-1} A)^{-1} A^T \Xi^{-1} \Delta T_{\mathrm{B}} \qquad (6.29)$$

Ξ 是误差相关矩阵，通过调整初始值使计算值无限接近测量真值，用 P 代替 $\bar{P}$ 不断重复，对于无噪声的情况，方程可以得到确切的解；对于有噪声的情况，当 ΔT_{B} 达到最小的时候，得到方程的解，获得最终的参数值。初值的选取非常重要，但是它并不影响最终的结果，对于风速、水汽含量、液态水含量可以使用统计反演的结果。

6.3.3 海冰信息反演方法

海冰的微波发射率与开阔海域存在明显不同，这样两种地物在被动微波遥感图像中也就比较容易区分 (Parkinson et al., 2002)。海冰的遥感首先是能够识别海冰，然后是进一步获取海冰的类型、厚度以及移动速率等信息。确定海冰范围和海冰类型是被动微波辐射计最成功的应用之一。图 6.3 为 Oceansat-1 多频段扫描微波辐射计 (MSMR) 获取的南极地区亮度温度分布，在此基础上可对海冰做进一步的识别。下面介绍海冰密集度反演的具体方法。

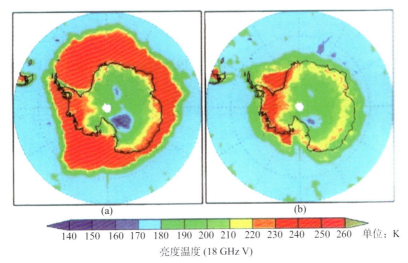

图 6.3　Oceansat-1 多频段扫描微波辐射计 (MSMR) 获取的南极地区亮度温度分布

(a) 1999 年 9 月 12—18 日；(b) 2000 年 3 月 19 日

在极地区域，辐射传输方程进一步简化为

$$T_B = eT_s \tag{6.30}$$

在式 (6.30) 中，e 代表开阔海域海水和不同类型海冰的发射率，这里 T_s 是海水和海冰表面温度。这种简化的形式可以用来反演海冰信息，包括南北半球长时间序列的海冰面积、北半球开阔海域、一年冰和多年冰的相对密集度。

SMMR 用于海冰反演的频率为 18 GHz 和 37 GHz；SSM/I 的频率为 19 GHz 和 37 GHz，有时用到 85 GHz。采用两个低频段的优势是它们不受天气影响；而高频的 85 GHz 空间分辨率较高，但是需要大气校正。下面介绍的算法都是基于 19 GHz 和 37 GHz 两个频率的观测，其中最简单的算法是 NASA Team (NT) 算法。美国国家冰雪数据中心 (NSIDC) 利用该算法制作了分辨率为 25 km 的极区海冰特性时间序列图，其中，采用的 SMMR 数据起始于 1978 年。Markus 和 Cavalieri 描述了 NASA Team-2 (NT-2) 算法，算法中采用了 AMSR 85 GHz 通道的数据，反演结果具有更高的空间分辨率。

Comiso 等 (1997) 详细描述了两种海冰的反演算法：NT 算法和自助算法 (Bootstrap)。这两种算法使用不同频率的通道数据，充分利用了开阔海域海水和海冰发射率的差异，此时频率与发射率无关。如第 2 章已经讨论了，对于北极，海冰包括一年冰和多年冰，一年冰的存在时间不到一年，多年冰至少经历一个夏天。对于南极，海冰分为 A 类和 B 类。目前 A 类和 B 类海冰的物理性质还不清楚。北极海冰具有不同发射率的原因是一年冰盐度较高，而多年冰表面盐度较低并含有很多气泡。

在两极区域，开阔海水和海冰之间存在的巨大差异简化了对海冰信息的反演。对于 SMMR 和 SSM/I 在北极区域的应用，图 6.4 显示开阔海水、一年冰 (FY) 和多年冰 (MY) 发射率对频率和极化的变化关系。如图所示，开阔海水的 V 极化和 H 极化发射率差异比一年冰和多年冰大，开阔海水的发射率随着频率的提高而升高，而海冰发射率与开阔海域海水明显不同。对于一年冰，V 和 H 极化发射率很大，两者几乎相同，并且与频率无关。对于多年冰，V 极化发射率比 H 极化发射率大，两个发射率随着频率提高而下降。通过比较一年冰和开阔海水的发射率，发现如果开阔海水和一年冰的表面温度都在海水的冰点，开阔海水的亮温比一年冰小。当多年冰与开阔海水表面温度相同时，V 极化低频率下，冰的亮温高；H 极化高频率下，开阔海水的亮温高。这些不同频率和极化发射率的差异构成了海冰反演算法的基础。

表 6.1 列出了北极开阔海域海水、一年冰和多年冰在 19 V，19 H 和 37 V 时的亮温特性。表中也列出了两个变量的值，即极化比 P_R 和梯度比 G_R，它们是亮温的函数，用于 NASA 算法之中。P_R 和 G_R 定义如下：

$$P_R = (T_{BV19} - T_{BH19}) / (T_{BV19} + T_{BH19})$$
$$G_R = (T_{BV37} - T_{BV19}) / (T_{BV37} + T_{BV19})$$

(6.31)

利用 P_R 和 G_R 的优点是它们不依赖于冰表面温度；另外，在 G_R 应用 V 极化项使其对风速的依赖达到最小。该算法的成功之处在于海冰和海水之间存在较大的差异。例如，表 6.1 中列出了 T_{BV19} 观测的开阔海水和一年冰的亮温差是 80 K；开阔海水和多年冰的亮温差是 30 K。对于 P_R 和 G_R 在其他频率也具有相似的差异。相比之下，海洋 SST 有 30 K 左右的变化，对应着 ΔT_{BV19} 15 K 左右的变化，因为开阔海水和海冰之间的 ΔT_{BV19} 是这个值的 4 倍，所以区域海冰范围的反演相对简单一些。

表6.1 在不同频率下用SSM/I算法计算得到的开阔海域、一年冰和多年冰的北半球亮温

f（GHz）	开阔海域	一年冰	多年冰
19 V	177.1 K	258.2 K	203.9 K
19 H	100.8 K	242.8 K	203.9 K
37 V	201.7 K	252.8 K	186.3 K
P_R（×10³）	275	31	45
G_R（×10³）	65	−11	−90

引自 Comiso 等 (1997) 文献中的表 1。

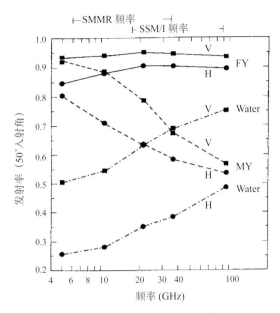

图 6.4 针对 SMMR 和 SSM/I 频率，北半球海冰的发射率与频率的关系

在图中 V 和 H 为极化方式，Water 表示开阔海域，FY 是一年冰，MY 是多年冰

[(Comiso et al., 1997)，图 1，@1997，得到 Elsevier Science 授权]

对于每个像元，海冰密集度按照下面的算法进行反演。这里仅考虑开阔海域海水和一年冰两个简单情况。反演算法中开阔海水和海冰的密集度分别用 C_W 和 C_I 来表示，这里 $C_I = 1 - C_W$。如果 T_{BW} 是开阔海水亮温，T_{BI} 是海冰的亮温，T_B 可以表示为

$$T_B = T_{BW} C_W + T_{BI} C_I \qquad (6.32)$$

如果开阔海水和海冰亮温已知，就可以分别计算出相应的密集度。

这一算法存在如下问题。第一，在春末和夏初阶段，当空气温度高于冰点时，冰表面变为熔融海冰池，其含有淡水，而在冰的上面，大气水蒸气含量增加。熔融海冰池和相应的水蒸气促成产生冰内部存在开阔海水。第二，因为冰边缘区域是冰、海洋和大气水蒸气的混合物，这个区域算法不成立。在 NASA 算法中，这一问题通过选择密集度为 30% 的开阔水等值线来解决。

6.3.4 海面盐度反演方法

海面盐度的反演算法可以分为 3 类：统计方法、半统计方法和物理算法。统计算法是从辐射计亮温以及散射计后向散射系数和现场测量地物参数数据推导出的经验关系式。这些算法的例子有：Goodberlet 等 (1990) 的改进 D 矩阵算法。除了在

回归时使用辐射传输方程计算来模拟亮温，半统计算法类似于统计算法。物理反演风速算法是 Wentz (1997) 提出的，原理是使 SSM/I 测量结果与模拟的亮温差值最小来获得风速和大气透过率。

统计反演算法的好处是不需要具体的物理过程的建模，而是直接把遥感器测量的数据与同步的地物参数通过统计回归的方法联系在一起。这种方法简便，运算速度快。缺点是物理过程不明显，对于一些异常现场的反应较差。

在实际应用中，用现场数据来定标物理算法仍然是非常重要的。反演的关键在于两个方面：地物模式的准确性和反演方法的有效性。由于物理反演算法本身就是非线性方程组的求解问题，所以反演的准确及效率取决于地物模式的准确性和方程组解法的有效性。

物理反演通常是通过求解测量结果与辐射传输正演模型模拟值差值的多元非线性方程组获得有关的地物参数，具有较强的物理意义和通用性，是目前常用的反演方法。目前海表盐度多元非线性反演算法主要有基于 SMOS 卫星的多入射角亮温海表盐度反演算法和 Aquarius JPL CAP (Combined Active-Passive) v3.0 主被动联合反演算法。

SMOS 反演算法的代价函数为

$$\chi^2 = \sum_{i=1}^{N} \frac{(T_{\mathrm{B}i} - T_{\mathrm{B}im})^2}{\sigma_{\mathrm{TB}_i}^2} + \frac{(SSS - SSS_{\mathrm{WOA}})^2}{100} + \frac{(WS - WS_{\mathrm{ECMWF}})^2}{2} \qquad (6.33)$$

式中，$T_{\mathrm{B}i}$ 是测量的多入射角亮温；$T_{\mathrm{B}im}$ 是前向模型模拟值；SSS_{WOA} 为来源于 World Ocean Atlas (WOA) 的海表盐度初始场，WS_{ECMWF} 为来源于 ECMWF 的风速初始场。

CAP v3.0 算法的代价函数为

$$C_{ap}(w, \phi, SSS) = \sum_{p=\mathrm{V, H}} \frac{(T_{\mathrm{B}p} - T_{\mathrm{B}pm})^2}{\Delta T^2} + \sum_{p=\mathrm{VV, HH}} \frac{(\sigma_{0p} - \sigma_{0pm})^2}{(\gamma_p \sigma_{0p})^2} + \frac{(w - w_{\mathrm{NCEP}})^2}{\Delta w^2} + \frac{\sin^2[(\phi - \phi_{\mathrm{NCEP}})/2]}{\delta^2} \qquad (6.34)$$

式中，ΔT 是等效噪声温度 (Noise-Equivalent Delta-T)；γ_p 为 1.4 乘以散射计灵敏度 k_{pc}；Δw 为 1.5 m/s (一个相对较弱的约束因子，因为 CAP 风速反演精度约为 0.7 m/s)。另外，δ 设为 0.2，以便使得反演的风向与 NCEP 模式风向方差小于 11°。反演的风向一般有 4 个解，可以分为两组 $\pm\phi$ 以及 $\pm\phi + 180°$，每组对应的反演的盐度和风速是一样的。选择最接近 NCEP 模式风向的解为最终反演的风向。

6.4 数据处理结果实例

利用扫描微波辐射计数据反演得到的海洋环境参数包括：海面风速，大气水汽含量，海面温度，海冰和海面盐度。下面分别介绍利用 HY-2A 微波辐射计以及其他微波辐射计数据反演得到的海洋大气环境信息。

1）海面风速（图6.5）

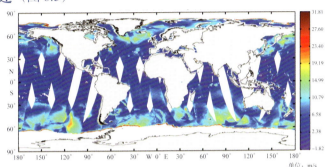

图 6.5　HY-2A 扫描微波辐射计得到的 2011 年 10 月 12 日海面风速

2）大气水汽含量（图6.6）

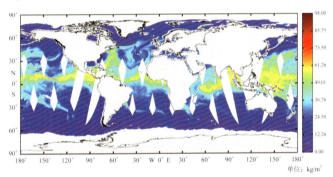

图 6.6　HY-2A 扫描微波辐射计得到的 2011 年 10 月 12 日大气水汽含量

3）海面温度（图6.7）

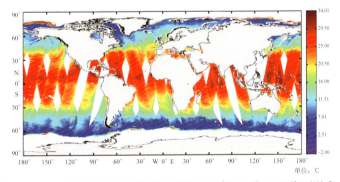

图 6.7　HY-2A 扫描微波辐射计得到的 2011 年 10 月 12 日海面温度

4）海冰密集度

图 6.8 为利用 SSM/I 算法处理图像的实例。图中给出了北极 3 月和 9 月以及南极 2 月和 9 月月平均的海冰分布。图中还可看出南北极最大和最小海冰范围。

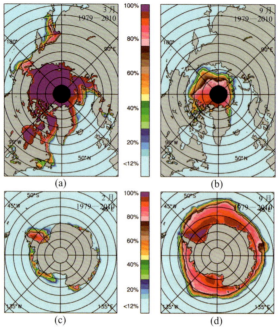

图 6.8　1979—2010 年海冰范围平均值
(a) 北极 3 月（最大）；(b) 北极 9 月（最小）；(c) 南极 2 月（最小）；(d) 南极 9 月（最大）

5）海面盐度

图 6.9 和图 6.10 为分别利用 SMOS 卫星和 Aquarius/SAC-D 卫星 L 波段微波辐射计获取的全球海面盐度分布。

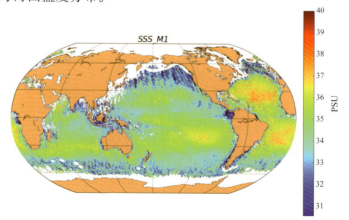

图 6.9　SMOS 卫星 L 波段微波辐射计获取的全球海面盐度分布（9 d 平均）

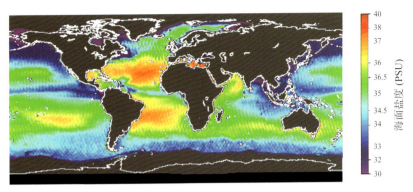

图 6.10 Aquarius/SAC-D 卫星 L 波段微波辐射计获取的全球海面盐度分布（9 d 平均）

6.5 应用实践

6.5.1 遥感盐度信息的应用

利用 L 波段微波辐射计可以进行海面盐度的监测。通过获取的盐度信息能够实现海洋、气象、农业等多种行业的应用。本节介绍了利用盐度信息进行大洋环流和河口羽流现象研究的海洋应用实例。

1）大洋环流

海洋盐度是影响海洋动力环境和海–气相互作用的一个关键因子，海洋盐度和温度的变化驱动了全球三维海洋环流的模式（图 6.11）。盐度对海洋中的热力、动力过程的影响非常显著，是大洋热盐环流的驱动因素之一。盐度变化决定海水密度或浮力，控制海洋底层水的生成，影响热盐环流。

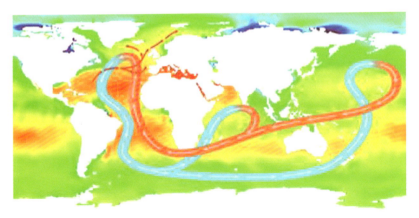

图 6.11 温盐环流的全球三维海洋环流模式简图

温度和盐度是影响海洋环流变化的关键因素。红色区表示高盐度，绿色区则表示低盐度海面盐度数据是由海气界面动量和热通量输入驱动的海洋环流模式的必要物理参数，可为监测和模拟海洋循环提供数据支持。目前已有学者开展了将 SMOS 卫星盐度数据同化到全球三维大洋环流模式的相关研究。Chakraborty 等 (2014) 将 Aquarius 海面盐度数据以及 AVHRR 测量的 SST 数据，同化到 OGCM (Ocean General Circulation Model) 模式中，结果表明同化后的模式对全球海流的模拟结果与浮标的观测结果吻合得更好。Kohl 等 (2014) 将 SMOS 盐度数据与现场数据进行了比较，并将 2010—2011 年 SMOS 盐度数据同化到 GECCO2 模式 (German Estimating the Circulation & Climate of the Ocean 2) 中，用于大洋水循环研究，发现在中小时间尺度上，海面盐度的变化主要受到海洋淡水注入流量的影响；在长时间尺度上，海面盐度变化主要受海洋动力过程的影响。

2）河口羽流监测

地表径流对海洋的注入，即河口冲淡水是海陆水循环中重要构成因素。由于河流淡水与海水是两种不同性质的水团，在两种水体界面附近，水体的物理性质(温度、盐度、浊度、速度、颜色等)、化学性质和生物性质的水平梯度达到最大值，形成河口羽状锋。由于河口的径流量及几何形态的不同，羽状锋可形成在河口，也可形成在口外海域；锋的空间和时间尺度主要取决于入海径流量的大小和变化类型。美国的密西西比河河口和哥伦比亚河河口羽状锋影响口外长度约 400 km，而南美洲的亚马孙河河口由于径流特丰，故长达上千米，最大可覆盖面积达 10^6 km^2，进而在西热带大西洋表层形成超过 1 m 厚的淡水层。Grodsky 等 (2012) 利用 Aquarius 和 SMOS 数据，研究了亚马孙河河口锋对 Katia 飓风的响应（图 6.12），发现由于飓风导致的垂直混合效应，在飓风路径上存在盐度为 1.5 的盐度变化带，验证了盐度遥感卫星作为一种新的羽状锋面监测手段的可行性。

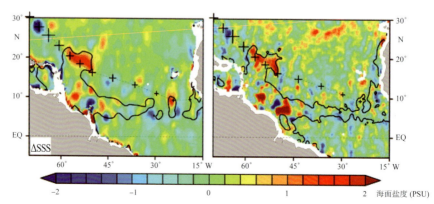

图 6.12　SMOS（右）和 Aquarius（左）监测到的亚马孙河口区域在飓风 Katia 过境前后海面盐度的变化（Grodsky et al., 2012）

法国海洋所的罗伊尔表示，SMOS 表现在对海洋盐度观察上的最大进步就是能跟踪低盐度水流的运动，尤其是对诸如亚马孙河等形成的大"羽流"的观察。科学家在 7 月中旬至 8 月中旬进行的实地观测清楚地表明，北巴西洋流在经过亚马孙河河口时将携带其淡水流随着洋流一起流动（图 6.13）。这一实际观察结果证实了 SMOS 所得数据的准确性。

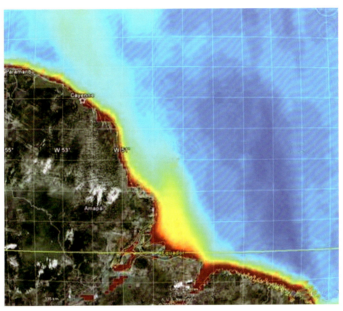

图 6.13　根据 SMOS 提供的 2010 年 7 月海水盐度数据绘制的图谱
(图中清楚地显示出亚马孙河的淡水流进入大西洋)

由亚马孙河产生的亚马孙羽流，占全球流入海洋淡水量的 15%。该羽流的迁移随季节不同而变化。上半年，河水一般朝着加勒比海方向分布在西北方的广阔区域中，但下半年，羽流就会随着北巴西洋流向东回流。亚马孙羽流的迁移显著地影响了海水表面的盐度，因此期望 SMOS 能揭示这种复杂的变化过程。

6.5.2　极地海冰监测

确定海冰范围和海冰类型是微波辐射计最成功的应用之一。在两极区域，开阔海水和海冰之间存在的巨大差异简化了对海冰信息的反演。图 6.8 为利用 SSM/I 算法处理图像的实例。图中给出了北极 3 月和 9 月以及南极 2 月和 9 月月平均的海冰分布。图中还可看出南北极最大和最小海冰范围。在北极的冬季，白令海、鄂霍次克海、哈得孙湾和西伯利亚海岸的边缘海都是有冰覆盖；而在夏天，这里是无冰的。在南极则相当少的冰可以在夏天幸存下来，最大面积的海冰在威德尔海。

如图 6.8 所示，北极海冰形成在由陆地环绕的海区，南极海冰则围绕南极冰架形成，南北极海冰对气候变化有不同的响应。Comiso 的研究 (Comiso，2010，图 7.13) 显示在 1978—2009 年，北极 9 月的海冰最小范围以每 10 年 11%±1.7% 的速度减少，而 3 月的海冰最大范围以每 10 年 2.2%±0.4% 的速度减少。在同一时期，南极 3 月的海冰最小范围以每 10 年 2.1%±2.6% 的速度增加，而 9 月的海冰最大范围以每 10 年 0.7%±0.4% 的速度增加 (Comiso, 2010，图 7.29)。所以南极海冰范围基本不变，北极夏天海冰范围减少剧烈。

6.5.3 大洋渔业

微波辐射计能够获取海面的温度信息，而海面温度是最为直接和容易测量的海洋环境因子。因此在分析渔场的温度特征时，大多用海面温度 (SST) 来分析其与中心渔场分布和变化的关系，并以此来预测中心渔场的实时分布。具体分析方法主要有数理统计分析和渔场特征等温线分析法（陈雪忠等，2014）。

1）数理统计分析

根据渔获量在 SST 分布范围内的概率或频次来分析渔场与 SST 分布关系是比较常见的分析方法。在图 6.14 中反映了 2005 年和 2008 年智利竹荚鱼作业渔场最适宜 SST 为 14 ～ 15℃，其次为 12 ～ 13℃；而 2006 年和 2007 年作业渔场最适宜 SST 为 13 ～ 14℃，其次分别为 12 ～ 13℃和 10 ～ 11℃。

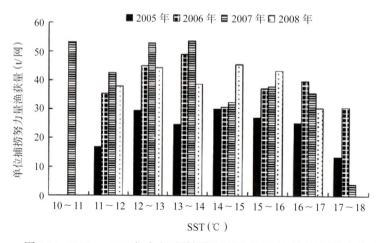

图 6.14　2005—2008 年南太平洋智利竹荚鱼各温度区间的平均渔获量

此外，通过渔获量和 SST 频次统计，可以分析渔场的 SST 分布类型，形成渔场的 SST 范围等。如图 6.15 所示，可分析得到长鳍金枪鱼延绳钓渔场区 SST 分布为负偏态分布型，多数渔场区的 SST 数值在 16 ~ 28℃，渔场出现频次最多的渔区 SST 为 27 ℃左右。

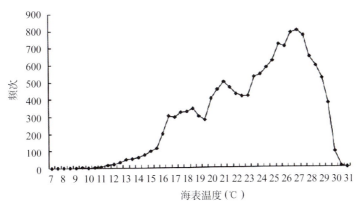

图 6.15 北太平洋长鳍金枪鱼作业频次与 SST 统计关系

2）渔场特征等温线分析

在渔场分析中，经常应用 SST 等值线与渔获量进行空间叠加，以判断中心渔场与 SST 空间分布的相关性，从未判断中心渔场形成的 SST 特征等温线。

卫星获取的 SST 通常绘制为彩色水温图，不同的颜色代表不同的温度区间，通常高温暖水区用红色或棕色等暖色调标出，低温冷水区用蓝色等冷色调标出。卫星水温图也常同一般的等温图叠加在一起，如图 6.16 所示，这样更容易判读分析。

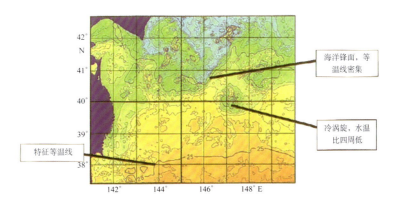

图 6.16 海水表层温度等温线

通过等温线分析不仅可以直接从等温线图上分析判断渔场区海温的总体分布、冷暖水系的分布特征、等温线的走向、等温线的稀疏等，而且也可计算出温度梯度，分析判读海洋锋面、涡旋位置等。在等温线图中，温度梯度大，说明该海域温度变化强烈，如暖潮和寒潮交汇区。在海表温度变化大的海区容易形成渔场，因为温度变化大的海域会形成一道天然的"温度屏障"，使得鱼群往往停留在此屏障前，难以逾越。例如，北太平洋巴特柔鱼主要渔场分布在亲潮和黑潮交汇区偏离亲潮内侧，该区域就是海表温度梯度变化较为剧烈的海区。

图 6.17 至图 6.19 分别反映的是 SST 年、月和周平均值与渔获量的关系，SST 年平均等值线非常平滑，难以反映中小尺度范围海域内 SST 的差异；SST 月平均等值线弯曲程度有所提高，小尺度范围海洋的温度差异尚能辨别；SST 周平均等值线弯曲程度进一步提高，小尺度范围海域的温度差异也能区分，所以是渔场分析中最为常用的温度指标。

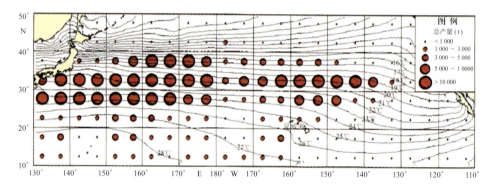

图 6.17 北太平洋延绳钓长鳍金枪鱼多年累计渔获总产量与 SST 年平均值分布（1952—2001 年）

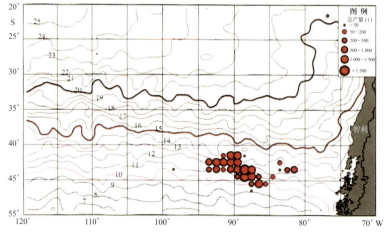

图 6.18 2009 年 5 月南太平洋智利竹荚鱼总产量与 SST 月平均值分布

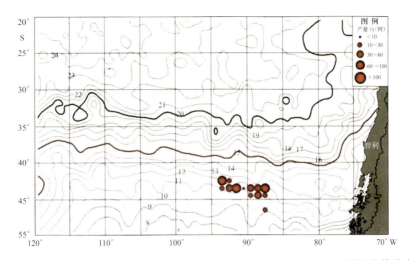

图 6.19　2009 年 5 月 14—20 日南太平洋智利竹荚鱼总产量与 SST 周平均值分布

3）渔场渔情信息服务

　　我国在渔场渔情信息服务中以 HY-2A 和 HY-1B 自主卫星遥感资料为主，结合国外海洋卫星资料，对太平洋金枪鱼、北太平洋柔鱼、东南太平洋茎柔鱼、西南大西洋鱿鱼、中大西洋金枪鱼等捕捞对象和七大海域开展渔场环境分析和渔情分析与预报（图 6.20、图 6.21），通过北斗卫星、广播卫星等手段为海洋渔业生产企业提供渔情预报、海况分析等服务和现场作业数据的准实时回传，有效发挥了卫星遥感在大洋渔业中的信息保障作用。

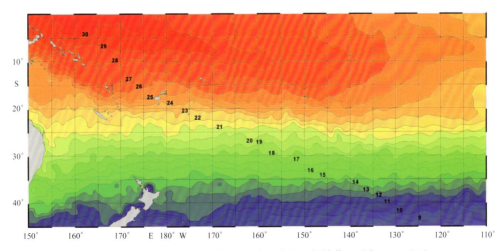

图 6.20　2014 年第 35 周南太平洋金枪鱼延绳钓作业渔场 SST（℃）

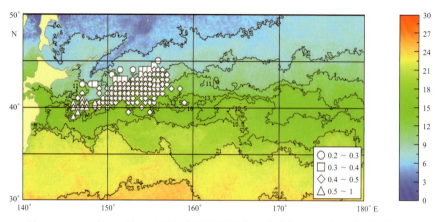

图 6.21 2014 年 11 月 1 日西北太平洋滑柔鱼作业渔场 SST 及渔情预报结果

6.5.4 在气候异常监测中的应用

利用微波辐射计获取的 SST 反映了海洋上大范围的海上温度的变化情况，这些观测资料是研究海气相互作用，分析气候异常不可缺少的资料。通过卫星获取的 SST 可以直接监测赤道东太平洋海域的 SST 随时间的变化，若 SST 距平出现持续异常变化，将引起世界各国的重视。通过卫星获取的 SST，尤其是赤道东太平洋区域的平均 SST 的异常变化，不仅已成为指示厄尔尼诺和拉尼娜事件的重要信号，也是研究和监测 ENSO 的重要手段。对遥感获得的 SST 进行长期的统计和分析可以得到判识厄尔尼诺和拉尼娜出现的阈值，也可以监测 ENSO 事件的发生和发展。SST 已经成为长期天气预报、短期气候分析、气候灾害研究和全球变化不可缺少的重要资料之一。

2010 年 1 月是 2009—2010 年厄尔尼诺现象的中间时段，2011 年 1 月过渡为拉尼娜现象。图 6.22 是利用微波辐射计 AMSR-E 数据反演的周平均后的 SST。比较两组图可以发现厄尔尼诺和拉尼娜的区别。厄尔尼诺的 SST 图像显示了温暖的赤道太平洋海域与南美暖的小上升流；拉尼娜图像显示沿着南美太平洋海岸有冷的上升流，并有从海岸延伸到中太平洋的冷水舌。在图 6.22 所示的两幅图像中，赤道上的温度下降了约 7 K。

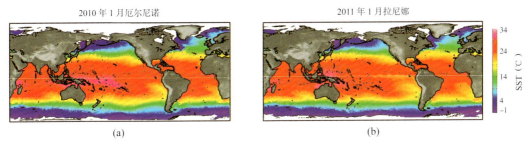

图 6.22　利用 AMSR-E 数据反演的周平均后的 SST

(a) 2009－2010 年厄尔尼诺的中间时段；(b) 随后的拉尼娜
图中白线为赤道；黑色区域为降雨区

第 7 章　海洋航空遥感调查技术

7.1　概述

　　海洋航空遥感调查是指用航空遥感的方式对海洋的相关要素进行观测。1950年，美国使用飞机与多艘海洋调查船协同进行了一次系统的大规模湾流考察，这是航空遥感技术在物理海洋学研究中的第一次应用。此后，航空遥感技术更多地应用于海洋环境监测、近海海洋调查、海岸带制图与资源勘测方面。我国在 20 世纪 70年代末就已经尝试将航空遥感技术应用到海岸带资源调查中。2005－2010 年，历时 6 年，在我国近海海洋环境综合调查中，采用航空遥感技术进行了海岛海岸带的数据获取及处理，形成了 1∶10 000 标准分幅的数字正射影像图和各类专题要素图及所有区域的数字高程模型等成果。有关成果已在海洋经济建设、社会发展以及海洋管理工作中得到了很好的应用。

7.1.1　航空遥感载荷

　　航空与卫星遥感在载荷观测机理和载荷配置方面基本一致。航空遥感同样也分为光学和微波遥感载荷两大类。在本章中主要介绍航空遥感中部分典型遥感载荷，其他如微波辐射计、微波散射计和 SAR 等微波遥感载荷的介绍详见第 2 章和第 5 章，本章不再赘述。

7.1.1.1　框幅式数码相机

　　CCD（电器耦合器件）阵列是现在用于采集遥感数据的框幅式数码相机的核心和灵魂。框幅式数码相机与普通相机有很多相似点。它是由机身、控制曝光时间的快门和将入射光线聚焦到胶片或者数据采集面的镜头组成。但不同的是，框幅式数码相机是用电子而不是化学的方法采集、记录和处理影像，用 CCD 阵列代替了普通相机胶片上的卤化银晶体感光乳剂。通常会有数千个光敏性感应单元（像元）将不同入射波长的光转为电信号。具体获取数字影像的过程如下：

① 打开装置的快门，使 CCD 传感器曝光；

② 在 CCD 中把光转换成电荷；

③ 快门关闭，曝光结束；

④ 电荷传送到 CCD 输出寄存器，然后转换成信号；

⑤ 信号经过数字化后存储在计算机的存储器里；

⑥ 存储的影像经过处理，在相机的液晶显示器 (LCD)、计算机显示器上显示出来，或用来制作硬拷贝印刷品。

CCD 实际上是单色的，所以要用一种称为彩色滤镜阵列 (Color Filter Array, CFA) 的特殊滤镜捕获入射的蓝、绿和红 3 种光子，目前已经发明了多种 CFA，这里仅讨论 3 种。RGB 滤镜轮彩色滤镜阵列是最简单的方法之一。它将一个滤镜轮固定在单色 CCD 传感器前面，然后 CCD 连续曝光 3 次，使 CCD 面阵列上所有的感应单元分别捕获蓝光、绿光和红光，形成真彩色影像。这种方式仅适用于静态影像，不适于在快速飞行器上采集数字航空影像。三芯片相机使用 3 个独立的全框幅 CCD，每个 CCD 罩上 1 个使其分别对红光、绿光或者蓝光敏感的过滤片。相机内的光谱镜首先将入射的能量分成 3 个不同的波段，然后将它们分别发送到合适的 CCD 上。在对快速移动的物体成像时，这种设计可以获得高的分辨率和较好的色彩效果，因此是优先考虑的遥感数据采集方法。然而，这种相机价格昂贵并且体积较大。单芯片技术过滤器采用单个全框幅 CCD 获取 3 种颜色的光，这是通过对每个像元安置一个经过特殊设计的能同时获取红、绿和蓝光信息的过滤器来实现的。由于只需要 1 个 CCD，所以相机成本会降低很多，体积也小。

数码相机遥感最重要的特征之一，是数据在采集后便可以使用，具有时效性高的特点。

7.1.1.2　成像光谱仪

成像光谱仪 (imaging spectrometer) 基本上属于多光谱扫描仪 (MSS)，其构造与推帚式扫描仪和光机扫描仪相同，但具有通道数多、各通道的波段宽度较窄的特点。

成像光谱仪是通过飞行平台本身的运动而对平台的行进方向进行扫描的，对于与行进方向成直角方向的扫描则根据扫描方式不同分为物面扫描和像面扫描。表 7.1 是它们之间的比较。物面扫描方式因为是通过振动或旋转扫描镜对目标表面进行扫描的，所以必须要有机械扫描结构。像面扫描方式因为使用了很多固体探测元件进行扫描，所以也称推帚式扫描方式。像面扫描方式还可以根据光探测元件的排列方法分为一维阵列配置和二维阵列配置，以达到多通道的目的，它比一维阵列配置的情况更能提高波长的分辨率。

表7.1　物面扫描和像面扫描的比较

项目	物面扫描	像面扫描
扫描机构	扫描的旋转、振动	不需要
扫描宽度	宽	窄
集光部的视角	窄的好	宽
集光部的口径	大	小的好
集光部的光学系统	反射光学系统	折射光学系统，反射光学系统
对应波段	可见光至热红外	可见光至短波红外
光探测元件	少	多（阵列配置）
积分时间	短	长
S/N	低	高
大小、重量	大、重	小、轻

物面扫描方式和像面扫描方式具有相辅的特征，所以现在也提出了把小规模的二维阵列和机械扫描相结合的方式。

采光单元根据采光方式不同可分为折射光学系统、反射折射光学系统及反射光学系统。表7.2是这三种方式的比较。采光单元根据扫描方式而决定，即物面扫描时，入射到采光部的光与光轴接近平行，视角较小，所以适用反射光学系统。反射光学系统在光轴附近的光学特性较好，可以覆盖较宽的波段。而在像面扫描时，采光部的视角必须取的很大，所以一般适用折射光学系统。但也采用把它和反射光学系统组合起来的反射折射光学系统。

表7.2　折射光学系统、反射折射光学系统及反射光学系统的比较

项目	折射光学系统	反射折射光学系统	反射光学系统
宽视场角（>90°）	最佳	适合	不适合
环境温度影像	差	中间	好
杂光特性	差	中间	好
观测波段	窄（色像差）	中间	宽
大孔径（>250 mm）	不适合	适合	最佳
光轴附近的光学特性	差	中间	好
大小、重量	大、重	中间	小、轻

因为成像光谱仪可以得到宽度很窄的多波段图像数据，所以对于特殊的矿产探测和海洋调查是非常有效的。

7.1.1.3 红外传感器

红外传感器是根据被测地物自身的红外辐射，借助仪器本身的光学机械扫描和遥感平台沿飞行方向移动形成图像的遥感仪器。红外传感器的探测波段一般在 0.76 ~ 1 000 μm 之间，通过应用红外遥感器（如红外摄影机、红外扫描仪）探测远距离外的植被等地物所反射或辐射红外特性差异的信息，来确定地面物体性质、状态和变化规律。

红外遥感在电磁波谱红外谱段进行，主要感受地面物体反射或自身辐射的红外线，有时可不受黑夜限制。红外线波长较长，大气中穿透力强，红外摄影时不受烟雾影响，透过很厚的大气层仍能拍摄到地面清晰的像片。

近红外波段主要用于光学摄影，如红外或彩色红外摄影，只能在白天工作；也用于多波段摄影或多波段扫描。远红外（热红外）由于是地物自身辐射的，主要用于夜间红外扫描成像。红外遥感在军事侦察，探测火山、地热、地下水、土壤温度，查明地质构造和污染监测方面应用很广，但不能在云、雨、雾天工作。

7.1.1.4 紫外传感器

紫外传感器利用光敏元件通过光伏模式和光导模式将紫外线信号转换为可测量的电信号。紫外线传感器又称紫外光敏管，简称紫外管，是一种利用光电子发射效应的光电管。其特点是只响应 300 nm 以下紫外辐射，具有高灵敏度、高输出、高响应速度等特性，并且抗干扰能力强，稳定可靠，寿命长，耗电少，因而在目前的安全防护、自动化控制方面有比较广泛的使用价值。

海表污染，特别是油膜污染，对太阳光中紫外线部分形成一良好反射层。油较水而言是较好的紫外辐射反射体，因此当太阳或其他紫外光源照射时油呈现亮色，油和周围水体的对比度取决于它们各自反射强度的细小差别。紫外扫描仪或相机属于被动传感器，它使用大约 0.3 μm 波长来探测被反射的紫外线。紫外扫描仪一般垂直固定在飞机腹部，在飞机飞过油膜上空时，能连续获取油膜区域的图像，即便是极薄的油膜部分也不会被漏掉。

红外传感器与紫外传感器工作方式非常相似，一般将红外和紫外两种传感器同时使用，既能确定油膜范围，也能突出较厚油膜部分。海上冷却水排放等其他温度效应，会对红外传感器进行误导。虽然红外传感器在昼夜都可以使用，但它却需要被污染海面上空有清晰的监视场。云层和霾雾都会对监测结果造成影响。

7.1.1.5　激光雷达

通过发射光波，从其散射光、反射光的返回时间及强度、频率偏移、偏光状态的变化等测量目标的距离及密度、速度、形状等物理性质的方法和装置称为光波雷达 (optical radar)，由于实际上使用的光几乎都是激光，所以又称激光雷达 (laser radar)，或简称光雷达 (lidar, light detection and ranging)。

激光雷达是主动型遥感器的一种，它是微波雷达的"光"版。它主要用于测量距离、大气状态、大气污染、平流层物质等大气中物质的物理特性及其空间分布等。用于测距时，多称为激光测距仪 (laser distance meter)、激光高度计 (laser altimeter) 等。激光雷达的主要测量对象是距离、大气，但也用于水深及油膜等的海面物质或植物的叶绿素等的测量，并可为遥感中的大气修正提供有效的信息。

7.1.1.6　激光荧光传感器

作为主动传感器的激光荧光传感器，适合安装于飞机正下方，其信号发射部分向海面发射由激光产生的强密度相干光束，信号接收部分接收目标海面因激光照射而产生的荧光。带有溢油的海面被照射后，油类中的某些成分吸收紫外光，并激发内部电子，通过荧光发射可以将激发能迅速释放。由于很少有其他物质成分具有该种特性，因此荧光可以作为油类的探测特征。叶绿素等自然荧光物质发出的荧光波长与油类所发出的荧光波长差异较大，而不同油类所产生的激光荧光强度和光谱信号强度又都不相同，因此激光荧光计具有油污染类型识别的能力。大多数用于溢油探测的激光荧光传感器的工作波长为 300 ~ 355 nm，以与其他物质的荧光相区别。激光荧光遥感器是唯一能明确鉴定油类型的遥感方法。

7.1.2　航空遥感集成系统

当各种机载传感器被集成到一个系统时，往往能更好地发挥作用，机上工作人员可以随时根据被监视目标的特点切换或整合所需传感器。传感器系统集成主要涉及的内容有：系统的总体功能和组成结构设计、系统集成的模块化设计、单传感器系统改造、集成系统部件研制和集成系统的运行模式设计以及最后的集成系统联机调试。在已完成的 863 课题"航空遥感多传感器集成系统"中，曾建立了我国自主研究开发的应用于海洋的多传感器集成系统，填补了我国在海洋航空遥感多传感器系统集成领域的空白。

多传感器集成系统以探测赤潮、溢油、海冰等海洋目标为需求，根据飞机平台的支撑条件及所需集成传感器，采用模块化集成设计技术，对成像光谱仪、微波辐射计、微波散射计和激光雷达等传感器进行了系统集成所需的改造，通过共时基同步数据采集、多源数据传输、格式处理和存储及多窗口实时监视监控手段，对传感器系统进行了软硬件集成，同时各传感器又具有独立探测相关参数和自检的能力，形成具有良好稳定性的适合海洋环境与灾害快速监测的海洋航空遥感多传感器集成系统。成像光谱仪采用推帚式成像，微波辐射计为扫描成像，微波散射计侧视波束随飞机航迹实现扫描，海洋激光雷达机下点同轴主被动探测。

多传感器集成系统集成技术路线见图 7.1。

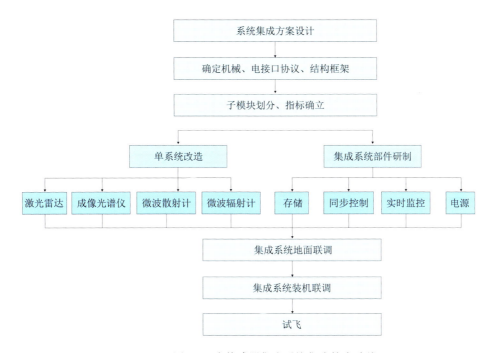

图 7.1 多传感器集成系统集成技术路线

7.2 数据处理方法

在航空遥感数据处理与分析中，数据的预处理是最初级、最基本的操作。图像校正是从有畸变的图像中消除畸变的处理过程，消除几何畸变的称之为几何校正，消除辐射量失真的称之为辐射校正。另外，为了更好地使用遥感图像，还需要对遥感图像进行图像增强、融合等处理，从而能更准确地获取和提取到所需的信息。

7.2.1 遥感图像校正

7.2.1.1 辐射校正

航空传感器获取的影像辐射量的变化受传感器、太阳位置和高度角、地形、薄雾以及大气环境等因素的影响，成像过程的每一个环节都会引起影像退化，因此机载成像光谱数据中不可避免地将引入系统或非系统的辐射畸变，影响了数据表达信息的可靠性和有效性。根据具体应用的不同，需要将损失掉的影像质量部分复原。对航空遥感影像的辐射校正就是对退化影像进行处理，使之趋向于没有退化的理想影像。

长期以来，对于机载遥感扫描图像复杂而严重的辐射畸变，也发展了一些机载遥感扫描图像辐射畸变校正方法。例如，通过建立特定地区、特定条件下的大气传输模型来计算大气透射比和路径辐射率以对图像辐射畸变进行校正（需要提供地区先验大气数据）；利用多高度、多角度飞行采集数据，从图像中提取参数计算大气投射比和路径辐射率的图像辐射畸变校正方法（费用太高）；利用具有伪不变特征的地物，结合地面同步和准同步光谱测量建立空地相关的辐射畸变校正方法（地面工作负担太重）；基于统计理论的相对机下点的辐射度归一化校正方法（定量化程度低）等。受各种应用条件的限制，所发展的各种方法各有利弊，缺乏一定的通用性。

机载遥感图像的辐射畸变主要包括两种：一种是由于各探测单元响应度的差异造成的条带效应；另一种是由于传感器成像时观测角的变化造成的同一扫描行中同种地物的亮度值从机下点向两侧递减现象。用于消除第一种辐射畸变的校正方法称为相对辐射校正，用于消除第二种辐射畸变的校正方法称为边缘辐射畸变校正。

下面以相对辐射校正为例，简单阐述其基本原理。图 7.2 为高光谱图像上明显的条带效应。

图 7.2　高光谱图像上明显的条带效应

相对辐射校正的前提是获取精确的辐射定标系数，通过实验室的精细测量可以得到精度较高的定标系数。根据定标测量数据计算定标系数有归一化系数法、两点法、最小二乘法等多种方法，其中最经典的是最小二乘法。在探元响应线性度较好时，为了计算方便，可以采用一次曲线拟合。第 i 个探元的相对辐射校正模型可以表示为

$$DN_{Ci} = f_i(DN_{Ri}) \tag{7.1}$$

式中，DN_{Ri} 为原始的 DN 值；DN_{Ci} 为校正后的 DN 值；f_i 为第 i 个探元的相对辐射校正模型。

相机工作动态范围内的探元响应的线性度一般较好，可将上述相对辐射校正模型简化为一个线性方程：

$$DN_{Ci} = G_i(DN_{Ri} - B_i) \tag{7.2}$$

式中，B_i 为第 i 个探元的偏移量；G_i 为第 i 个探元的增益。

在积分球的均匀光照下，CCD 各探元的输出 DN 值相同，一般将各探元的 DN 均值作为参考 DN 值，上述线性方程可表示为

$$\frac{1}{N}\sum_i DN_{Ri} = G_i(DN_{Ri} - B_i) \tag{7.3}$$

式中，N 为探元数目。

考虑到积分球有多个辐亮度输出，完整的公式表示为

$$\frac{1}{N}\sum_i DN_{RLi} = G_i(DN_{RLi} - B_i) \tag{7.4}$$

式中，L 为积分球的辐射亮度等级，在第 i 个探元就可以得到 m 个线性方程，由测得的暗电流直接得到 B_i，用最小二乘法即可获得 G_i。

7.2.1.2 几何校正

航空遥感平台的航摄高度低，受风和气流的影响比较大，要在数据获取过程中一直保持飞行的平直相当困难，而且即使应用稳定平台也不能保证传感器的绝对平稳。因此，获取的航空遥感影像会发生一定程度的几何变形，主要包括俯仰变形、侧滚变形和航偏变形。正因为这些几何变形的存在，使得航空遥感影像不能精确地表示地物的形状和平面位置，从而需要进行几何校正。航空遥感影像进行几何校正的目的就是通过建立影像平面上像点与地面上物点之间的空间映射关系，将影像平面变换至大地平面，同时给影像附上几何坐标信息。

以往进行航空遥感图像几何校正的方法主要是通过采集大量的地面控制点，利用这些可靠的地面控制点建立原始畸变图像空间和校正图像空间的坐标转换关系，实现畸变图像的校正。由于地面控制点的精度和数量直接影响图像校正的精度，因此，这种方法需要大量的地面测量工作，耗费相当的人力、物力和财力，尤其是在地面控制点难以采集的林区，这种方法更是不可取，并已逐渐被更高效的几何校正方法所取代。目前，基于 POS 参数的航空遥感影像几何校正方法使用比较普遍。

在机载传感器与 POS 集成的作业条件下进行数据获取工作。在获取影像的同时，POS 会自动记录每幅影像在拍摄瞬间的位置和姿态参数，即 POS 参数。POS 参数与每幅影像保持相对应，并以一定的格式保存在 POS 参数文件中。POS 参数文件不仅包括每幅影像的中心点坐标信息，还包括获取影像瞬间的侧滚角、俯仰角和航偏角。

1）构建几何校正影像框架

进行航空遥感影像几何校正首先要根据已知条件构建几何校正影像的框架，即确定几何校正影像的行数、列数以及每个像点对应的空间坐标。结合相机参数中的像元大小 p，像主点 (x_0, y_0)，焦距 f，得到原始影像 4 个边界点的像平面坐标分别为：左上角 $a(-x_0 \times p, y_0 \times p)$，右上角 $b[(w-x_0) \times p, y_0 \times p]$，右下角 $c[(w-x_0) \times p, (y_0-h) \times p]$，左下角 $d[-x_0 \times p, (y_0-h) \times p]$，其中，$w$ 为原始影像的列数，h 为原始影像的行数。利用 4 个边界点的像平面坐标和 POS 参数，可以分别解算其对应地面点的空间坐标，如图 7.3 所示。

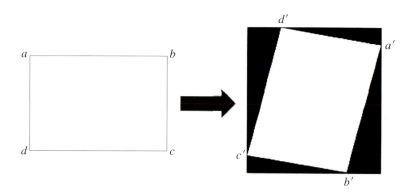

图 7.3　几何校正影像框架

由经过几何校正后的 4 个边界点的空间坐标确定其中最大的 Y 坐标 Y_{max}、最小的 Y 坐标 Y_{min}、最大的 X 坐标 X_{max}、最小的 X 坐标 X_{min}，结合影像空间分辨率 R，解算几何校正影像的行、列数：

$$row = (Y_{max} - Y_{min})/R$$
$$col = (X_{max} - X_{min})/R \tag{7.5}$$

式中，row 为几何校正影像的行数；col 为几何校正影像的列数。根据几何校正影像上左上角点对应地面点的平面坐标 (X_{min}, Y_{max}) 和影像空间分辨率 R，可以解算影像上像点 (i, j) 对应地面上的空间坐标 (X, Y)：

$$X = X_{min} + j \times R$$
$$Y = Y_{min} + i \times R \tag{7.6}$$

2）影像校正

影像校正通过建立原始影像与校正影像之间的几何关系，实现影像的几何变换。设某一像点在原始影像上的像平面坐标为 (x, y)，在校正影像上的像平面坐标为 (X, Y)，则它们之间存在某种映射关系：

$$X = \phi x(x, y), \ Y = \phi y(x, y) \tag{7.7}$$

或者

$$x = fx(X, Y), \ y = fy(X, Y) \tag{7.8}$$

式 (7.7) 是由原始影像上像点的像平面坐标 (x, y) 解算校正影像上对应像点的像平面坐标 (X, Y)，这种方法称为直接法或者正解法影像校正，原理如图 7.4 所示；式 (7.8) 则是由校正影像上像点的像平面坐标 (X, Y) 解算该点在原始影像上对应像点的像平面坐标 (x, y)，这种方式称为间接法或者反解法影像校正，原理如图 7.5 所示。

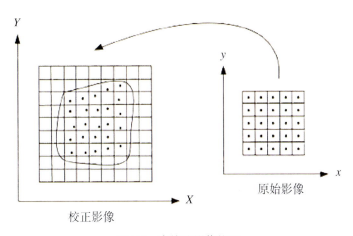

图 7.4　直接法影像校正

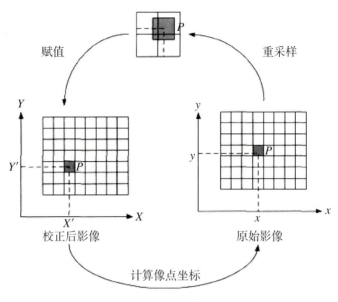

图 7.5 间接法影像校正

采用直接法进行影像校正，由于校正后影像上的像点是不规则排列的，可能会出现空白或者重复的像素，给像素值的内插造成一定程度的困难，因此也就难以获得像点规则排列的校正影像。鉴于直接法存在的这一缺点，一般采用间接法进行影像校正。

利用间接法进行影像校正的基本原理是，在校正影像每个像点坐标已知的情况下，利用共线条件方程逐个结算出像点在原始影像上对应像点的像平面坐标。由于共线条件方程式解算得到的是像平面坐标，不能直接用于色调信息插值，需要先将像平面坐标转换为影像行列坐标。设某像点的像平面坐标为 (x, y)，对应的影像行列坐标为 (x', y')，则它们之间存在如下转换关系：

$$x' = x/pixel + x_0$$
$$y' = y_0 - y/pixel$$

(7.9)

式中，$pixel$ 为像元大小，(x_0, y_0) 为像主点在框标坐标系的坐标。根据校正影像上每个像点在原始影像上对应的行列坐标，对校正影像进行重采样，也就是由原始图像的像素值内插出校正影像的像素值。重采样的方法有很多种，一般常用的有最邻近插值法、双线性插值法和三次立方卷积插值法。

设校正影像上像点 P 在原始影像上对应的行列坐标为 (X, Y)，x_0、y_0 分别为 X、Y 的整数部分，分别表示列号和行号，x、y 分别为 X、Y 的小数部分，像点 (x_0, y_0)

的像素值为$f(x_0, y_0)$，像点(x_0+1, y_0)的像素值为$f(x_0+1, y_0)$，像点(x_0, y_0+1)的像素值为$f(x_0, y_0+1)$，像点(x_0+1, y_0+1)的像素值为$f(x_0+1, y_0+1)$，采用双线性插值方法，则像点p的像素值f_p表示为

$$f_p = (1-x)(1-y)f(x_0, y_0) + y(1-x)f(x_0+1, y_0) \\ + x(1-y)f(x_0, y_0+1) + xyf(x_0+1, y_0+1) \tag{7.10}$$

依次对每个像点进行上述运算，最终实现影像的几何校正。

7.2.2　遥感图像增强

图像增强是指按照应用的要求，对现有图像进行加工，以突出图像中某些信息，消弱或者去除某些不需要的信息，得到对具体应用来说更实用的图像，或将原图像转换成一种更适合人或者机器进行分析处理的形式的图像处理方法。图像增强并不增加数据的内在信息含量，但会增加所选择特征的动态范围，以使其容易被检测到。

航空遥感图像本身具有高精度、高分辨率的特点，加之适当的图像增强处理，能够更加增强图像的解译性。对于图像分析者而言，图像增强的范围和可供选择的显示方式实际上是无限的；对于不同的应用而言，采用合适的图像增强技术不仅仅是需求，更是一门艺术。

7.2.2.1　对比度拉伸

对比度拉伸是常用的图像增强技术。对比度拉伸主要是通过改变灰度分布态势，扩展灰度分布区间，达到增加反差的目的，是一种通过直接改变图像像元的灰度值（亮度值）来改变图像像元对比度，从而改善图像质量的图像增强方法。常用的方法有对比度线性变换、对比度非线性变换、直方图调整、灰度反转等。

1）线性变换

线性变换也称"线性拉伸"，是将像元值的变动范围按线性关系扩展到指定范围，图像变换前后灰度函数关系符合线性关系式：

$$y = ax + b \tag{7.11}$$

式中，x为原始图像的灰度值变量；y为扩展后的灰度值变量；a为斜率，即扩展系数；b为常数。

线性变换的灰度分布坐标如图7.6所示。原始图像的灰度范围为$[x_{\min}, x_{\max}]$，经线性变化后图像灰度范围为$[y_{\min}, y_{\max}]$，变换方程为

$$y = \frac{y_{max} - y_{min}}{x_{max} - x_{min}}(x - x_{min}) + y_{min} \tag{7.12}$$

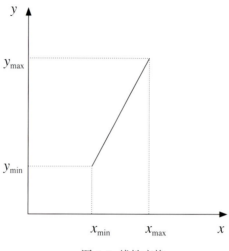

图 7.6　线性变换

图像的变化随直线方程的不同而不同。当直线与横轴的夹角大于 45°（即线性函数的斜率大于 1）时，图像被拉伸，灰度的动态范围扩大；直线与横轴的夹角小于 45°（即线性函数的斜率小于 1）时，图像被压缩，灰度范围缩小。

2）分段线性变换

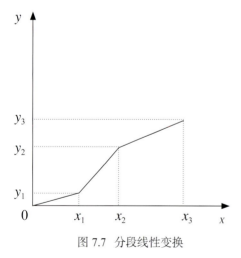

图 7.7　分段线性变换

在实际应用中，有时为了更好地调节图像的对比度，需要在某一灰度段拉伸，而在另一些灰度段压缩，这种变化称为分段线性变换。分段线性变换时，变换函数在变换坐标系中表现为折线，折线斜率和间断点的位置根据需要决定。分段线性变换示意如图 7.7 所示。

分段线性变换时把整个图像灰度值范围划分为两个或者更多的区间，分别采用不同的扩展系数（即线性函数的斜率），斜率大于 1 的区间进行图像灰度拉伸，斜率小于 1 的区间进行图像灰度压缩。

3）非线性变换

当变换函数为非线性函数时，即为非线性变换。非线性变换的函数很多，如对数变换、指数变换、平方根变换、三角函数变换等。常用的非线性变换有指数变换和对数变换。

指数变换函数曲线如图7.8所示，其意义是在灰度值较高的部分扩大灰度间隔，属于拉伸；在灰度值较低的部分缩小灰度间隔，属于压缩。数学表达式为

$$y = b\,e^{ax} + c \tag{7.13}$$

式中，x 为原始图像的灰度值变量；y 为变换后的灰度值变量；a、b、c 为可调参数，参数大小改变指数函数曲线的形态，实现不同的拉伸比例。

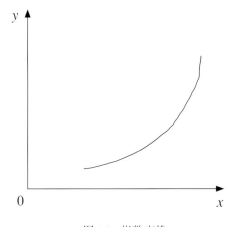

图 7.8 指数变换

对数变换函数曲线如图7.9所示，与指数变换相反，它的意义是在灰度值较低的部分拉伸，而在灰度值较高的部分压缩。对数变换的数学表达式为

$$y = b\,\lg(ax + 1) + c \tag{7.14}$$

式中，x 为原始图像的灰度值变量；y 为变换后的灰度值变量；a、b、c 为可调参数，参数大小改变函数曲线的形态，实现不同的拉伸比例。

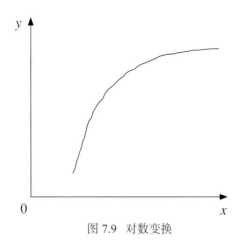

图 7.9　对数变换

4）直方图调整

遥感影像的灰度分布往往集中在较窄的范围内，造成图像的细节不够清晰，对比度较低。通过直方图调整，能够使图像的灰度范围拉开或者使灰度均匀分布，从而增大反差，使图像的细节清晰，以达到图像增强的目的。直方图调整的图像增强方法是以概率论为基础，根据图像灰度值的出现频率来分配它们的灰度显示范围，常用的方法是直方图均衡化。概括地说，直方图均衡化就是把已知灰度概率分布的图像，经过一种变换，使之演变成为一幅具有均匀概率分布的新图像。当图像的直方图呈均匀分布时，图像的信息熵最大，此时图像包含的信息量最大，图像看起来就显得清晰。

直方图均衡化变换函数如图 7.10 所示。设 r、s 分别表示原图像和增强后图像的灰度。为简单表示，假定所有像素的灰度已被归一化。当 $r=s=0$ 时，表示黑色；当 $r=s=1$ 时，表示白色；当 r、s 在 [0, 1] 之间时，表示像素灰度在黑白之间变换。灰度变换函数为

$$S = T(r) \tag{7.15}$$

灰度变换函数满足以下两个条件：

① $0 \leqslant r \leqslant 1$，$T(r)$ 单调增加；

② $0 \leqslant r \leqslant 1$，$0 \leqslant T(r) \leqslant 1$。

第一个条件保证原图各灰度级在变换后仍保持从黑到白（或者从白到黑）的排列次序；第二个条件保证变换前后灰度值动态范围的一致性。

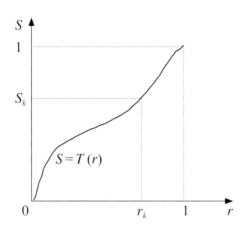

图 7.10　直方图均衡化变换函数

对于一幅图像，每一像素点的灰度级 r 可以看作是 [0, 1] 区间上的随机变量。假定 r 是连续变量，则可用概率密度函数 $P_r(r)$ 表示图像的灰度级分布，用概率密度函数 $P_s(s)$ 表示变换后的灰度级分布，随机变量 s 是 r 的函数。现选取一个变换 $T(r)$，使图像经过处理变换后，其概率密度函数 $P_r(r)$ 在灰度均衡处理后变换为 $P_s(s)$。

在概率论中，任何一个随机变量，其概率分布函数都是在 [0, 1] 之间变化的单调增加的单值函数，刚好满足变换要求的两个条件。

$$S = T(r) = \int_0^r P_r(w)\,\mathrm{d}w, \quad 0 \leqslant r \leqslant 1 \tag{7.16}$$

上面等式右端即为随机变量 R 的分布函数。作为 R 的随机变量函数的 S，其概率分布函数为

$$P(s) = P(S < s) = P(R < r) = \int_0^r P_r(w)\,\mathrm{d}w \tag{7.17}$$

相应的概率密度函数为

$$P_s(s) = P_r(r)\,\frac{\mathrm{d}r}{\mathrm{d}s}\Big|_{r=T^{-1}(s)} \tag{7.18}$$

由 $s = T(r)$ 可得

$$\frac{\mathrm{d}s}{\mathrm{d}r} = P_r(r) \tag{7.19}$$

带入式 (7.18) 可得

$$P_s(s) = 1, \quad 0 \leqslant s \leqslant 1 \tag{7.20}$$

也就是说，当取变换 $s = T(r)$ 为变换图像的概率分布函数时，所得到的变换后

的图像概率分布密度必然为归一化均匀分布，这一函数成为直方图累计分布函数。这一结论显然和反变换函数 $r = T^{-1}(s)$ 无关。

上述结论可推广到离散情况。灰度直方图用各灰度值出现的相对频率（即该灰度级的像素数与图像总像素数之比）表示。对于一幅像素数为 n，灰度范围为 $[0, L-1]$ 的图像，设 r_k 表示第 k 个灰度级，n_k 表示图像中 r_k 出现的像素的个数，则 r_k 出现的概率 $p_k(r_k)$ 为

$$p_k(r_k) = \frac{n_k}{n} \ , \quad k = 0, 1, \cdots, \ L-1$$

由此可得直方图均衡化变换函数，即图像的灰度累计分布函数 s_k 为

$$s_k = T(r_k) = \sum_{j=0}^{k} P_r(r_j) = \sum_{j=0}^{k} \frac{n_j}{n} \tag{7.21}$$

s_k 为归一化灰阶。

综上，直方图均衡化的过程可以概括为

①计算原图像的灰度直方图 $p_k(r_k)$；

②计算原图像的灰度累计分布函数 s_k，进一步求出灰度变换表；

③根据灰度变换表，将原图像各个灰度级映射为新的灰度级。

大多数自然图像由于其灰度分布集中在较窄的区间，图像的细节不够清晰。采用直方图均衡化后可使图像的灰度间距拉大或使灰度均匀分布，从而增大图像反差，使图像细节变得清晰，达到增强的目的。

5）灰度反转

灰度反转是指对图像灰度范围进行线性或非线性取反，产生一幅与输入图像灰度相反的图像，其结果是原来亮的地方变暗，原来暗的地方变亮。常用的灰度反转算法有两种：

$$\begin{cases} D_{\text{out}} = 1.0, & 0 < D_{\text{in}} < 0.1 \\ D_{\text{out}} = \dfrac{0.1}{D_{\text{in}}}, & 0.1 \leq D_{\text{in}} < 1.0 \end{cases} \tag{7.22}$$

式中，D_{in} 为输入图像的灰度，且已进行了归一化处理（$0 \sim 1.0$）；D_{out} 为输出反转灰度。另一种灰度反转的算法较简单，其数学表达式为

$$D_{\text{out}} = L - D_{\text{in}} \tag{7.23}$$

式中，L 为图像的灰度级（若 16 级灰度图像，则 $L = 15$；若 256 级灰度图像，$L = 255$）。

第一种灰度反转算法强调输入图像中灰度较暗的部分；第二种灰度反转算法则仅是简单取反。

7.2.2.2　空间滤波

通过空间滤波操作，可以突出或者减弱图像的各种空间频率。空间频率是指图像中色调变化的"粗糙度"。具有高空间频率的图像区域上，其色调是"粗糙的"；相反，"平滑的"图像区域是指那些低空间频率的区域。

空间滤波操作是一种局部处理，这种局部处理在转换每一像元值时考虑与之相邻的像元值。例如低通滤波（也叫"平滑"）强调低频率特征，而减弱图像的高频率要素；高通滤波（也叫"锐化"）恰好相反，它强调图像在细节上的高频率要素，而减弱一般的低频率信息。

1）平滑

平滑的目的在于消除图像中各种干扰噪声，使图像中高频成分消退，平滑掉图像的细节，使其反差降低，保存低频成分。换句话说，平滑往往使图像产生模糊的效果。当图像中出现某些亮度变化过大的区域，采用平滑的方法可以减小变化，使亮度平缓达到去除噪声的目的。常用的方法有均值平滑和中值滤波等。

均值滤波是将每个像元在以其为中心的区域内取平均值来代替该像元值，以达到去除尖锐噪声和平滑图像的目的。当区域范围取 $M \times N$ 时，求均值公式为

$$g(i,j) = \frac{1}{MN} \sum_{m=1}^{M} \sum_{n=1}^{N} f(m,n) \tag{7.24}$$

式中，$f(m,n)$ 为活动窗口。

中值滤波是将邻域中的像素按灰度级排序，取其中间值为输出像素。具体采用活动窗口扫描的方法，取值时将窗口内所有像元按灰度值的大小排列，取中间值作为中间像元的值。

一般来说，图像灰度为阶梯状变化时，取均值平滑比取中值滤波要明显得多；而对于突出亮点的噪声等干扰，中值滤波要优于均值平滑。

2）锐化

锐化主要是增强图像中的高频成分，突出图像的边缘信息，提高图像细节的反差，也叫边缘增强，其效果与平滑相反。简单的高通滤波可以通过原始图像减去低通滤波图像（按像元到像元的方法）来实现。除了利用低通滤波图像进行图像锐化之外，还有多种方法可以实现，如统计差值法、离散空间差分法和空域高通滤波等。在图像锐化的实际应用中，往往是各种方法相结合，充分发挥各自优势组合运用，

才会产生更好的增强效果。

统计差值法是将图像的每一像素值除以测量的标准统计偏差 $\sigma(j, k)$，即按照关系式

$$G(j, k) = \frac{F(j, k)}{\sigma(j, k)} \tag{7.25}$$

式中，标准偏差的表达式为

$$\sigma(j, k) = \sum_j \sum_k \left[F(j, k) - \vec{F}(j, k) \right]^2, \ (j, k) \in N(j, k) \tag{7.26}$$

标准偏差是在坐标 (j, k) 上像素的某一邻域 $N(j, k)$ 内计算得到的。由此得到的增强图像 $G(j, k)$ 相对于原图像在边缘点上的幅度将有所增加，而其他地方的幅度将相应减少。

基于空间微分运算的离散空间差分法是一种简单、常用的图像锐化处理方法。这种方法的基本原理是应用多种形式的算子计算图像中每个像素的一阶或二阶灰度差，然后将算子的计算值去置换点 (i, j) 的灰度值，并返回大于阈值的那些点。常用的差分算子有离散梯度差分算子、Roberts 梯度模算子、Roberts 梯度绝对值算子、最大差分算子、Laplacian 算子、Sobel 算子、Kirsch 算子、Wallis 算子等。

7.2.2.3　图像运算

图像运算可以应用于多光谱图像和经过空间配准的两幅或者多幅单波段遥感图像上，通过一系列的代数运算，达到某种增强的目的。图像运算方式主要包括加法运算、差值运算、乘运算、比值运算等。

图像比值运算是指两个不同波段的图像对应像元的灰度值相除（除数不能为0）。同样，运算后图像的像元值应在设备显示的动态范围之内。在比值图像上，像元的亮度反映了两个波段光谱比值的差异，因此，图像比值运算对于增强和区分在不同波段的比值差异较大的地物具有明显的效果。通过比值运算能压抑由于地形起伏和太阳倾斜照射在遥感影像上产生的阴影，使向阳与背阴处都毫无例外地只与地物反射率的比值相关。另外，比值运算还可用于研究浅海区的水下地形、土壤富水性等。

7.2.2.4　多光谱变换

多光谱图像波段多，信息量大，但光谱之间存在广泛的相关性，也就是说，各种波长的波段数据生产的图像经常显示出相似的外观，而且实际传递的也是相同的信息。由于不同波段数据之间具有一定程度的相关性，因而存在数据冗余。多光谱变换方法可通过函数变换，达到保留主要信息、降低数据量、增强或提取有用信息

的目的。多光谱变换的本质是对遥感图像进行线性变换，使多光谱空间的坐标系按一定规律进行旋转。多光谱变换方式主要有两种：主成分变换和缨帽变换。

1）主成分变换

主成分变换也称为主成分分析(PCA)、卡夫林－列夫变换（K-L 变换），是根据各波段之间的协方差或相关系数构建的一种正交线性变换方法。通过主成分变换，把原来多波段图像中的有用信息集中到数目尽可能少的新的主成分图像中，并使这些主成分图像之间互不相关。也就是说，各个主成分包含的信息内容是不重叠的，从而大大减少总的数据量并使图像信息得到增加。主成分变换的主要特点包括：①由于是正交线性变换，所以变换前后的方差（方差越大说明信息量越大）总和不变，变换只是把原来方差不等量再分配到新的主成分图像中；②第一主成分包含了总方差的绝大部分，信息最丰富，图像对比度大，其余各主成分的方差依次减小；③变换后各主成分之间的相关系数为零，即各主成分间的内容不同，是"正交"的；④压缩和去相关效果好，即把原来的多变量数据在信息损失最少的前提下，变换为尽可能少的互不相关的新变量，以减少数据维数，便于显示和分析；⑤第一主成分相当于原来各波段的加权和，而且每个波段的加权值与该波段的方差大小成正比；⑥第一主成分降低了噪声，有利于细部特征的增强和分析；⑦在几何意义上相当于进行空间坐标的旋转，第一主成分取波谱空间中数据散布最大的方向；第二主成分取与第一主成分正交且数据散布次大的方向，其余以此类推。

2）缨帽变换

缨帽变换也称 Kauth-Thomas 变换（K-T 变换），该变换是一种坐标空间发生旋转的线性组合变换，但旋转之后坐标轴不是指向主成分方向，而是指向与地物有密切关系的方向。K-T 变换的一个重要应用就是为植被研究提供了一个优化现实的方法，同时又实现了数据压缩。

7.2.3 多源信息融合

随着传感器技术、光学技术、遥感技术的高速发展，多平台、多层面、多时相、多传感器、多光谱、多角度、多分辨率的遥感影像在同一地区构成多源的遥感影像金字塔。多源遥感影像数据融合，是将同一环境或对象的多源遥感影像数据综合的方法或工具的框架，以获得满足某种应用的高质量信息，产生比单一信息源更精确、更完全、更可靠的估计和判决。融合的对象不仅仅是遥感图像，还包括其他非图像形式的遥感数据，如数字地图、GPS 导航信息、地理信息等。

多源航空遥感数据所提供的信息具有互补性与合作性。通过融合处理，可以提高数据精度并增加其实用性，同时可以提高数据的可信度、可靠性和分类精度，降低数据的不确定性。具体来说包括：① 提高数据的空间分辨率，降低模糊度并达到图像增强的目的；② 增强与目标相关的特征；③ 通过数据间的相互补充提高和改善分类精度；④ 利用多时相数据进行动态监测，提高时相检测能力；⑤ 利用一个数据集替换补充另一个数据集中信息丢失的部分，克服目标提取与识别中数据的不完整，提高解译能力；⑥ 缩短信息获取时间，提高处理速度；⑦ 增加测量维数，扩展空间覆盖；⑧ 降低对单个传感器性能的要求；⑨ 在数字地图绘制等方面可以提高平面测图和几何纠正精度，为立体摄影测量提供立体观测能力。

7.2.3.1 理论基础

IEEE 遥感数据融合技术委员会将遥感数据融合分为数据（像素）、特征和决策3 个层次，融合的层次决定了对多源数据进行预处理的程度。多源数据融合层次的问题不但涉及处理方法本身，而且影响信息处理系统的体系结构。

1）像素级融合

像素级融合是将空间配准的多源数据根据某种算法生成融合影像，再对融合的影像进行特征提取和属性说明。像素级融合是在采集到的原始数据层上进行的融合，是一种最低层次的融合，通常用于多源图像复合、图像分析和理解等。像素级融合的优点在于尽可能多地保留了地物的原始信息，通过像素级图像融合后的图像在保留多光谱信息的同时尽量提高空间分辨率，能尽可能多地保留现场数据，提供其他融合层次不能或者难于提供的细微信息，不仅能够提高图像的可视效果，还可以用于地物分类、目标识别等一系列处理。

但像素级融合也存在一定的局限性，主要体现在以下四个方面：① 处理的数据量大、实时性差，处理代价高；② 数据通信量大，抗干扰能力较弱；③ 校准精度要求高，只能融合同类 (质) 传感器的图像；④ 信息融合层次低，要求对传感器原始信息的不确定性、不完整性和不稳定性在融合过程中有较高的纠错处理能力。像素级融合流程如图 7.11 所示。

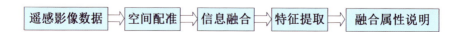

遥感影像数据 ⇒ 空间配准 ⇒ 信息融合 ⇒ 特征提取 ⇒ 融合属性说明

图 7.11　像素级融合流程示意图

2）特征级融合

特征级融合是利用从各个数据源中提取特征信息进行综合分析和处理的过程，是一种中间层次的融合。特征级融合所提取的特征信息是像素信息的充分表示，可分为目标状态信息融合和目标特征融合。目标的特征一般包括：① 几何特征，例如边缘、线、角、脊、区域等；② 统计特征，例如表面的周长，目标表面数据、纹理特征；③ 谱特征，例如目标的温度、色彩、谱信号等。

目标状态信息融合主要应用于多传感器目标领域，首先对传感器数据进行预处理以完成数据配准，再实现目标各类特征的提取，最后对多时相或者多传感器图像特征进行融合，从而减小目标特征空间，消除部分不确定性。

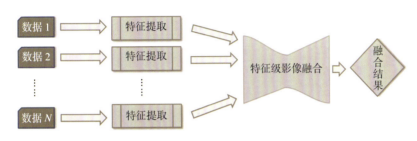

图 7.12　特征级融合流程示意图

通过特征级融合，不仅可以增加从图像中提取特征信息的可能性，而且还可能获取一些有用的复合特征。在特征级信息融合中，图像配准的要求不像像素级融合那样严格，这种融合的优点在于实现了可观的信息压缩，便于实时处理。由于所提取的特征直接与决策分析有关，因而融合结果能最大限度地给出决策分析所需要的特征信息。

3）决策级融合

决策级融合是在信息表示的最高层次上进行融合处理，不同类型的传感器观测同一目标获得的数据在本地完成预处理、特征抽取、识别或判断，以建立所观察目标的初步结论；然后通过相关处理、决策级融合判决，最终获得联合推断结果，从而直接为决策提供依据，如图 7.13 所示。决策级融合直接针对具体决策目标，充分利用特征级融合所得出的目标各类特征信息，并给出简明而直观的结果。决策级图像融合对图像的配准要求比较低，某些情况下甚至无需考虑，因为各传感器的决策已符号化或数据化了。由于对预处理及特征提取有较高要求，所以决策级融合的代价较高。决策级融合具有实时性高的优点，当一个或者几个传感器失效时，仍能给出最终的正确决策，因此具有良好的容错性。

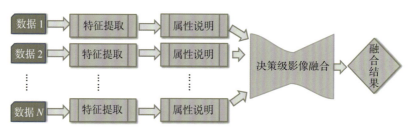

图 7.13　决策级融合流程示意图

对于一般的数据融合过程，随着融合层次的提高，要求数据的抽象性越高，对获取手段的同质性要求越低，对数据表示形式的统一性要求越高，数据转换量越大，同时系统的容错性越强；而随着融合层次的下降，融合所保存的细节信息越多，但融合数据的处理量增大，对融合使用的各数据间的配准精度要求高，而且融合方法对数据源及其特点的依赖性增大，不易给出数据融合的一般方法，容错性差。

7.2.3.2　常用融合模式

在 7.2.3.1 节中介绍了遥感数据融合的 3 个层次，在实际的遥感应用中，融合的最主要目的是用于目视解译，或者为特征级或决策级融合提供特征。像素级融合是目前 3 个层次中研究最为成熟的一级，已经形成了丰富有效的融合方法。

像素级融合主要依赖于遥感影像进行融合，遥感影像融合已经在影像增强、变化检测、分类解译等方面得到了广泛应用，主要集中于以下 4 种应用模式。

1）多时相融合

多时相融合模式是对不同时相但涉及同一片研究区域的传感器影像进行融合处理，综合考虑各时相条件下的影像特征，通过增强影像，达到变化检测应用的目的。

2）全色与多光谱影像融合

多光谱影像具有较为丰富的光谱特征，通过融合处理，伴随着全色图像中大量纹理细节信息的注入，能够得到空间分辨率显著提高的包含有更多丰富信息的多光谱影像。

3）SAR与光学影像的融合

充分利用多光谱影像信息丰富的优势，将二者进行融合处理，达到影像增强的效果。另外，SAR 全天候全天时的工作特性能够帮助光学影像克服云层的制约，使阴影区细节得到反映，更好地服务于特征提取等应用。

4）红外与光学影像的融合

红外影像能够在光线不足的条件下对目标成像并发现热源，可全天候地监视空间目标。此融合模式可以有效弥补光学影像中缺失的红外波段特性的相关描述。

7.2.3.3　常用融合方法

目前，遥感影像融合方法很多，大致可以分为3类：第一类是由影像增强算法逐步发展而成的相对比较简单的融合方法，即以图像通道为作用对象，通过算法、替换等一些简单操作来实现，比如高通滤波法、主分量分析、线性加权等；第二类是20世纪80年代中期才逐渐兴起的多分辨率融合法，主要包括小波变换融合与金字塔融合法，其基本思想是将原始图像于不同分辨率下分解后再在不同分解水平上进行图像融合，最后经图像重构获得融合结果；第三类是结合不同算法各自的优势而形成的改进融合算法。

从作用域出发，将遥感影像像素级融合分为空间域融合和变换域融合两类，对现有融合方法进行分类归纳，如图7.14所示。

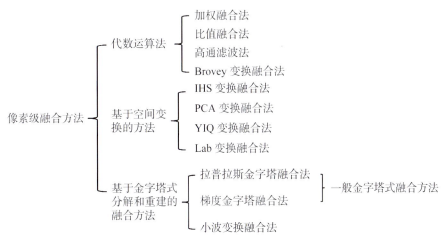

图 7.14　像素级影像融合方法

7.2.3.4　融合结果评价

遥感数据的融合结果受多种因素的限制，如数据空间分辨率的差别、几何校正等，因此如何评价融合结果的质量，也是遥感数据融合的重要环节。

对遥感影像质量的评价一直存在两种观点，即主观定性评价法和客观定量评价法。一般情况下，主观评价法由判读人员直接对图像信息进行评价，具有简单、直观的优点，对明显的图像信息可以快捷、方便地评价，在一些特定的应用中十分可行。但主观评定方法不全面，不能保证人的视觉对图像上所有变化的敏感性，图像的视觉质量主要取决于观察者，具有主观性、不全面性，而且经不起重复检查，因为当观测条件发生变化时，评定的结果有可能产生差异。因此提出了很多不受评估人员影响的客观评价方法，并与客观评价的定量评价标准相结合进行综合评价，即对融合质量在主观的目视评价基础上，进行客观定量评价。

根据评定方法需要条件的不同，将客观定量评价方法进行了分类，主要包括：① 根据单个图像统计特征的评价方法，如信息熵、图像均值和标准差，平均梯度；② 根据融合图像与标准参考图像关系的评定方法，如联合熵、平均梯度、相关系数等。

但是，客观评价方法也受一定条件的限制，原因是：同一融合算法对不同类型的图像融合效果不同，同一融合算法对同一图像观察者感兴趣的部分不同，则认为效果不同；不同的应用方面，对图像的各项参数的要求不同，导致选取的融合方法不同。因此，无论哪一种评价方法，都存在一定的局限性。

航空遥感数据融合的目的不外乎：① 提高分辨率；② 提高信息量；③ 提高清晰度；④ 定性描述。关于图像融合效果评价指标的选取，一方面是根据融合的目的来选取评价指标，以此来比较融合图像的质量；另一方面是通过比较融合图像，来比较融合方法的优劣。因此，一般情况下，通常选取多个客观定量分析指标，并与主观定性评价相结合。

7.3 应用实践

7.3.1 水体污染的监测

海洋水体是由海水、水中溶解物质、悬浮物、底泥、水生生物等构成的自然综合体。海水因某种物质的介入，超过了海水的自净能力，导致其物理、化学、生物等方面特征的改变，造成海水水质恶化，从而影响到海水的利用价值，危害人体健康或破坏海洋生态环境的现象称为海洋水体污染。随着社会生产力和科学技术的迅猛发展，海洋受到了来自各方面不同程度的污染和破坏，赤潮、绿潮、溢油等海洋水体污染日益严重，极大制约了沿海居民的生存和海洋经济的发展，引起了相关部门的广泛关注。

为防控和减少海洋水体污染，首先要做好水体污染的监测工作。航空遥感是海洋水体污染监测的重要技术手段，具有其他技术手段无法媲美的覆盖面广、时效性强、精度高的优势。利用航空遥感技术对海洋污染水体进行监测，可以获取污染海域的基本状况和发展程度的数据和资料，通过对污染海域航空遥感影像的分析，可以快速监测出水体污染源的类型、位置分布以及水体污染的分布范围等，连续的航空监测还可提供水体污染的扩散方向和漂移速度等致灾趋势信息，从而对海洋水体污染做出准确、客观的评价，为防控海洋水体污染提供决策依据。

目前航空遥感在海洋水体污染监测方面的应用实践，使用包括可见光、红外紫外、微波辐射计、侧视雷达、合成孔径雷达、高光谱等多种传感器，获取多源高分辨率多时相遥感影像，组合集成各类航空遥感技术提取污染水体的外缘线、分布范围、面积、形状、密度、组成分类、扩散漂移速度、方向等信息，基于多源高分辨率的遥感影像可以快速监测短期的海洋水体变化，基于多时间段的遥感影像可以监测长期的水体变化。

7.3.1.1　赤潮监测

航空遥感在赤潮监测和监视中，具有速度快、覆盖面大、视距范围大、分辨率高等特点，成为赤潮监测的重要手段。利用航空遥感技术测定赤潮的时空分布，反映其聚集特点及严重程度的表观特征，获取赤潮光谱特征，识别赤潮生物种类，通过在赤潮发生期间进行赤潮区域和影响范围的大尺度监测，掌握赤潮水体的扩展、漂移等动态变化情况，为赤潮防控提供科学依据（表 7.3）。我国的赤潮航空遥感监测始于 20 世纪 80 年代末，经历了从简单监测到复杂监测、由目视监测到传感器监测、由单一要素到海洋环境多要素、从定性识别监测到定量（赤潮种类）监测的发展过程。

表7.3　赤潮监测航空遥感技术明细

遥感技术	波长范围	监测产品
可见光	380 ~ 760 nm	赤潮颜色 赤潮致灾生物初判 赤潮水体特征 赤潮分布特征 赤潮密集度估算 赤潮外缘线 赤潮面积 赤潮漂移趋势

续表 7.3

遥感技术	波长范围	监测产品
高光谱	400 ~ 860 nm 纳米级光谱分辨率	赤潮光谱 赤潮发生准确识别 赤潮生物优势种识别 赤潮外缘线 赤潮密集度 测区赤潮面积
红外	8 ~ 14 μm	赤潮水团亮温分布

1）赤潮可见光航空监测

在航空遥测赤潮中，利用可见光遥测赤潮是机载传感器遥测赤潮的重要手段之一，可以完成对赤潮外观细节表观描述。依据赤潮发生时形成表面特征、物理特征，并结合易发生赤潮海区的分布特征，通过合理的飞行方式，利用目视解译法实现机载可见光设备赤潮监测。

（1）赤潮颜色及生物种类研判

一般情况下，未发生赤潮的海域海水颜色正常且较为均匀，当赤潮发生时，海水的颜色有明显的改变，并且因引发赤潮的生物种类不同，赤潮会产生不同的颜色（图 7.15 至图 7.20），如：中缢虫、夜光虫形成的颜色呈红色或砖红色；甲藻、鞭毛藻形成的赤潮呈绿色；短裸甲藻形成的赤潮呈黄色；金球藻和某些硅藻形成的赤潮呈褐色。

（2）赤潮海域海水透明度

当赤潮发生时，由于海水的颜色发生变化、海藻的密度暴增，使海水的透明度明显降低且呈现海水混浊现象。

（3）局部细节特征

为保证对异常海域的细节特征，如：颜色、形状、海水透明度的观察，视海上能见度状况，飞机飞行高度选择 100 ~ 200 m，跨越异常海域边缘的上方飞行。

（4）大范围分布特征

为保证对异常海域的分布特征，如块状、条带状的不规则形状及颜色的不均匀分布进行观察，视海上能见度状况，飞机飞行高度选择 300 ~ 600 m，穿越异常海域飞行。

图 7.15　呈红色絮状的赤潮

图 7.16　呈褐色条带状的赤潮

图 7.17　呈黄色片状的赤潮

图 7.18　呈红色条带状的赤潮

图 7.19　呈绿色片状的赤潮

图 7.20　呈褐色片状的赤潮

（5）赤潮区边缘定位和面积测量

　　监测飞机在赤潮海域正上方飞行，飞行高度为 200～1 000 m，航速 200 km/h。对赤潮边缘线进行地理定位数据采点，基于 GIS 平台，提取赤潮外缘线定位数据，制作赤潮监测解译图等相关产品，计算分析赤潮发生的区域、面积、中心位置和分布等，监测赤潮发展变化情况（图 7.21）。

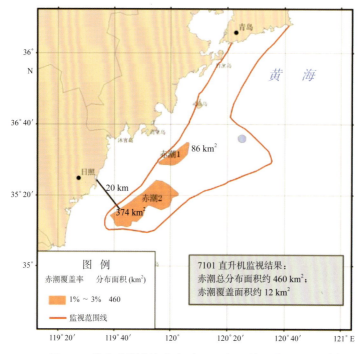

图 7.21　航空监测赤潮分布（2012 年 5 月 29 日日照海域）

（6）赤潮水体漂移、扩散动态研究

对赤潮发生海域进行连续飞行跟踪监视监测，通过多次监测数据的比对分析，确定相邻监测日期内赤潮的区域位置及面积变化，以对赤潮水体漂移、扩散进行动态监测，为赤潮的预报、影响范围预报提供可靠的依据。

2）赤潮高光谱航空监测

高光谱航空遥感是遥感技术的前沿，具有高光谱分辨率、高信噪比的特点，适用于海洋表面微弱混合信号的探测，它不仅可以对赤潮进行定性研究，由于其波谱分辨率达到纳米级，因而能够实现赤潮光谱信息的定量化研究，在赤潮生物种类识别方面优势明显。

赤潮航空高光谱遥感的目的是利用机载高光谱成像仪数据快速精确地获取赤潮的分布、面积、分类等信息，为赤潮灾害监视监测提供科学决策依据。发现赤潮，制定相应的飞行计划，实施机载高光谱数据采集，利用仪器检校的参数对数据进行辐射校正、几何校正等预处理。在充分掌握赤潮水体和正常海水光谱特征的前提下，基于赤潮生物光谱响应敏感波段的选择结果，建立合理的赤潮发生检测模型，对高光谱图像进行非监督分类，实现基于高光谱的赤潮监测。

（1）参考光谱数据获取

利用地物光谱仪，采用海面观测方法测量赤潮光谱；

收集历史数据，调研与赤潮研究相关的国家级科研项目，通过数据共享等渠道，收集已知优势种的赤潮光谱数据；

实验条件下获取的赤潮光谱曲线。

（2）赤潮光谱特征分析

基于实验获取的赤潮光谱曲线和同步生物数据，参照赤潮标准地物光谱曲线或野外实测赤潮波谱曲线，应用光谱包络分析、光谱微分、吸收指数等技术，提取典型赤潮光谱特征，为检测算法提供用于计算的光谱子集。

赤潮发生时，浮游生物的过度繁殖或高度聚集导致水体光学信号的改变，比较赤潮暴发海区周围海水光谱的吸收峰和反射峰，遴选出了赤潮生物光谱响应的敏感波段。根据相关研究，在赤潮水体光谱曲线中，位于 440 ~ 460 nm 和 650 ~ 670 nm 处的光谱吸收峰由叶绿素的吸收所致，685 ~ 710 nm 处的反射峰是赤潮水体的特征反射峰（红色中缢虫赤潮水体的光谱曲线例外），与非赤潮水体相比，不同优势种类赤潮水体在该波段范围内均有一强反射峰。不同优势种类赤潮水体光谱曲线，其反射峰位置亦有差别，红色中缢虫赤潮的第二反射峰位于 726 ~ 732 nm，其光谱位置与其他优势种类赤潮第二反射峰的距离大于 21 nm；丹麦细柱藻赤潮的第二反射峰位于 686 ~ 694 nm（图 7.22）；中肋骨条藻赤潮的第二反射峰位于 691 ~ 693 nm；海洋褐胞藻赤潮的第二反射峰位于 703 ~ 705 nm。上述特征为赤潮高光谱遥感发现检测提供了光谱条件。

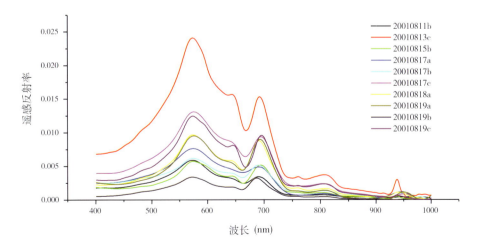

图 7.22　丹麦细柱藻赤潮水体遥感反射率曲线

（3）赤潮发生判别

利用成像光谱仪获得的光谱数据得到赤潮生物光谱曲线，使用最优化方法数值计算确定出光谱曲线的极值点，将这些极值点与参考赤潮光谱子集比对，判别赤潮。

正常水体的叶绿素荧光峰位于 685 nm，浮游植物赤潮水体的叶绿素荧光峰的中心位置大于 685 nm，在 685 ~ 710 nm 范围内。在此范围内，成像光谱仪优于 5 nm 的光谱分辨率，具有检测荧光峰的能力，建立基于图像像元光谱的荧光峰位置和归一化梯度差的赤潮发生检测模型。首先，给定松弛量 $\varepsilon > 0$；然后，寻找像元相对反射率光谱在 680 ~ 735 nm 范围内的极大值点和 620 ~ 680 nm 范围内的极小值点；如果极大值点不存在，则判断像元属性为正常水体；否则继续判断极大值点与 685 的大小关系，如果极大值点小于或等于 685，则判断像元属性为正常水体；否则计算归一化梯度差 NGD，如果 $NGD < -\varepsilon$，则判断像元属性为正常水体，如果 $NGD > \varepsilon$，则判断像元属性为赤潮水体；如果 $abs(NGD) \leqslant \varepsilon$，则判断像元属性为赤潮和正常水体间的过渡水体。

$$NGD = \frac{DN_{\max} - DN_{\min}}{band_{\max} - band_{\min}} \tag{7.27}$$

式中，$band_{\max}$ 和 $band_{\min}$ 分别为极大值点和极小值点对应的波长位置；$DN_{\max}$ 和 $DN_{\min}$ 分别为极大值点和极小值点对应的 DN 值。模型的上述过程依次作用于高光谱图像中的每一个像元，即可完成图像覆盖空间的赤潮发生检测。

2003 年 7 月 7 日中国海监飞机获取的青岛附近海域的赤潮高光谱图像数据，对其进行反射率转换和数据存储方式变换后，生成以 BIP 格式存放的高光谱反射率数据。模型的输出结果以图像的形式给出，并应用伪彩色分割表达，其中红色表示赤潮水体，蓝色表示正常水体（图 7.23）。

（4）赤潮生物优势种识别分类

不同生物优势种的赤潮水体除叶绿素 a 浓度不同外，其附属色素在不同的光谱波段上具有细微的区别，表现在光谱曲线上，即吸收峰位置、反射峰位置、谱峰宽度和吸收深度不同，因此，可利用具有纳米级光谱分辨率的航空高光谱数据进行赤潮生物优势种类识别，常用的识别方法有光谱角度分析法 (SAM)、光谱相似度匹配法 (SCM) 和支持向量机法 (SVM) 等。

图 7.23　高光谱图像
赤潮水体识别

比较和综合研究各类赤潮生物种光谱识别方法，光谱角度分析法 (SAM) 是目前精度高而适应性广的识别方法。光谱角度分析法 (SAM) 通过计算一个高光谱图像像元光谱与参考光谱之间的"角度"来确定两者之间的相似性。在应用光谱角度分析法进行光谱匹配识别之前，需要进行高光谱图像像元光谱和地物波谱数据处理工作，包括光谱重采样和光谱曲线低通平滑等。

在光谱角度分析法中，通过下式来确定高光谱图像像元光谱 $T = (t_1, t_2, \cdots, t_n)$ 与参考光谱 $R = (r_1, r_2, \cdots, r_n)$ 的相似性：

$$\alpha = \cos^{-1}\left[\frac{\sum_{i=1}^{n} t_i r_i}{\left(\sum_{i=1}^{n} t_i^2\right)^{\frac{1}{2}}\left(\sum_{i=1}^{n} r_i^2\right)^{\frac{1}{2}}}\right] \tag{7.28}$$

式中，n 为波段数。图 7.24 为两个波段时的几何表达。

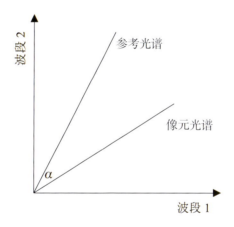

图 7.24　波谱夹角法示意图

光谱角度分析法计算的两个向量之间的角度不受向量本身长度的影响，因此两个光谱之间相似度量并不受增益因素的影响。环境噪声的作用反映在同一方向直线的不同位置上，利用这一点，光谱角度分析法可以减弱环境噪声对辐射量的贡献。

2001 年 8 月 25 日在鲅鱼圈港暴发了赤潮，海监飞机获取了高光谱数据，此次赤潮在港池内呈红色条带状分布，通过光谱角度分析法鉴定分析，确定生物优势种为红色中缢虫，海面同步采样验证正确（表 7.4，图 7.25）。

表7.4　高光谱监测赤潮生物优势种类识别列表

监测科目	明细
高光谱数据获取时间	2001 年 8 月 25 日
高光谱数据获取地点	鲅鱼圈港港池
高光谱赤潮生物优势种识别方法	光谱角度分析法 SAM
高光谱识别赤潮生物优势种	红色中缢虫
海面采样赤潮生物优势种类型	红色中缢虫
赤潮颜色、形状	红色条带状

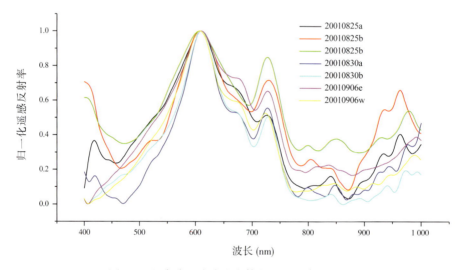

图 7.25　红色中缢虫赤潮水体归一化遥感反射率曲线

7.3.1.2　绿潮监测

2008 年 5 月 30 日，中国海监 B–3843 飞机黄海巡航时，在距奥运会帆船比赛地青岛东南约 150 km，发现大面积绿潮，成为最早发现绿潮并预警的监测平台。此后，航空遥感提供的绿潮监测数据成果为防控绿潮灾害发挥了重要作用。通过多年的绿潮监测实践，航空遥感正逐步建立以可见光、合成孔径雷达、高光谱等多种遥感设备集成使用的监测体系，成为目前绿潮监测的主要手段（表 7.5）。

表7.5 绿潮监测航空遥感技术明细

遥感技术	波长范围	监测产品
可见光	380 ~ 760 nm	绿潮颜色 绿潮致灾生物初判 绿潮分布特征 绿潮覆盖率估算 绿潮外缘线 绿潮面积 绿潮漂移趋势
高光谱	400 ~ 860 nm 纳米级光谱分辨率	绿潮光谱 绿潮生物种识别 绿潮分布 绿潮覆盖率 测区绿潮面积
红外	8 ~ 14 μm	绿潮覆盖率 绿潮外缘线
合成孔径雷达	1 mm 至 30 cm	绿潮分布 绿潮覆盖率 绿潮外缘线 绿潮面积 绿潮漂移趋势

1）绿潮可见光航空监测

基于机载可见光设备的绿潮监视监测，是绿潮监测的常规手段，可以完成对绿潮细节表观描述。依据绿潮发生时形成表面特征、物理特征，并结合易发生绿潮海区的分布特征，通过合理的飞行方式，沿绿潮分布外缘线飞行，结合绿潮分布区域的覆盖飞行法，利用目视解译法实现机载可见光设备绿潮监测。

（1）绿潮航片增强处理

绿潮航片的增强处理目的是将原来不清晰的图像变得清晰或强调某些感兴趣的特征，抑制不感兴趣的特征，使之改善图像质量，丰富信息量，加强图像判读和识别效果，使影像色彩丰富，色调均匀，反差适中。方法主要有：对比度增强、反差拉伸、饱和度调整等（图 7.26）。

图 7.26　绿潮监测航片

（2）绿潮航片定位

根据机载地理定位信息，以时间轴为参照，结合典型地物特征及周边分布，建立航片定位信息，完成几何纠正。

（3）绿潮信息提取

分别对航片中绿潮和海水的红、绿、蓝波段进行分析，根据绿潮和正常海水在可见光范围的比对信息，在绿光波段范围内绿潮反射率比正常海水大，而在蓝光波段范围内绿潮反射率比正常海水小的特征，利用绿波段与蓝波段的比值运算以区分绿潮区和非绿潮区（正常海水）（图 7.27）。

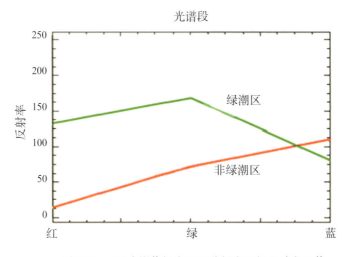

图 7.27　可见光影像绿潮区和非绿潮区绿蓝波段比值

（4）绿潮统计与图件制作

对影像图进行滤波处理，消除耀斑对浒苔信息提取的影响，完成浒苔分布面积、实际覆盖面积、浒苔覆盖度等信息的统计，并生成相关绿潮图件（图7.28）。

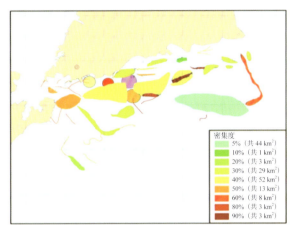

密集度
5%（共44 km²）
10%（共1 km²）
20%（共3 km²）
30%（共29 km²）
40%（共52 km²）
50%（共13 km²）
60%（共8 km²）
80%（共3 km²）
90%（共3 km²）

图7.28　航空监测绿潮分布（2008年7月2日下午）

（5）绿潮漂移、扩散动态研究

对绿潮发生海域进行连续飞行跟踪监视监测，通过多次监测数据的比对分析，确定一段监测日期内绿潮的区域位置及面积变化，以对绿潮漂移、扩散进行动态监测，为绿潮的预报、影响范围预报提供可靠的依据。

2）绿潮高光谱航空监测

机载高光谱数据具有图谱合一的特点，既有较高的光谱分辨率，又有较高的图像分辨率，适合分布范围较大的绿潮定量化监测，在绿潮的面积、外缘线、覆盖率以及扩散漂移等参数的确定中发挥重要作用。高光谱绿潮监测是基于自然海水表面和覆盖海水表面的绿潮致灾大型藻类光谱特征的差异展开的，而高光谱纳米级的光谱分辨率能够区分识别以上差异（图7.29）。

（1）绿潮光谱特征分析

绿潮具有与陆地绿色植被类似且显著区别于海水的光谱特征，以浒苔为例，其含有丰富的叶绿素，当浒苔覆盖海面时，由于叶绿素对太阳光的反射、吸收

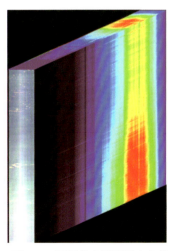

图7.29　绿潮高光谱图谱立方体

和散射作用，海水表面光谱将发生显著变化，使得海水光谱曲线在可见光的蓝光波段和红光波段产生吸收谷，在近红外波段出现类似于植被光谱曲线的高反射峰。

光谱信息的实际测量得出，浒苔在蓝光和红光波段的吸收谷具体出现在 400 ~ 500 nm 和 670 nm 附近，在近红外波段的反射峰出现在 675 ~ 800 nm 范围内（图 7.30）。而正常海水在可见光波段反射率很小，在近红外波段反射率几乎为 0。因此利用浒苔与正常海水在可见光和近红外波段的光谱特性差异建立浒苔遥感监测模型，这是高光谱遥感提取水面浒苔信息的基础。

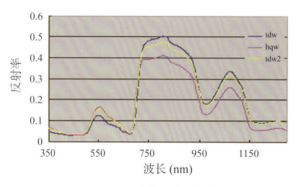

图 7.30　浒苔光谱反射率曲线

（2）绿潮分类与信息提取

从预分类的图像区域中选定绿潮、海水样区，建立分类标准，按照同样的标准对整个影像进行识别和分类。常用的分类方法包括：平行六面体、最小距离、马氏距离、最大似然、波谱角 (SAM) 以及二进制（图 7.31）。

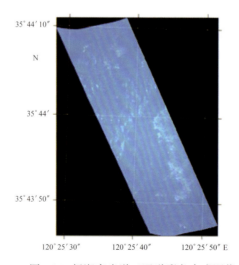

图 7.31　绿潮高光谱三通道彩色合成图像

由于绿潮与海水在光谱特征的显著区别，运用 ISODATA 算法，迭代自组织数据分析技术，基于最小光谱距离方程产生聚类，生成初始类别作为"种子"，依据某个判别规则进行自动迭代聚类，在两次迭代间对上一次迭代的聚类结果进行统计分析，根据统计参数对已有类别进行取消、分裂、合并处理，并继续进行下一次迭代，直至超过最大迭代次数或者满足分类参数（阈值），按照像元的光谱特性完成对绿潮目标的分析统计。

分类后提取得到的绿藻光谱信息（图 7.32）与实测光谱相比较，进一步验证分类结果的正确性，剔除干扰点。

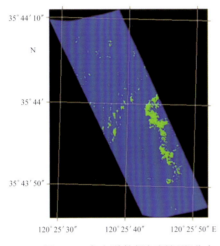

图 7.32　高光谱数据解译绿潮分布

3）绿潮合成孔径雷达航空监测

微波遥感具有全天时、全天候监测的优点，目前常作为光学遥感监测绿潮的辅助手段，并以主动雷达遥感数据应用为主。机载合成孔径雷达是目前常用的主动式高分辨率的微波传感器，它向地表发射电磁波并通过对回波信号距离向的脉冲压缩技术和方位向的合成孔径技术获取二维图像。在绿潮监测方面，机载合成孔径雷达能够多波段、多极化、多视向、多俯角地对海洋和陆地进行高分辨率的主动成像观测，具有穿透云、雨、雾等大气遮挡实施遥感探测的能力，不仅能够实时、高效地对绿潮进行监测，而且在空域紧张、气象条件不佳时，机载 SAR 仍可以发挥其优势，正常获取适用的监测数据。

（1）绿潮 SAR 图像解析

在合成孔径雷达图像上，由于表面粗糙度不同，浒苔、水体、船只和陆地回波信号所得到的灰度值或后向散射系数差异明显。由于浒苔等大型海藻生物的存在，绿潮在海面上分散、堆积或悬浮，导致海洋表面粗糙度增加。合成孔径雷达发射的电磁波在绿潮海面发生反射、透射、折射和吸收，使后向散射强度发生了变化，其相对于平滑海面的后向散射系数增加，在 SAR 图像上与其他地物差别显著（图 7.33）。

图 7.33　绿潮机载 SAR 监测图像（2015 年 7 月 5 日山东千里岩岛附近）

（2）SAR 图像相干斑滤除

基于机载 SAR 图像的特点，进行绿潮目标检测前，应首先对 SAR 图像做相干斑滤波，一方面可以滤除相干斑噪声，另一方面对图像进行平滑，有助于目标分割后的连通性。常用的滤波算法有均值滤波、中值滤波、自适应滤波等，由于均值滤波、中值滤波在滤除相干斑噪声的同时，也降低了图像的分辨率，因此降低图像分辨率微小的自适应滤波较适宜于 SAR 图像去除相干斑噪声。

自适应滤波分为 Lee 滤波器、增强型 Lee 滤波器、Frost 滤波器、增强型 Frost 滤波器、Gamma 滤波器、Kuan 滤波器、Local Sigma 滤波器、比特误差滤波器等，针对 SAR 图像的实际情况，可灵活选用。

（3）绿潮 SAR 数据分类与信息提取

基于绿潮在 SAR 图像上的特征，分析浒苔所在的灰度或后向散射系数的有效范围，基于此通过图像的阈值分割法可以实现绿潮分类与信息提取。通过设定 SAR 图像的灰度阈值，将正常海水与浒苔覆盖海水区分开，其表达形式为 $R_{min} < R_g < R_{max}$，其中 R_g 是浒苔 SAR 图像灰度值，R_{min} 和 R_{max} 是浒苔的最小和最大灰度值。

通过对整个绿潮监测 SAR 图像的阈值分割，实现绿潮的分类、统计及相关信息提取，制作绿潮成果图件（图 7.34）。

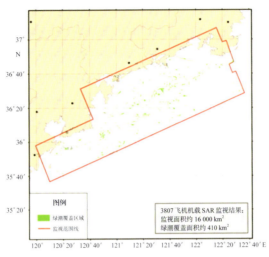

图 7.34 绿潮分布示意图（2015 年 7 月 5 日）

7.3.1.3 溢油监测

航空遥感以其监测范围大、获取速度快、信息量大、机动性强等特点，成为发达国家普遍使用的溢油监测手段。航空遥感能够及时发现溢油事故，发现污染源、确定污染的区域范围和估算油的含量，对事故的发生和发展进行监测与跟踪评估，得到溢油的扩散方向和速度，制定相应的对策和措施，为溢油海域海洋生态环境科学评估及相关后续工作提供支持（表 7.6）。

表 7.6 溢油监测航空遥感技术明细

遥感技术	波长范围	监测产品
可见光	380 ~ 760 nm	溢油颜色 溢油油种初判 溢油分布特征 溢油密度估算 溢油外缘线 溢油面积 油膜厚度估算 溢油量估算 溢油漂移趋势

遥感技术	波长范围	监测产品
高光谱	400 ～ 860 nm 纳米级光谱分辨率	溢油光谱 溢油油种识别 溢油密度 溢油分布 溢油外缘线 溢油面积
红外	8 ～ 14 μm	油膜亮温 溢油分布 溢油密度分割（厚度分类）
紫外	300 ～ 380 nm	溢油分布 溢油密度分割（厚度分类）
雷达	1 mm 至 30 cm	溢油分布 溢油密度 溢油外缘线 溢油面积 溢油漂移趋势
微波辐射计	8 mm、1.35 cm、3 cm	油膜厚度
激光	300 ～ 355 nm	溢油油种识别 溢油分类

1）溢油可见光航空监测

可见光技术是普遍航空遥感监测溢油的方法，机载可见光设备和 GPS 定位仪组合使用可以为溢油处置提供直观的应用成果。

（1）可见光监测溢油技术分析

在可见光波段上，海面油膜要比洁净海面的反射率大得多，与附近海水存在亮度差异，溢油的航空正射像片的亮度差异尤其明显，应用可见光波段 (0.4 ～ 0.7 μm) 的传感器，如照相机和摄像机，就能很好地辨析这种反射率的差别，获取溢油影像时，使用彩色胶片拍摄效果尤佳。因为油膜是浮在海水表面上的，油膜与背景海水间的反射率之差越大，成像后它们在影像上的反差就越大，有利于识别。因此，可以利用可见光设备的航片来监测溢油。

在可见光海面油膜航空遥感中，油膜与海水反射率之比的最大值在红光部分，其比值比最小的蓝光波段要大 2 倍，工作波段为 0.63 ～ 0.68 μm 的传感器能使油膜与海水的反差最大。可以用红光波段来监测海面油膜，用蓝光波段来区分油膜、航迹和泥浆水羽流，以达到可见光航空遥感监测溢油的最佳效果。

图 7.35 溢油可见光正射航片

（2）溢油可见光特征分析

在可见光波段，油膜最大反射率均出现在 0.50 ～ 0.58 μm 波谱内，在可见光航片中，油膜表面颜色呈现从银灰色至深褐或黑色分布。溢油分布由溢油源开始，呈连续条带状，油膜较轻，浮于水面，在风力和海流的双重作用下，呈较明显的锯齿状（图 7.35）。

（3）溢油面积估算

可见光航空遥感监测溢油中，溢油面积可根据航片、机载定位仪信息和同步飞行参数进行估算（图 7.36）。

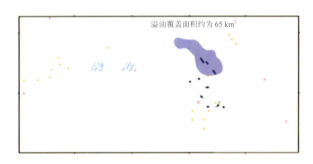

图 7.36 溢油分布示意图（2010 年 5 月 13—14 日渤中油田附近海域）

（4）油膜厚度估算

目前国际上通用的根据海面油膜色彩变化确定油膜厚度，是经过多年的试验与实践所总结出的公认有效方法，在欧共体国家被广泛采用，并作为《马坡公约》执行的附属条约，以《波恩协议》的法律形式在其签约国内得到执行。因此，可参照此种方法确定油膜厚度（表 7.7）。

表 7.7　油膜色彩与厚度关系

等级	色彩表现	油膜厚度 (μm)
1	灰色	0.1
2	彩虹色	0.3
3	蓝色	1.0
4	蓝 / 棕色	5.0
5	棕 / 黑色	15 ~ 25
6	黑棕 / 黑色	> 100

（5）油量（体积）的估算

　　油量是通过漂油的总面积与其厚度和体积之间的关系进行计算的，估算方法一般采用《波恩协议》中建议的油膜厚度的估算方法，即利用油膜色彩对应的油膜厚度与体积的关系，结合溢油面积计算出溢油体积，根据所溢油品的密度计算出溢油量。

　　溢油量计算表达式为

$$V = \sum S_i H_i \rho \tag{7.29}$$

式中，V 为溢油总量；S_i 为某一色彩对应的油膜面积；H_i 为某一色彩对应的油膜厚度；ρ 为溢出原油密度。如果为连续溢油，则根据单位时间内的溢油量计算出日溢油量和总溢油量。现以 CB6A 溢油第一航测阶段（1998 年 12 月 30 日至 1999 年 1 月 31 日）海面溢油为例，阐述溢油量计算过程。

　　对有效获取的油膜图像实行密度分割分类处理，对图像中的海面油膜进行 5 级分类，分别对应灰色、彩虹色、蓝色、蓝 / 棕色、棕 / 黑色的油膜（分类时与可见光照片、电视摄录像资料进行比对，对红外、紫外图像进行直方图分析，使上述分类分别对应油膜色彩的层次变化）(图 7.37)。根据 5 类油膜厚度分别对应 0.1 μm（灰色）、0.3 μm（彩虹色）、1.0 μm（蓝色）、5.0 μm（蓝 / 棕色）和 15 ~ 25 μm（棕 / 黑色）（其中棕 / 黑色分别以 15 μm 和 25 μm 计算）。按保守估算原则，油膜厚度大于 100 μm（油膜呈黑棕 / 黑色色调）在此不予考虑。上述 5 种厚度分类的油膜单位面积对应的体积分别为 0.1 m³/km²，0.3 m³/km²，1.0 m³/km²，5.0 m³/km² 和 15 ~ 25 m³/km²，分别以 V_1，V_2，V_3，V_4，V_5 表示（其中 V_5 分别以 15 m³/km² 和 25 m³/km² 代入计算，确定最小和最大溢油量）。

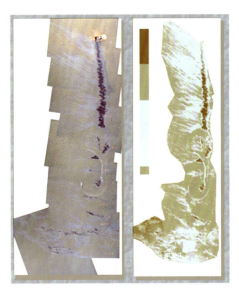

图 7.37 航空监测溢油密度分割

经对 4 次监测资料的分别统计并求平均，得出灰色油膜面积占图像中油带总面积的 7.3％，彩虹色油膜占 17.3％，蓝色油膜占 34.15％，蓝／棕色油膜占 29.51％，棕／黑色油膜占 11.54％。以上 5 个百分比分别以 P_1，P_2，P_3，P_4，P_5 表示。按保守方法处理，图像中没有记录到的油膜将以较薄厚度（1.5 μm，以 V_6 表示计算）计算其体积。以 S_0 表示海面溢油总面积（航测面积），S_1 表示图像中记录的油膜面积，则 $S_2 = S_0 - S_1$ 表示图像中未能记录的油膜面积。海面溢油量可表示为

$$海面溢油量 = \sum_{i=1}^{5} (S_1 P_1 V_1) + S_2 V_6 \tag{7.30}$$

将 1998 年 12 月 31 日图像处理获取的已知数据代入，得出海面最大溢油量为 2.58 m^3，海面最小溢油量为 2.20 m^3。

就 1998 年 12 月 31 日溢油而言，经计算可知油膜扩散运移 10 km 需 4 h，忽略平潮时的溢油扩散，则每日的溢油量应是上述溢油量的 5 倍，日溢油量应为

当日最大溢油量 ＝ 海面溢油量 × 5 = 2.58 × 5 = 12.90 m^3/d

当日最小溢油量 ＝ 海面溢油量 × 5 = 2.20 × 5 = 11.00 m^3/d。

（6）溢油漂移、扩散动态研究

对溢油发生海域进行连续飞行跟踪监视监测，通过多次监测数据的比对分析，确定一段监测日期内溢油的区域位置及面积变化，以对溢油漂移、扩散进行动态监测，为溢油防控提供可靠的依据（图 7.38）。

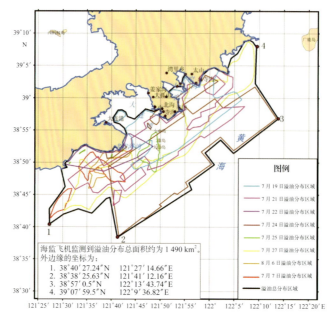

图 7.38 大连新港溢油航空监测分布

2）溢油红外紫外航空监测

红外、紫外遥感是目前航空遥感监测海面溢油的两种主要技术手段，由于红外与紫外工作方式非常相似，常被组合使用。油膜和海水之间在热辐射以及光谱反射等方面的差异，导致遥感影像中油膜覆盖区与正常海水在亮度、纹理和颜色等方面存在一定差异。紫外对油的反射在薄的油膜或油层上反射最强，并且比周围的水反射更强，它能产生一个水和油的高对比的图像。红外探测的溢油比紫外探测的更厚，能穿透一些雾和小雨，并可在晚间工作。

（1）红外遥感溢油技术分析

溢油在海水上形成一层油膜，吸收阳光并把所吸收的一部分太阳能（基本在 8 ~ 14 μm 区域）作为热能释放。红外成像后厚的油膜呈现热效应，中间的油膜呈现冷效应，可探测到的最薄油膜的厚度是在 20 ~ 50 μm。红外遥感技术探测溢油使用的波长多在红外区 8 ~ 14 μm，机载的红外监测设备在飞机飞行的垂直方向进行扫描，可以得到非常清晰的海面油污图像。红外监视仪是根据红外线波长为 3 μm 时，在海面上有独特的反射特性研制的，不受气候及光线条件的影响，白天、黑夜都能可靠工作，即使在薄雾天气也能监测。但是对薄的油膜辨别能力差，如果海面出现温度迥异的水流，将影响其辨别能力。

工作在热红外波段的机载红外扫描仪，以接收和记录目标的红外辐射能量为主，包括少量目标反射周围环境的热辐射和大气路径辐射能量，后两部分在特定的条件下可以忽略不计或用某种数学－物理模式加以校正。在某一温度下，物体热辐射能力的相对大小用光谱辐射率（或简称辐射率）ε 来描述。对很窄的谱段（如 8 ～ 14 μm），当被测物体接近黑体时，利用普朗克公式和积分中值定理，推出光谱辐射率 ε 表达如下：

$$\varepsilon = 1 + \frac{c\delta T}{\lambda T^2} \tag{7.31}$$

式中，c 为常数 $(1.44 \times 10^{-2} \text{mK})$；$\lambda$ 为谱段中心波长；δT 为物体辐射温度与测温学温度（实测温度）之差；T 为物体实测温度。

在海洋遥感的情况下，由于海水的辐射率接近于 1，可以把海水视为黑体，如测得目标（如油膜）与背景海水的辐射温度差 (δT) 及海水实际温度 (T)，即可计算出目标物质的辐射率（忽略环境辐射影响）。若进一步考虑，如果不把海水视为黑体，则式 (7.31) 修改为

$$\varepsilon = \varepsilon_w \left(1 + \frac{c\delta T}{\lambda T^2}\right) \tag{7.32}$$

式中，ε_w 为海水的辐射率，在 8 ～ 14 μm 谱段内其值为 0.993；λ 为波长；T 为实际的热力学温度；c 为 1.44×10^{-2} mK。

从式中可以看出，即使实际温度相同，在热红外图像中，油膜比海水冷。对厚度小于 1 mm 的薄油膜，比辐射率随厚度而增加。由于以上特点，红外遥感无论在白天和黑夜都能有效地发现油膜，有轻雾时也能获得较好的图像。

（2）红外溢油识别

在 8 ～ 12 μm 波段范围内探测油膜发出的红外辐射，由于油膜比周围清洁水体所发出的辐射要慢许多，所以在灰度级（或定义的颜色）上显示不同，厚的油膜（约大于 0.5 mm）会比周围海水更快地吸收太阳光。

就油膜在成像图像的表现特征来看，由于海水的比辐射率为 0.988，而大多数油膜的比辐射率为 0.964 ～ 0.971，油膜的辐射率低于海水，因此在红外扫描仪获取的红外图像上，油膜比周围海水"冷"，灰度比周围海水大，呈黑灰色。使用红外扫描仪 (8 ～ 12.5 μm)，能探测出厚度 0.01 mm 以上的海上油膜，这也是油污染相对较为集中的部分。在热红外波段，能清晰地探测出海面油污染，航空红外传感器能可靠地分辨出溢油覆盖区及漂移扩散情况，其图像比可见光波段清晰(图7.39)。

图 7.39 机载红外
监测溢油图像

（3）紫外遥感溢油技术分析

紫外谱段的波长范围为 0.01 ~ 0.4 μm，小于可见光波段。溢油污染中，油膜漂浮于海水表面，对太阳光中紫外线部分形成一良好反射层。由于大气层臭氧 (O_2, O_3) 的强烈吸收，在其短波波段 (< 0.25 μm) 部分，已无多少紫外光，基本不能到达海面。同时，海面上的油膜反射、辐射较强，产生一定的荧光特性，另外在大于 0.25 μm 处，受到大气溶胶的影响，使得紫外遥感主要在 0.3 ~ 0.4 μm 波长内进行，其传感器从空中可探测海面的垂直高度大致为 200 m 以内，紫外扫描仪或相机属于被动传感器，使用大约 0.3 μm 波长来探测被反射的紫外线。紫外传感器被垂直固定在飞机腹部，在飞机飞过油膜上空时，能连续获取油膜区域的图像，特别是对极薄的油非常敏感。综上所述，机载紫外扫描仪可作为航空遥感监测海面油污染（尤其是薄油膜）的重要手段，但传感器的使用仅适于白昼。

（4）紫外遥感溢油识别

紫外遥感监测溢油是基于海水表面和油膜对太阳辐射中紫外光谱区的反射特征不同以及在这种辐射的作用下激发荧光的特征，油膜在紫外光谱区的反射强度和油膜厚度有关，薄油膜对紫外光的反射率比海水高 1.2 ~ 1.8 倍，呈亮白色。大量实验证明，0.28 ~ 0.4 μm(尤其是 0.32 ~ 0.38 μm) 紫外光谱区薄油膜比海水的反射强得多，因此可以区分出油污和海水。使用 0.28 ~ 0.38 μm 波段的紫外扫描仪，作用波段位于油膜荧光处，油膜较海面有着更高的反射率，在紫外成像图中油膜呈淡色调，厚度为 0.1 μm 以上的薄油膜均有显示（图 7.40）。

图 7.40 溢油紫外图像

（5）红外紫外集成遥感溢油

红外遥感技术探测溢油的缺点是不能区分海洋里浮游植物与溢油，红外具有对厚的油膜部分探测的能力，对薄的油膜不敏感。紫外遥感器的缺点是它不能区分波浪或平静水面对太阳的闪光、风对海水的作用产生的闪光与海上溢油的闪光，更不能区分水生植物、水下的海草与水上的溢油。由于对溢油的紫外遥感图像与红外遥感图像有明显的区别，所以结合紫外遥感技术与红外遥感技术可以提供一个比使用单一技术更为有效的溢油探测手段。将红外和紫外两种结果进行比对，特别是在同一显示器上实时并列显示各自结果时，能突出较厚的油膜部分，将紫外和红外图像重叠可以被用来产生一个溢油膜相对厚度的图像（图7.41）。

综合利用机载传感器的紫外波段和红外波段对溢油进行监视，可以达到有效监测溢油，对厚度做出大致分类的目的。

3）溢油高光谱航空监测

机载成像光谱仪可收集上百个非常窄的光谱波段信息，在成像的同时还可以获取目标丰富的光谱信息，有着高光谱和高空间分辨率，能获得图像每一像元的有效连续反射光谱，具备确定目标细节的潜力，成为独特的不可替代的溢油监测的重要数据源，适用于对溢油有关信息的提取。

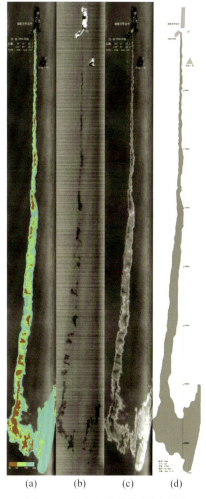

图 7.41 航空红外紫外监测成果
(a) 密度分割图；(b) 红外图像；
(c) 紫外图像；(d) 分布解译图

（1）溢油光谱特征分析

由于高光谱数据具有纳米级的光谱分辨率，因此各类油种的光谱特征分析对于高光谱监测溢油尤为重要。

海洋溢油油品的主要类型是柴油、润滑油和原油。如图 7.42 所示，柴油的反射率远高于海水；润滑油在蓝绿光波段反射率高于海水，在红光 673 nm 和近红外波段则低于海水；原油在可见光波段低于海水而在近红外波 (849 nm) 则高于海水。海水的吸收在 725 nm 处至近红外方向，其在 736 nm 和 774 nm 处也有二个吸收峰，吸收强度较弱，而在近红外波段 928 nm、1 036 nm 处的吸收较强。3 种油品与海水的差异在不同波段位置是不同的，柴油与海水反差的最大值在 399 nm 和 426 nm 处，次峰值在 930 nm 处；润滑油与海水反差的最大值在 407 nm 和 429 nm 处，并逐渐向红光方向降低；原油和海水反差与上述二类油品不同，最大值在近红外方向上。在 933 nm、1 073 nm 处各有一峰值，原油与海水反差在蓝绿光波段最低，向两侧增高，在紫外和红外方向均有出现油水差峰值的可能。

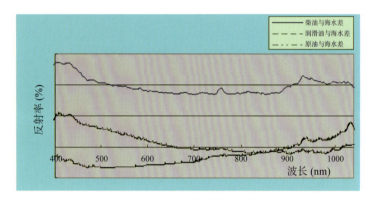

图 7.42　油水差值反射率曲线

　　在海洋溢油中以原油类溢油的危害性最大，其污染面积大、持续时间长，清理难度大，对海洋生态系统的破坏严重。溢油监测中原油污染是其中的监测重点，以原油为例，在 400 ～ 900 nm 波谱范围内，水体中原油类溢油污染光谱曲线主要体现在 2 个吸收峰和 3 个反射峰，2 个吸收峰分别为 650 ～ 680 nm 和 740 ～ 760 nm，3 个反射峰分别为 570 ～ 590 nm、680 ～ 710 nm 和 810 ～ 830 nm。相应分析其他油种，可以得出其各自的光谱特征，为进一步的识别奠定基础。

（2）溢油高光谱数据油种鉴别

　　基于自然界中任何地物都具有其自身的电磁辐射规律，具有其自身的光谱曲线特征的原理，对高光谱数据可以通过波谱分析分类方法进行溢油信息识别。在建立波谱库的基础上，根据不同油种的光谱特征，用基于光谱角匹配 (SAM) 和波谱特征拟合算法 (SFF) 结合的波谱分析方法对油种进行识别。

　　SAM 把光谱看作多维矢量，计算两光谱向量的广义夹角，夹角越小，光谱越相似，按照给定的相似性的阈值将未知光谱进行分类。在 N 维空间上，光谱角分类方法也可以以数学公式的形式来获得估计像元光谱矢量与参考光谱矢量之间的角度，其光谱角的数学表达式为

$$\alpha = \arccos \frac{\sum XY}{\sqrt{\sum (X)^2 \sum (Y)^2}} \tag{7.33}$$

式中，α 为影像像元光谱与参考光谱之间的夹角（光谱角）；X 为影像像元光谱曲线矢量；Y 为参考光谱曲线矢量。

　　SFF 使用最小二乘方技术将图像中每一个像元的光谱曲线与所选择的参考光谱曲线的吸收特征进行拟合。

　　通过溢油高光谱图像像元光谱和各油种波谱数据处理工作，包括光谱重采样和光谱曲线低通平滑等，为油种识别波谱分析，提供用于计算匹配程度的数据源。根据两种算法结合的分析方法，计算匹配值并排序，确认匹配值最高的油种类型。只要样品中烃含量高，与柴油、汽油或苯等不匹配，就可以把它们与不同类型原油信号匹配，从而区分出原油、柴油或机油等油种（图 7.43）。采用这种波谱分析法，可以充分发挥成像光谱仪高光谱的优势，避免误判。

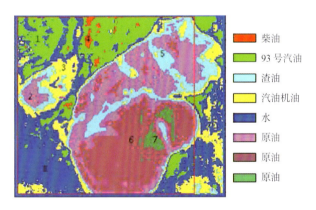

图 7.43　光谱分析法油种识别

（3）溢油高光谱图像去条带

　　针对高光谱的图像扫描特点，采用灰度列均衡法以达到去除扫描条带之目的，即有效空间像元为 K，图像共有 m 个扫描行，校正公式为

$$X(x,y) = X'(x,y) \frac{M}{M(y)} \tag{7.34}$$

式中，$X(x,y)$ 为图像中第 y 行 x 列像元修正后的值；$X'(x,y)$ 为图像中第 y 行 x 列像元的测量值。M 为整幅图像的灰度平均值：

$$M = \frac{\sum\limits_{i=0}^{k} \sum\limits_{j=0}^{m} DN_{\text{pixel}(i,j)}}{km} \tag{7.35}$$

$M(y)$ 为相应的光敏元整幅图像上一列的平均值：$M(y) = \dfrac{\sum\limits_{j=0}^{m} DN_{\text{pixel}(i,j)}}{m}$。

（4）溢油高光谱图像彩色合成

高光谱遥感图像解译在相当大的程度上依赖于目视方法。由于人眼对彩色敏感且分辨率高，故应充分利用信息丰富的彩色合成图像进行目标判读。一般的数字图像处理系统都采用三色合成原理形成彩色图像，即在 3 个通道上安置 3 个波段图像，然后分别赋予红、绿、蓝色并叠合在一起，形成彩色图像。

根据高光谱相关性高、信息重叠的数据特点，基于统计特征基础上的多维正交线性变换，采用主成分分析法 (PCA) 降维，较多的变量转化成彼此相互独立的变量，合成大连新港溢油高光谱彩色图像，分析溢油分布信息。

比对分析溢油高光谱 RGB 波段合成彩色图像（图 7.44）和主成分分析法合成彩色图像（图 7.45），两者都能分辨溢油和海水，主成分分析法合成的彩色图像增强信息含量、隔离噪声、减少数据维数、细节更清晰，不同厚度溢油表观、船舶轨迹等信息量更大，研判效果更好。

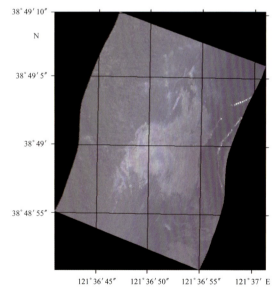

图 7.44　溢油高光谱 RGB 波段合成彩色图像

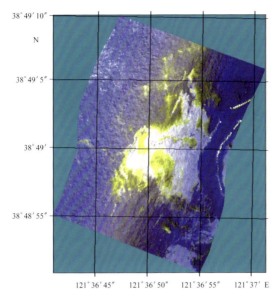

图 7.45 溢油高光谱主成分分析法合成彩色图像

（5）溢油高光谱图像解译与信息统计

由于大部分溢油的油种单一，在确认油种的基础上，可比对油种与海水光谱曲线，确认差值最大波段，利用敏感单波段图像，采用非监督分类法（ISO-DATA 算法），基于最小光谱距离方程产生聚类，进行自动迭代聚类，根据统计参数对已有类别进行取消、分裂、合并处理，按照像元的光谱特性完成对目标的分析统计，并将结果制作溢油航空解译溢油图件实例（图 7.46，表 7.8）。该方法高效快捷，适合数据量大的溢油高光谱数据处理，能及时为处置溢油提供成果图件。

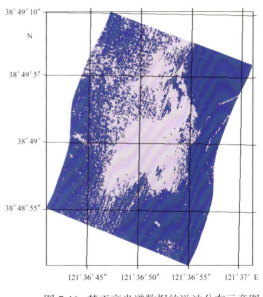

图 7.46 基于高光谱数据的溢油分布示意图

表 7.8 高光谱溢油统计

遥测类别	覆盖面积 (m²)	百分比 (%)
原油溢油	111 018	62.91
正常海水	65 451	37.09

4）溢油雷达航空监测

雷达属微波传感器，具有穿透云、雨、雾等大气遮挡实施遥感探测的能力，不受天气影响，能够多波段、多极化、多视向、多俯角地对海洋和陆地进行高分辨率的主动成像观测，可实现对溢油的全天候全天时监测。由于机载雷达具有较大多数光学传感器更宽的测绘带宽，因此可利用机载雷达进行高效的溢油航空遥感监测。

雷达是唯一的可以大面积搜索探测海面溢油的遥感器（图 7.47），两种雷达可以用来探测溢油，它们分别是合成孔径雷达 (SAR) 和机载侧视雷达 (SLAR)。雷达探测溢油的优点是白天、夜晚都可以探测，搜索的面积大，缺点是不能区分溢油、陆地或建筑物后面的波影、水生植物、鱼群，同时探测被限定在一个较窄的风速范围内 (1.5 ~ 6 m/s)。机载侧视雷达由于空间分辨率的局限性，目前合成孔径雷达 (SAR) 成为主流的溢油监测雷达遥感器。

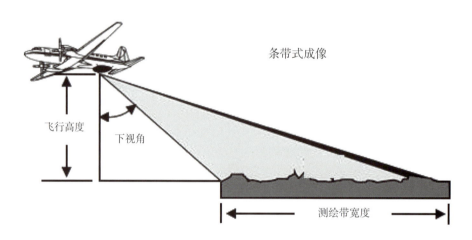

图 7.47　雷达监测飞行示意图

（1）溢油 SAR 图像解析

根据雷达成像的原理，SAR 是通过自身发射电磁波与海面微尺度波共振相互作用成像，任何对海面微尺度波的调制，必在 SAR 图像上表现。由于水体和油膜对微波的吸收比电磁波要小得多，对雷达探测海面油膜非常有利，海面溢油由于具有较高的表面张力，溢油覆盖的海面比较光滑，有效地衰减了海面的微尺度波，受油膜覆盖的海面对雷达脉冲波的后向散射系数明显比周围无油膜覆盖的海面小得多，故在雷达图像上，油膜呈暗色调。海洋上的毛细波反射雷达电磁波，海上的溢油则破坏毛细波，因此油膜被雷达探测为"黑块"（图 7.48）。由于对较短的布拉格波的阻尼作用增强，用 X 波段和 C 波段的 SAR 检测溢油效率较高。

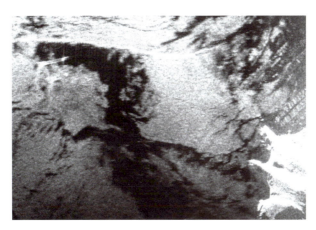

图 7.48　机载 SAR 图像上的海面溢油

（2010 年 7 月 21 日大连附近海域溢油）

（2）SAR 图像校正

由于遥感器受成像几何位置、姿态角变化及地形起伏的影响，成像得到的 SAR 图像通常会包含一定程度的变形，须对 SAR 图像进行校正处理，以消除图像中的几何变形和辐射变形，可通过遥感器参数与飞行实际各相关指标，将原始图像的像素重新校正到某一特定的参考网格。

（3）SAR 图像增强

图像校正后的 SAR 海洋溢油图像，已较接近其本来面貌，由于图像对比度不够，特征也不明显，还无法直接用于监测溢油。可通过直方图均衡，使其各部分具有识别性，图像特征更为明显。

（4）SAR 图像斑点噪声去除

SAR 图像中通常存在斑点噪声，严重干扰地物信息提取与 SAR 图像应用，噪声严重时甚至导致地物特征消失，SAR 图像应用必须采用滤波抑制 SAR 图像斑点噪声（见图 7.49）。

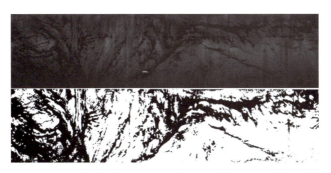

图 7.49　2010 年大连新港溢油机载 SAR 数据预处理前后图像

（5）SAR 图像边缘检测

对于 SAR 图像边缘模糊，选取 CANNY 算子检测边缘，该算子的梯度是用高斯滤波器的导数计算，通过寻找图像梯度的局部最大值来检测边缘。SAR 海洋溢油图像进行 CANNY 边缘检测，可清晰地看到溢油目标检测的边缘（图 7.50）。

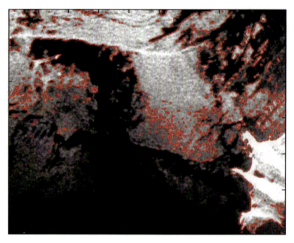

图 7.50　SAR 图像溢油边缘检测
红色实线为溢油边缘

（6）SAR 图像分类解译识别

边缘检测后的图像，确定溢油边界，针对不同领域、不同图像特点，可采用图像分割把目标物从图像中分离出来，将溢油与正常海水进行分离，进而计算溢油面积及密集度（图 7.51）。

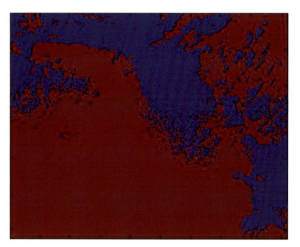

图 7.51　油水分离结果
蓝色表示正常海水，红色表示溢油

溢油信息提取和油水分离处理后，根据图像信息计算统计溢油区域面积，并合成溢油分布示意图（图 7.52）。

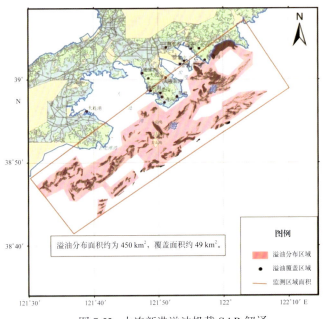

溢油分布面积约为 450 km²，覆盖面积约 49 km²。

图例
溢油分布区域
溢油覆盖区域
监测区域面积

图 7.52　大连新港溢油机载 SAR 解译

（2010 年 7 月 21 日）

随着海洋经济的发展，赤潮、绿潮、溢油等海洋污染频繁发生，严重破坏海洋生态环境，影响人类的生存发展。航空遥感具有时效性强、精度高、覆盖面广的特点，能有效地遥感监测海洋污染，为防控海洋污染提供依据，在海洋污染监测方面应用愈加宽广。

7.3.2　水深探测

水深探测，早期经历过测深杆、测深锤等人工方式，目前得到最广泛应用的手段是船载单波束测深仪和多波束测深仪，但是对于浅海地区来说，搭载测深仪器的船只进入困难，传统人工方式效率太低，因此获得的数据极其零星，特别是 2m 以浅水深区域和岛礁密集的区域，几乎为测量空白区，而此类浅海在我国从北至南呈带状分布，分布面积不容小觑，迫切需要新的技术手段和设备来改善这一现状。

机载激光测深简称"测深 LiDAR"，与陆地激光的不同之处在于采用了蓝绿激光，是近二三十年发展起来的海洋测深技术之一。利用蓝绿激光测深源自于海水在蓝绿波段光的衰减系数最小，即透射率最大。机载激光测深技术通过从飞机上由激光雷达向下发射高功率、窄脉冲的激光，同时测量水面反射光与海底反射光的走时差，并结合蓝绿光的入射角度、海水的折射率等因素进行综合计算，获得被测点的水深值，再与定位信号、飞行姿态信息、潮汐数据等综合，确定出特定坐标点的水深（图 7.53）。

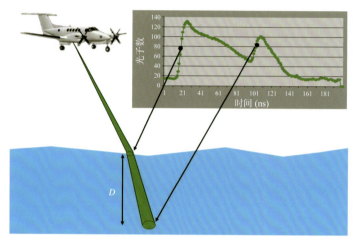

图 7.53　激光测深原理示意图

机载激光测深技术是快速高效实施浅海、岛礁、暗礁及船只无法安全到达水域水深测量最具发展前途的手段之一，该技术具有精度高、覆盖面广、测点密度高、测量周期短、低消耗、易管理、高机动性等特点，是实现浅海地形测量、弥补浅海地形数据空白的极具潜力的技术手段。

目前国际市场上得到认可的测深设备主要有：美国 / 加拿大 OPTECH 公司的 SHOALS 系统和 CZMIL 系统、瑞典 AHAB 公司的 HAWKEYE 系统以及澳大利亚 FUGRO 公司的 LADS MAKⅢ。我国的机载测深设备大多尚处于研制阶段。

2012 年 12 月和 2013 年 8 月，为验证机载激光测深系统的性能和在中国海域的适应性，国家海洋局第一海洋研究所先后引入 OPTECH 公司的水瓶座 AQUARIUS 系统和 AHAB 公司的 HAWEYE Ⅱ 系统，在中国南海进行了若干区域水深数据的获取，这是到目前为止在我国采用机载测深设备开展的为数不多的水深探测试验之一。

这里选取采用水瓶座 AQUARIUS 系统探测南海某海岛周边水深的实例来介绍水深探测的过程。

7.3.2.1　区域、平台及设备简介

① 探测目标：南海某海岛，海岛呈椭圆形，南北长 700 m，东西宽 500 m，面积约 0.3 km^2。地势较高，为沙堤围绕，中间低平，周围珊瑚礁环绕。

② 飞行平台：采用"运十二"固定翼飞机开展飞行试验。

③ 机载设备：所采用的机载激光测深设备 AQUARIUS 是 OPTECH 公司在 ALTM GEMINI 的基础上， 于 2011 年推出的浅水型机载激光测深系统，发射蓝绿波段激光，脉冲频率为 30 kHz、50 kHz 和 70 kHz，直线扫描，扫描角度 ±25°，最大测量深度为 15 m（图 7.54）。

图 7.54 OPTECH 公司水瓶座 AQUARIUS 系统

7.3.2.2 数据采集

水深激光数据采集过程与陆地激光探测地形类似。

1）准备工作

包括收集测区相关图件及资料、开展现场踏勘、为地面 GPS 基站和潮位站选址、进行航线设计等。

此次任务根据海岛的形状特点，设计南北向航线共 14 条，飞行高度 300 m。由于低空飞行受气流的扰动较大，在航线设计时，需适当增加旁向重叠度，以避免航带间出现漏洞。

2）飞行实施

飞行同时开启地面基站 GPS，或可事后下载精密星历做后处理。

飞行时激光系统的扫描角应尽量控制在 15°～20° 范围内，以使因扫描角所引起的深度偏差最小。

注意激光脉冲频率与单束激光峰值功率之间的设定平衡，过高的激光脉冲频率会导致单束激光能量不足而无法穿透水体返回。

此次飞行在中午前后进行，历时约 4 h。在可能的情况下，可尽量选择低海况、能见度高的天气，并在黎明、黄昏或夜间测深，这样可以降低背景光强度，检测到比白天更微弱的返回脉冲，提高探测深度。

3）数据初检

获取数据组成：机载惯导原始数据、地面基站数据、激光原始数据（包括原始激光波形数据和原始激光点云数据）、影像数据。

初检内容包括：检查惯导数据是否连续、有无失锁现象等；地面基站采集是否正常、是否与飞行时段相符、频率是否符合要求等；激光数据航带间是否存在漏洞、覆盖区域是否符合要求、立体分布是否存在异常等。

7.3.2.3　数据处理

1）定位定向数据处理

采用地面基站 GPS 数据与机上惯导数据进行联合解算，也可采用单点定位技术完成此部分数据处理，得到高精度的定位定向信息。

2）点云输出

AQUARIUS 系统的激光原始数据记录有全波形原始数据和点云原始数据。全波形记录是为了完整准确地采集、记录并处理海面和海底这两个回波信号的准确时间点，从而计算时间差得到瞬时水深，但因受水质等多因素制约，全波形的分析较为困难，目前在实测中利用较少，一般直接采用点云原始数据来开展。

利用点云原始数据在设备厂家自带的软件中结合定位定向信息进行点云预处理，因激光束在经过水面向下传递时会发生折射，且在水下行进的光速与空气中有差别，因此在预处理时，要对水下数据做折射改正和光速改正。目前，AQUARIUS 系统数据的水上水下数据区分还无法自动化识别，需要人机交互给出水陆交界线，帮助其区分，来进行水下数据改正。

水陆交界线的划定可以结合同步获取的影像数据来确定，并结合点云数据的剖面图来进行修正。

在各项修正完之后，输出 las 点云数据。

3）地形提取

las 点云输出后的地形提取工作在 Terrasolid 软件中进行，在分离出海水面的前提下，其他处理方法与陆地激光类似。主要步骤包括：海水分离、航带重叠去除、噪声去除、地面滤波等（图 7.55 至图 7.57）。

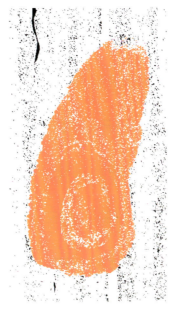

图 7.55　海水分离

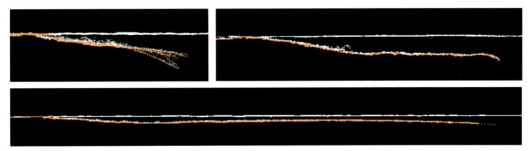

图 7.56　水面及水下剖面

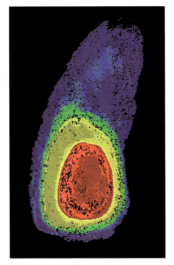

图 7.57　海岛地形提取结果

7.3.3　海冰监测

我国环渤海地区经济发达，海上交通繁忙，海上油气勘探和开发方兴未艾，但每年冬季都有部分海区有不同程度的结冰现象，从 11 月中旬开始到翌年的 3 月中旬结束，整个冰期为 3 ～ 4 个月。海冰灾害对海上交通、石油开发和海洋工程造成巨大的损失。海冰航空遥感监测主要有以下作用：为海冰防灾减灾部门及海上运输和海上工程等提供海冰实况，为海冰预报提供初始数据场和为海冰卫星反演方法提供参考依据。近几年来，在国家 863 项目和海洋公益性课题的支持下，所发展的基于机载 SAR、成像光谱仪和多光谱数据的海冰反演算法，为海冰业务化遥感监测提供理论基础和技术支持，提高了我国海冰航空遥感监测能力，为海冰防灾减灾服务。

7.3.3.1　基于机载SAR数据的海冰信息提取

机载 SAR 属微波传感器，具有较大多数光学传感器更宽的测绘带宽，能够多波段、多极化、多视向、多俯角地对海洋和陆地进行高分辨率成像观测，且不受云雾等天气的影响，可全天候、全天时地获取局部海域内的监测数据，是进行海冰监测的极佳手段。机载 SAR 发射电磁波照射海面，在海面发生反射、透射、折射和吸收，通过接收到不同的后向散射强度来区分海冰和海水。合成孔径雷达是微波成像雷达，它的图像不仅与地物的介电常数有关，还与地物的表面粗糙度有关。海水、海冰表面粗糙度有着很大的差异，所以从机载 SAR 图像上能将海水、海冰区分开来；从 SAR 图像上可以明显地看出沿岸固定冰与流冰的分布，因此可以对预处理后的 SAR 图像进行分析，提取冰面积、冰类型等要素及海冰密集度等海冰信息。图 7.58 为利用机载 SAR 获取的海冰监测图像。

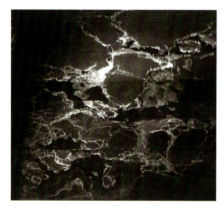

图 7.58　机载 SAR 获取的海冰监测图像

1）图像预处理

原始的机载 SAR 数据，存在飞机姿态定位、辐射畸变和噪声干扰等诸多因素。因此需要对机载 SAR 数据进行几何校正、辐射校正和斑点噪声滤除等预处理，为 SAR 数据海冰信息反演提供初始数据。针对海冰探测的应用，分析不同情况下获取的海冰 SAR 影像滤波方法，实现斑点噪声抑制；分析不同空间分辨率、不同极化方式和入射角等 SAR 数据参数以及不同海况条件下的 SAR 海冰探测能力。

2）海冰纹理特征分析

通过选取渤海典型海冰区域，开展 SAR 影像纹理特征分析，分析灰度共生矩阵计算参数（窗口大小、距离、方向和灰度量化级数 4 个参数）对区分海冰与海水以及不同海冰类型的影响，确定适合渤海海冰识别的 SAR 影像纹理特征量及灰度共生矩阵参数。

3）海冰识别

基于分析确定海冰 SAR 图像纹理特征量以及反射灰度值，构成用于海冰分类的特征矢量，选取最大似然分类方法、神经网络分类方法等，通过样本训练，实现海冰的识别，探测结冰区域。根据 SAR 影像上海冰与海水像元灰度值的差异，构造海冰提取阈值，区分水体和海冰。

阈值分割法是一种基于区域的图像分割技术，其基本原理是：通过设定不同的特征阈值，把图像像素点分为若干类。常用的特征包括：直接来自原始图像的灰度或彩色特征；由原始灰度或彩色值变换得到的特征。设原始图像为 $f(x, y)$，按照一定的准则在 $f(x, y)$ 中找到特征值 t，将图像分割为两个部分，分割后的图像为

$$g(x, y) = \begin{cases} b_0, & f(x, y) < t \\ b_1, & f(x, y) \geqslant t \end{cases} \qquad (7.36)$$

若取：$b_0 = 0$（黑），$b_1 = 1$（白），即为我们通常所说的图像二值化。另外，还可以分为双阈值方法 (bilever thresholding) 和多阈值方法 (multi thresholding)。

4）海冰面积和密集度估算

根据海冰识别结果图像，统计海冰像元个数，计算海冰面积。

流冰密集度是流冰群结冰的总面积覆盖流冰分布面积的成数。为了与海冰数值预报模式相联结，需计算单位面积海域内冰所占的比例。对所有海冰识别结果图像，记录海冰发生像元的数目 NI，利用下列公式计算监测海区的海冰密集度：$Id = NI/NS$，其中 NS 为监测海区总像元数。

经过几何纠正以及辐射校正的机载遥感影像，提取感兴趣区 (aoi) 内海冰信息，可进一步计算海冰面积以及海冰密集度。

海冰面积：

$$S_{ice} = S_{pixel} N \tag{7.37}$$

式中，S_{pixel} 即为影像单位像元面积；N 为海冰像元数。

海冰密集度：

$$\rho_{ice} = \frac{S_{ice}}{S_{aoi}} \tag{7.38}$$

式中，S_{aoi} 为感兴趣区域的面积。

5）海冰类型识别

根据海冰 SAR 图像特征，通过人工解译，确定海冰类型。

图 7.59 为海冰 SAR 图像识别结果。

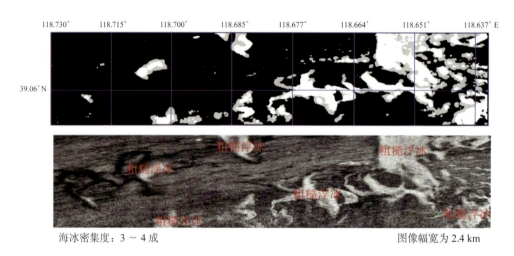

图 7.59　海冰 SAR 图像识别结果

7.3.3.2　基于微波辐射计的海冰厚度反演

微波辐射计属被动微波遥感，与 SAR 一样不受云雾等天气的影响，可全天候、全天时地获取局部海域内的监测数据，能够快速有效地监测海上海冰、溢油等目标。具体反演步骤如下。

1）噪声去除

由于辐射定标后的亮温图像中存在斑点噪声，在反演海冰厚度之前需要经过图像噪声消除。一般情况下，图像出现的噪声主要与仪器有关，噪声像元值与背景像元值的差别较大。如果图像背景像元值均匀，可以简单地通过限定阈值的方法加以消除。对海冰微波辐射计数据，由于在一定区域内的海冰厚度是逐渐变化的，导致亮温的分布也发生变化，因此很难利用全局阈值进行背景噪声去除。常用的均值滤波虽可对图像进行平滑，但去噪的效果并不理想，且在平均平滑过程中对无噪声点产生较大的影响，因此平滑滤波对存在噪声的机载微波辐射计亮温图像并不适用。对于出现在图 7.60 中的噪声，可以通过中值滤波进行消除，截取区域图像（图 7.60），采用中值滤波后见图 7.61。从结果可以看出，已基本滤除大部分的噪声（图 7.62）。

由于机载微波辐射计是逐行进行扫描的，图像中出现的噪声有时会连续出现，利用中值滤波去噪后，还会剩余部分噪声。剩余的斑点噪声可以通过改变滤波窗口消除。根据机载微波辐射计逐行扫描的特点，采用加大纵轴窗口，应用 5×3 中值滤波方法（图 7.64），滤波后图像见图 7.65。从图中看出，5×3 滤波较 3×3 滤波去除噪声效果更好。

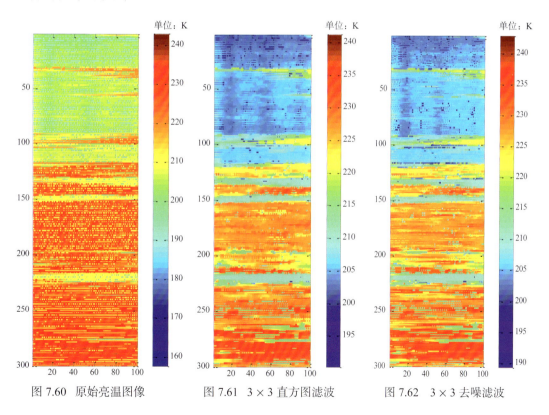

图 7.60　原始亮温图像　　　图 7.61　3×3 直方图滤波　　　图 7.62　3×3 去噪滤波

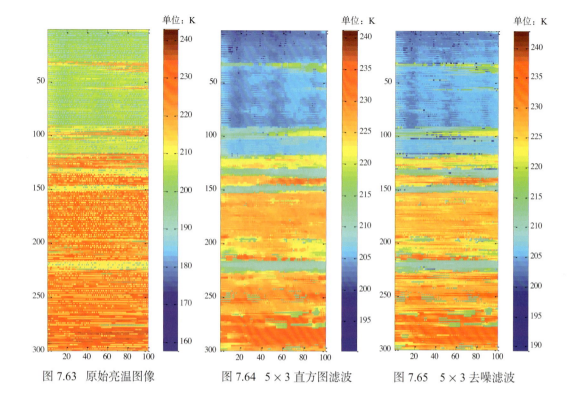

图 7.63　原始亮温图像　　　　图 7.64　5×3 直方图滤波　　　　图 7.65　5×3 去噪滤波

2）海冰厚度反演结果

图像数据在滤波之后，利用 36 GHz 机载微波辐射计海冰厚度反演公式：

$\Delta H = \dfrac{1}{c} \ln\left(\dfrac{b}{a - T_b}\right)$，其中 $a = 245.8$，$b = 67.2$，$c = 0.256$，T_b 为机载微波辐射计的亮温。

代入滤波后的亮温 T_b，得到海冰厚度 ΔH。

图 7.66 为海冰厚度反演结果，海冰厚度分布中蓝色区域代表海水。

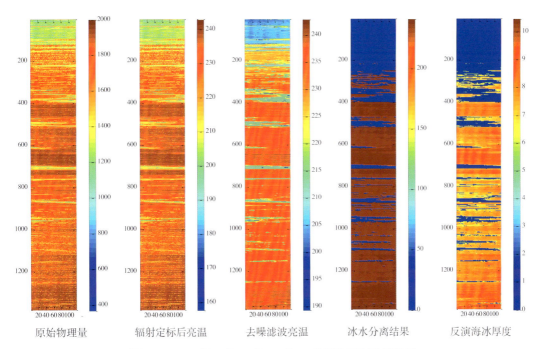

| 原始物理量 | 辐射定标后亮温 | 去噪滤波亮温 | 冰水分离结果 | 反演海冰厚度 |

图 7.66 2005 年 1 月 19 日 10 时 44 分海冰厚度反演结果

7.3.3.3　基于高光谱数据的海冰信息提取

在可见光和近红外波段，海冰的反射率量值明显大于海水，根据"十五"期间获取的海冰的光谱曲线，随着冰厚的增加，海冰光谱反射率总体上呈增加趋势。因此，可以利用可见光和近红外波段进行海冰识别和冰厚度反演。海冰温度也是海冰监测的重要参数之一，可以利用热红外波段得到。

1）基于高光谱数据的海冰检测方法

研究中共发展了 3 种海冰检测方法，分别为基于航空高光谱数字量化值波段比的海冰检测方法，基于相对反射率的海冰识别方法以及基于地表反射率波段比的海冰识别方法。3 种方法的识别准确率分别为 98.3%、80.3% 和 95.3%。

（1）基于航空高光谱数字量化值波段比的海冰检测方法

·光谱特征分析

利用目视解译，从辽东湾海冰航空高光谱遥感影像中分别选取海冰和海水的样本，提取其光谱数据，结果如图 7.67 所示。

在可见光和近红外波段范围内，海冰反射整体强于海水反射，海冰和海水的光谱反射率特征整体较为相似，在 580 nm 波长上都有一特性反射峰，并随波长增加呈现"先升后降"的趋势。对海冰和海水的高光谱数据进行最大值归一化处理 [结果如图 7.67 (b) 所示] 后进行分析，从光谱曲线形状上看，在 400 ～ 580 nm 范围内，海水和海冰的光谱曲线都随着波长增加呈上升趋势；在 580 ～ 740 nm 波长范围，海水的变化率要高于海冰，海冰光谱的局部峰值高于海水；在 830 ～ 950 nm 波长范围内，海水光谱曲线的变化比海冰平缓。

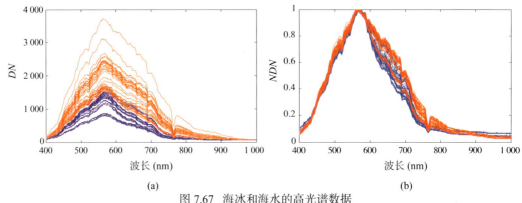

(a)   (b)

图 7.67　海冰和海水的高光谱数据

(a) 海冰和海水 DN；(b) 海冰和海水的最大值归一化 DN

红色为海冰，蓝色为海水

· 模型建立

根据海冰和海水光谱曲线的变化程度不同，以高光谱数据的数字量化值 DN 波段比 f 作为特征量：

$$f = \frac{DN(\lambda_1)}{DN(\lambda_2)} \qquad (7.39)$$

根据海冰和海水样本的 DN 光谱数据，计算不同波段下各特征量的距离可分性指标 D，如图 7.68 所示。

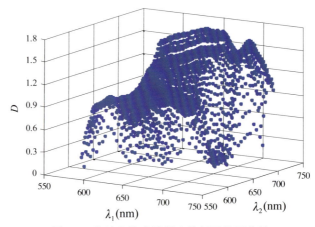

图 7.68　海冰和海水波段比特征量的可分性

从图 7.68 中可知，最大 D 值对应的波段为 $\lambda_1 = 650$ nm，$\lambda_2 = 736$ nm，该波段比作为特征量时海冰和海水样本的特征散点图如图 7.69 所示，海冰和海水基本上是分离的，可根据此进行冰水识别。

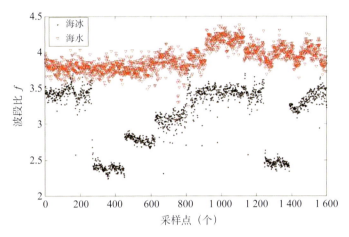

图 7.69 海冰和海水特征量的散点图

图 7.70 显示不同阈值下冰水识别的误识率，通过最小识别错误指标，确定特征量的阈值为 3.54。因此，海冰和海水的判别指标为

$$f_1 = \frac{DN(650)}{DN(736)} \begin{cases} \geqslant 3.54，海水 \\ < 3.54，海冰 \end{cases} \quad (7.40)$$

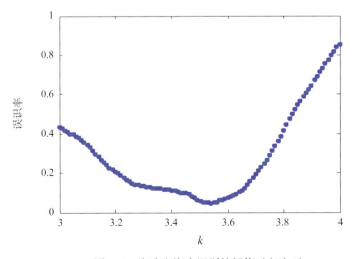

图 7.70 海冰和海水识别的阈值（方法 1）

·模型检验与应用

将该海冰识别方法应用于 2010 年 3 月的辽东湾海冰航空高光谱数据，基于目视解译从中分别提取了水体、薄冰和厚冰像元各 100 个作为样本，识别精度结果见表 7.9。该方法的海冰识别准确率为 98.3%。

表 7.9 海冰识别方法的精度评估结果（方法 1）

水体类型	样本总数（个）	判断为海冰的样本数（个）	判断为海水的样本数（个）
水体	100	1	99
薄冰	100	96	4
厚冰	100	100	0

以 2010 年 3 月 1 日获取的海冰高光谱数据为例，进行海冰和海水的识别。识别结果如图 7.71 所示。

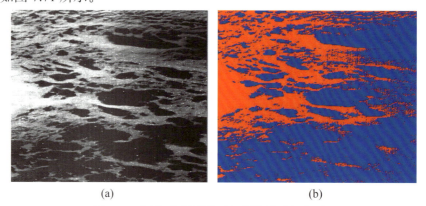

(a)   (b)

图 7.71 个例 1 原始影像及识别结果（方法 1）

(a) 海冰高光谱数据灰度；(b) 识别结果

红色为海冰

以 2010 年 3 月 10 日获取的海冰高光谱数据为例，进行海冰和海水的识别。模型检测结果如图 7.72 所示。

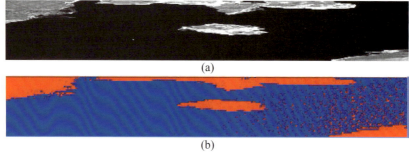

(a)

(b)

图 7.72 个例 2 原始数据及模型检测结果（方法 1）

(a) 海冰高光谱数据灰度；(b) 识别结果

红色为海冰

以 2010 年 3 月 10 日获取的另一海冰高光谱数据为例，进行海冰和海水的识别。模型检测结果如图 7.73 所示。

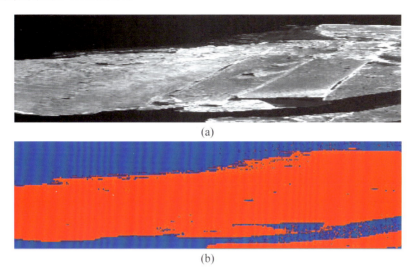

(a)

(b)

图 7.73 个例 3 原始数据及模型检测结果（方法 1）

(a) 海冰高光谱影像灰度；(b) 方法 1 的识别结果

红色为海冰

（2）基于相对反射率的海冰识别方法

·光谱特征分析

提取海冰航空高光谱数据中一段光谱曲线变化较为缓慢的正常水体光谱数据，求得此感兴趣区域光谱的平均值，然后将图像中每个像元的 DN 值除以该感兴趣区域的光谱平均值，从而得到影像中每个像元的相对反射率：

$$\rho(\lambda) = \frac{DN(\lambda)}{F(\lambda)} \tag{7.41}$$

式中，ρ 为相对反射率；DN 为像元的数字量化值；F 为感兴趣区域正常水体光谱的平均值；λ 为波长。其海冰、海水的相对反射率如图 7.74 所示。

通过图 7.74 可以看出，经过基于暗像元平均场定标后，得到的海冰和海水的相对反射率差别明显。海冰光谱 745 nm 处有一特征反射峰，在 762 nm 处有一吸收峰，而海水的相对反射率主要在 1 上下浮动。

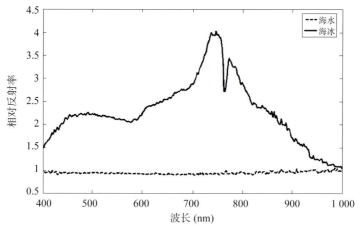

图 7.74　海冰、海水相对反射率曲线

· 模型建立

　　基于以上特点，利用波长为 745 nm 和 762 nm 处的光谱斜率对海冰、海水进行区分。

$$f = \frac{\rho(\lambda_i) - \rho(\lambda_j)}{\left|\lambda_i - \lambda_j\right|} \tag{7.42}$$

式中，f 为斜率；ρ 为相对反射率；λ_i、λ_j 为 745 nm、762 nm 处的波长。

　　从影像数据中选取海冰、海水各 1 600 个采样点数据，其波段比结果如图 7.75 所示，海冰和海水基本上是分离的，可根据此进行冰水识别。

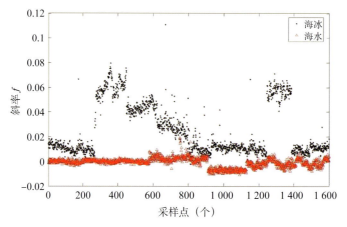

图 7.75　采样点光谱斜率值散点图

图 7.76 显示不同阈值下的冰水识别的误识率，通过最小识别错误的条件，确定以敏感波段比作为特征量进行分类时的阈值为 0.005。因此，海冰和海水的判别指标为

$$f = \frac{\rho(745) - \rho(762)}{|745 - 762|} \begin{cases} \leq 0.005，海水 \\ > 0.005，海冰 \end{cases} \tag{7.43}$$

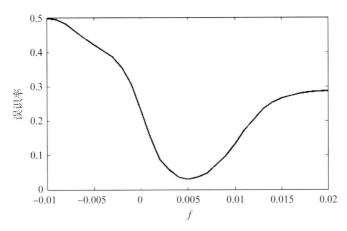

图 7.76　海冰和海水识别的阈值（方法 2）

· 模型检验与应用

将该海冰识别方法应用于 2010 年 3 月的辽东湾海冰航空高光谱数据，从中分别提取了水体、薄冰和厚冰样本各 100 个，识别精度结果见表 7.10。该方法的海冰识别准确率为 80.3%。

表 7.10　海冰识别方法的精度评估结果（方法2）

水体类型	样本总数（个）	判断为海冰的样本数（个）	判断为海水的样本数（个）
水体	100	3	97
薄冰	100	51	49
厚冰	100	93	7

以 2010 年 3 月 1 日获取的海冰高光谱数据为例，进行海冰和海水的识别。识别结果如图 7.77 所示。

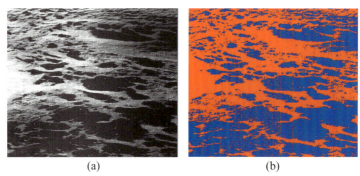

(a)   (b)

图 7.77　个例 1 原始影像及识别结果（方法 2）
红色为海冰

以 2010 年 3 月 10 日获取的海冰高光谱数据为例，进行海冰和海水的识别。模型检测结果如图 7.78 所示。

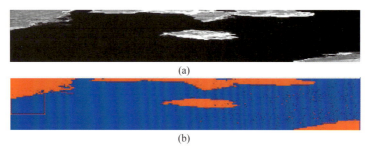

(a)
(b)

图 7.78　个例 2 原始数据及模型检测结果（方法 2）
(a) 海冰高光谱数据灰度；(b) 识别结果
红色为海冰

以 2010 年 3 月 10 日获取的另一海冰高光谱数据为例，进行海冰和海水的识别。模型检测结果如图 7.79 所示。

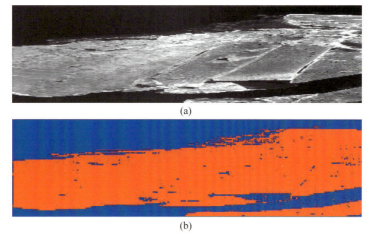

(a)
(b)

图 7.79　个例 3 原始数据及模型检测结果（方法 2）
(a) 海冰高光谱影像灰度；(b) 识别结果
红色为海冰

（3）基于地表反射率波段比的海冰识别方法

· 光谱特征分析

对获取的航空高光谱数据进行辐射校正，得到海冰和海水的辐亮度值，然后利用 FLAASH 大气校正模型对辐亮度值进行大气校正，即可得到海冰和海水的地表反射率信息，如图 7.80 所示。

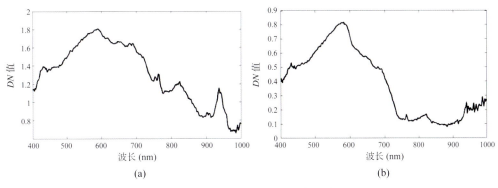

图 7.80　海冰和海水反射率曲线
(a) 海冰；(b) 海水

从图 7.80 可以看出，海冰在 400 ～ 970 nm 波长范围内的反射率整体要高于海水的反射率，海冰和海水在波长为 580 nm 左右都有一个明显的特征峰，在波长大于 580 nm 处两者反射率都开始下降，海水的降幅要明显高于海冰。

· 模型建立

根据以上特点，利用 580 ～ 700 nm 期间海冰反射率下降幅度相对海水较小的特点来区分海冰和正常海水。本方法利用波长为 580 nm 与 670 nm 处的反射率的比值作为判断条件：

$$k = \frac{\rho_i}{\rho_j} \qquad (7.44)$$

式中，k 为比值；ρ_i 为波长为 580 nm 波长的地表反射率；ρ_j 为在 670 nm 波长的地表反射率。利用上式对 1 600 组海水、海冰数据试验，求得波段比 k，结果如图 7.81 所示，海冰和海水基本上是分离的，可根据此进行冰水识别。

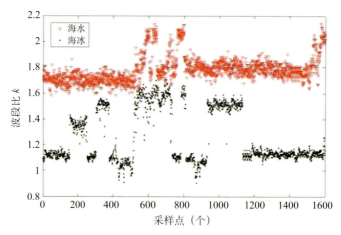

图 7.81　采样点波段比值散点图

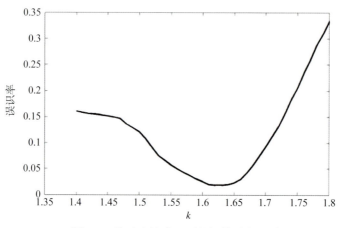

图 7.82　海冰和海水识别的阈值（方法 3）

图 7.82 显示不同阈值下的冰水识别的误识率，通过最小识别错误的条件，确定以敏感波段比作为特征量进行分类时的阈值为 1.62。因此，海冰和海水的判别指标为

$$k = \frac{\rho(580)}{\rho(670)} \begin{cases} \geqslant 1.62，海水 \\ < 1.62，海冰 \end{cases} \tag{7.45}$$

· 模型检验与应用

将上述海冰识别方法应用于 2010 年 3 月的辽东湾海冰航空高光谱数据，从中分别提取了水体、薄冰和厚冰样本各 100 个，识别精度结果见表 7.11。该方法的海冰识别准确率为 95.3%。

表7.11 海冰识别方法的精度评估结果（方法3）

水体类型	样本总数（个）	判断为海冰的样本数（个）	判断为海水的样本数（个）
水体	100	10	90
薄冰	100	96	4
厚冰	100	100	0

以 2010 年 3 月 1 日获取的海冰高光谱数据为例，进行海冰和海水的识别。识别结果如图 7.83 所示。

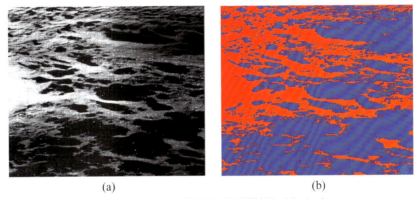

(a)　　　　　　　　　　　　　　(b)

图 7.83　个例 1 原始影像及识别结果（方法 3）

(a) 海冰高光谱数据灰度；(b) 识别结果

红色为海冰

以 2010 年 3 月 10 日获取的海冰高光谱数据为例，进行海冰和海水的识别。检测结果如图 7.84 所示。

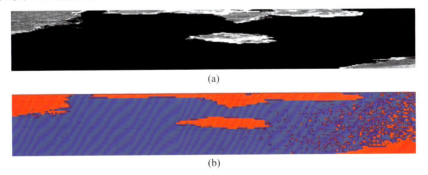

(a)

(b)

图 7.84　个例 2 原始数据及检测结果（方法 3）

(a) 海冰高光谱数据灰度；(b) 识别结果

红色为海冰

以 2010 年 3 月 10 日获取的另一海冰高光谱数据为例，进行海冰和海水的识别。检测结果如图 7.85 所示。

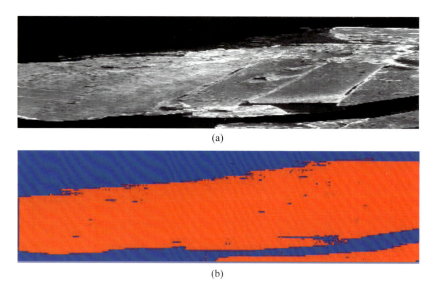

图 7.85　个例 3 原始数据及检测结果（方法 3）
(a) 海冰高光谱影像灰度；(b) 识别结果
红色为海冰

2）基于航空高光谱的海冰厚度反演

这里分别介绍基于现场和实验室实测数据的海冰厚度反演模型以及基于航空高光谱数据的海冰厚度反演模型，其中基于现场和实验室实测数据的海冰厚度反演模型包括基于高光谱遥感反射率、海冰反射率平均值和高光谱数据基线比值分析的海冰厚度反演模型。这三种模型反演结果与实测值的反演结果的相关系数分别为 0.968 7、0.998 3 和 0.97，三种方法反演冰厚的主要范围是 2.0 ~ 30.0 cm，平均值为 11.2 cm。在高光谱数据基线比值分析的海冰厚度反演模型的基础上，发展了基于航空高光谱数据的海冰厚度反演模型，通过 2013 年辽东湾 10 景海冰航空高光谱影像及现场同步海冰数据的检验，该算法在海冰厚度 30 ~ 59 cm 的情形下，反演的平均相对误差为 16.8%，均方根误差 10 cm。

（1）基于高光谱遥感反射率的海冰厚度反演模型

·光谱特征分析

利用 2004 年、2005 年、2009 年、2013 年辽东湾现场测量的海冰光谱数据，进行海冰厚度反演算法的建立和检验。将 16 组现场测量数据以海冰厚度大小排序，从中选取 70% 的数据（11 组）用于反演模型的建立，剩余 30%（5 组）的数据用于模型精度检验。海冰厚度的范围是 1.0 ~ 32.0 cm。

波长在 400 ~ 900 nm 区间内，不同厚度的海冰高光谱遥感反射率光谱曲线呈现双峰形态分布，自 400 nm 起海冰光谱反射率上升，在 600 nm 左右开始出现第一个反射峰，在 600 ~ 700 nm 区间反射率一直维持在较高的数值，呈平台状分布，此后反射率下降；然后从 790 nm 反射率又开始上升，在 830 nm 附近形成第二个反射峰后迅速下降。

· 模型建立

尝试不同的算法形式，其反演结果的均方根误差 $RMSE$，平均相对误差 APD 和相关系数 R^2 见表 7.12。

表 7.12　不同算法形式的反演结果比较

	算法	建模数据			检验数据		
		R^2	APD	$RMSE$	R^2	APD	$RMSE$
1	$\lg H = 28.649 - 27.630\,4\,x_1$	0.40	36.90	7.33	0.49	57.32	9.79
2	$\lg H = -5.351\,2 + 11.147\,x_2$	0.81	18.33	4.07	0.74	31.50	3.54
3	$\lg H = -1.846\,1 - 2.958\,1\,x_1 + 10.850\,2\,x_2$	0.83	16.87	3.72	0.73	31.49	3.80
4	$\lg H = 1.233\,4 - 64.364\,\lg(x_1)$	0.40	37.13	7.35	0.48	58.24	9.96
5	$\lg H = 4.763\,6 + 13.914\,3\lg(x_2)$	0.83	18.38	3.81	0.75	32.32	3.52
6	$\lg H = -4.819\,0 - 6.735\,9\lg(x_1) + 10.876\,6\,x_2$	0.83	16.91	3.72	0.73	31.53	3.80
7	$\lg H = 7.280\,5 - 2.779\,3\,x_1 + 12.845\,2\lg(x_2)$	0.85	16.62	3.62	0.74	32.17	3.74
8	$\lg H = 4.503 - 6.331\,8\lg(x_1) + 12.873\,9\lg(x_2)$	0.84	16.66	3.62	0.73	32.21	3.74

表 7.12 中，$x_1 = \dfrac{R_{rs}(585)}{R_{rs}(572)}$，$x_2 = \dfrac{R_{rs}(744)}{R_{rs}(702) + R_{rs}(880)}$。

算法的评价指标为反演值与实测值的相关系数 R^2、平均相对误差 APD 和均方根误差 $RMSE$，计算公式如下：

$$APD = \frac{1}{n} \sum \left| y_{T_i} - y_{P_i} \right| \Big/ y_{T_i} \times 100\%$$

$$RMSE = \sqrt{\frac{1}{n} \sum \left(y_{T_i} - y_{P_i} \right)^2}$$

(7.46)

式中，样本数为 n；y_{T_i} 为海冰厚度的实测值；y_{P_i} 为反演值，$i = 1, 2, \cdots, n$。

综合建模精度和验证精度，算法 7 为相对最佳的反演模型，即

$$\lg H = 7.280\,5 - 2.779\,3\,\frac{R_{rs}(585)}{R_{rs}(572)} + 12.845\,2 \lg \frac{R_{rs}(744)}{R_{rs}(702)+R_{rs}(880)} \quad (7.47)$$

建模和验证数据的 APD 基本上小于 30%，而且 $RMSE$ 小于 4 cm。

· 模型检验与应用

利用 2012 年在实验室中人工冻结海冰的光谱实测数据（图 7.86），检验冰厚反演模型，实测冰厚和反演值间的散点分布如图 7.86(b) 所示，比较结果如下： $APD = 28.71\%$，$RMSE = 3.3$ cm，$R^2 = 0.968\,7$。

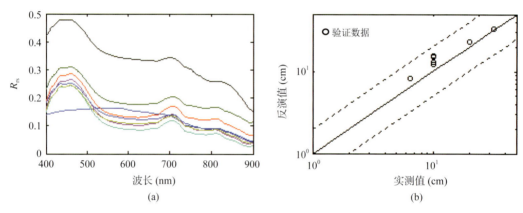

图 7.86　海冰光谱曲线和冰厚散点图

(a) 海冰的光谱曲线；(b) 实验室冻结海冰数据检验
图中实线为 1∶1 线，上下两条虚线分别为 1∶2 和 2∶1 线

以渤海辽东湾 2010 年 3 月的航空高光谱数据为例，进行模型的应用。该航空高光谱数据是利用 AISA EAGLE Ⅱ 高光谱成像仪获取的，其假彩色合成影像如图 7.87(a) 所示。将原始高光谱数据经过辐射校正和大气校正后，得到地物反射率数据。在此基础上，利用所发展的模型 [式 (7.47)] 反演海冰厚度，计算得到的海冰厚度空间分布见图 7.87(b)。图 7.88 为显示海冰厚度与所对应像素点个数的统计直方图，其中冰厚分布的主要范围是 2.0 ~ 30.0 cm，平均值为 11.2 cm。

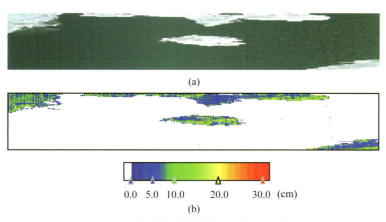

(a)

0.0   5.0   10.0   20.0   30.0 (cm)

(b)

图 7.87　海冰高光谱数据和厚度反演结果

(a) 假彩色合成（第 105、第 186、第 244 波段合成）；(b) 海冰厚度分布

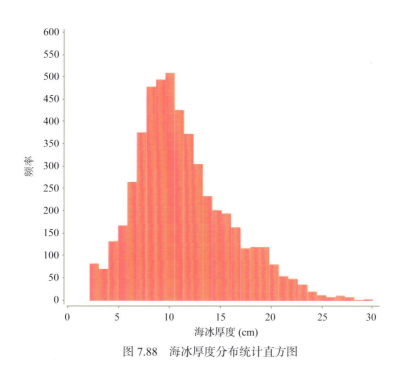

图 7.88　海冰厚度分布统计直方图

（2）基于海冰反射率平均值的海冰厚度反演模型

·模型建立

从现场实测和实验室冻结的海冰光谱数据中提取 15 条光谱数据，计算 450 ～ 580 nm 波长范围内反射率的平均值，建立海冰厚度反演算法：

$$h = 196\,x^{1.512} - 2.007 \tag{7.48}$$

式中，h 为海冰厚度；x 为 450 ～ 580 nm 波长范围内海冰反射率的平均值，实测值与模型反演值的散点图如图 7.89(a) 所示。

· 模型检验与应用

用剩余的 5 组数据对算法进行验证，结果如图 7.89(b) 所示。

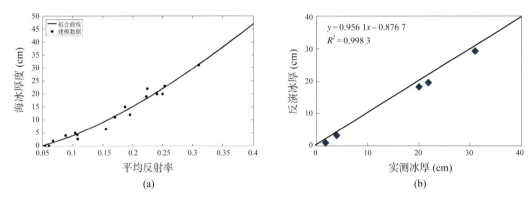

(a)   (b)

图 7.89　冰厚模型 [式 (7.48)] 的实测数据与反演数据散点图

(a) 建模数据；(b) 检验数据 (图中实线为 1：1 线)

从图 7.89 可以看出，实测数据与反演数据的线性相关性较好；检验数据的散点分布在 1：1 趋势线之下，反演数据低估实测冰厚；二者的平均相对误差为 34.86%，均方根误差为 1.70 cm。

将上述反演模型用于 2010 年 1 月的海冰航空高光谱数据中，反演海冰厚度，并对结果影像进行处理，得到的海冰厚度空间分布见图 7.90。

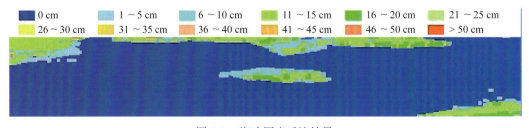

图 7.90　海冰厚度反演结果

（3）基于高光谱数据基线比值分析的海冰厚度反演模型

· 模型建立

通过对海冰高光谱数据进行基线分析和一阶微分处理，建立的海冰厚度反演模型为

$$\lg H = -8.413\,3 + 9.306\,1\,R_c(756) - 267.913\,0\,DR(849) \tag{7.49}$$

式中，R_c 为高光谱数据的基线比值；DR 为高光谱数据的一阶微分，即

$$R_c(\lambda) = \frac{R(\lambda)}{k(\lambda - \lambda_s) + R(\lambda_e)} \tag{7.50}$$

式中，$R(\lambda)$ 是波长为 λ 的海冰反射率；λ_s 和 λ_e 是基线的起始点波长和终止点波长，这里取 $\lambda_s = 640$ nm 和 $\lambda_e = 780$ nm；k 为基线起始点和终止点之间的斜率，即

$$k = \frac{R(\lambda_e) - R(\lambda_s)}{(\lambda_e - \lambda_s)} \tag{7.51}$$

高光谱数据的一阶微分定义为

$$DR(\lambda_i) = \frac{[R(\lambda_{i+k}) - R(\lambda_{i-k})]}{(\lambda_{i+k} - \lambda_{i-k})} \tag{7.52}$$

针对所用的海冰实测光谱数据，综合考虑噪声影响和保留峰值特征的条件下，选取 5 nm 作为微分步长，即 $k = 5$ nm。

· 模型检验与应用

图 7.91 给出了式 (7.49) 反演值与实测值的散点图，图中建模数据和验证数据点基本上分布在 1∶1 线附近，R^2 为 0.97，APD 为 17.77%，$RMSE$ 为 1.5 cm。

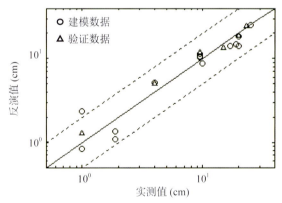

图 7.91　海冰厚度反演模型公式 (7.49) 的反演值与实测值散点图
图中实线为 1∶1 线，上下两条虚线分别为 1∶2 和 2∶1 线

在此基础上，利用厚度反演模型计算得到的海冰厚度空间分布见图 7.92。图 7.93 为显示海冰厚度与所对应像素点个数的统计直方图，其中冰厚分布的主要范围是 2.0 ~ 20.0 cm，平均值为 11.1 cm。

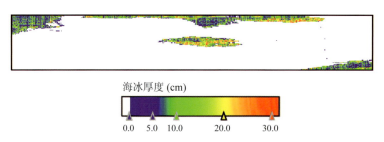

图 7.92　辽东湾航空高光谱数据的海冰厚度反演

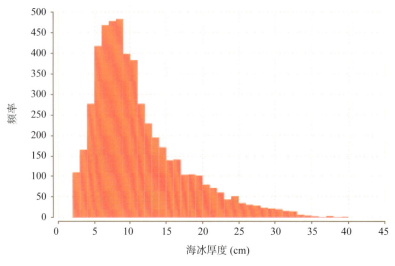

图 7.93　海冰厚度分布统计直方图

（4）基于航空高光谱数据的海冰厚度反演模型

·模型建立

通过对海冰高光谱数据进行基线分析和一阶微分处理，建立基于航空高光谱数据的海冰厚度反演模型为

$$\lg H = -29.030\,8 + 31.825\,2\,\frac{R(752)}{R(734)+R(769)} + 28.568\,3\,\frac{R(678)}{R(665)+R(693)} \tag{7.53}$$

·模型检验与应用

去除用于建立模型以及光谱形状异常的站位，得到 24 组同步数据，其观测时间和冰厚分布见表 7.13 和表 7.14。

检验样本的海冰厚度均大于 30 cm，介于 30 ～ 59 cm 之间。

表 7.13　测量时间

时间	3 月 3 日	3 月 6 日	3 月 8 日
数据量（组）	11	9	4

表 7.14　海冰厚度

冰厚 (cm)	30 ~ 39	40 ~ 49	50 ~ 59
数据量（组）	3	7	14

2013 年获取的海冰航空高光谱数据见表 7.15。数据采集时飞机高度为 1 000 m，成像光谱仪的光谱范围是 400 ~ 970 nm，设置了 258 个波段，光谱分辨率为 2.3 nm，空间分辨率为 1.36 m。

表 7.15　2013 年海冰高光谱数据获取

日期	时间	地点	文件名	原影像尺寸 (m × m)	数据量
2013-03-03	12:05	辽河口	shiyan-48.raw	512 × 1 958	505 MB
2013-03-03	12:35	辽河口	shiyan-54.raw	512 × 2 623	677 MB
2013-03-06	12:33	辽河口东	shiyan-19.raw	512 × 717	185 MB
2013-03-06	12:37	辽河口东	shiyan-20.raw	512 × 1 752	453 MB
2013-03-06	12:04	辽河口西	shiyan-27.raw	512 × 1 773	456 MB
2013-03-06	12:08	辽河口西	shiyan-28.raw	512 × 1 254	316 MB
2013-03-08	12:39	辽河口东	shiyan-16.raw	512 × 843	212 MB
2013-03-08	12:47	辽河口东	shiyan-18.raw	512 × 1 112	280 MB
2013-03-08	13:14	辽河口西	shiyan-24.raw	512 × 1 368	344 MB
2013-03-08	13:23	辽河口西	shiyan-26.raw	512 × 1 411	355 MB

选择 24 组数据作为冰厚反演模型的检验样本，其计算结果见表 7.16，APD 为 16.8%，$RMSE$ 为 10.0 cm。

表7.16　海冰厚度误差

时间	实测厚度 (cm)	反演厚度 (cm)	绝对误差 (cm)	相对误差 (%)
3月3日	41.810 0	34.978 6	−6.831 4	16.339 3
	41.640 0	35.153 7	−6.486 3	15.577 0
	42.070 0	46.347 3	4.277 3	10.167 2
	57.030 0	48.117 6	−8.912 4	15.627 6
	56.440 0	64.659 6	8.219 6	14.563 4
	44.800 0	56.437 0	11.637 0	25.975 4
	41.810 0	35.536 7	−6.273 3	15.004 2
	41.640 0	40.005 6	−1.634 4	3.925 0
	42.070 0	43.650 2	1.580 2	3.756 2
	57.030 0	39.476 0	−17.554 0	30.780 3
	56.440 0	46.347 1	−10.092 9	17.882 5
3月6日	55.660 0	58.426 1	2.766 1	4.969 7
	55.300 0	67.335 5	12.135 5	21.944 8
	55.420 0	60.150 3	4.730 3	8.535 4
	55.660 0	53.629 9	−2.030 1	3.647 3
	55.300 0	46.503 5	−8.796 5	15.907 0
	55.420 0	42.559 6	−12.860 4	23.205 3
	35.790 0	30.335 8	−5.454 2	15.239 6
	36.410 0	27.591 3	−8.818 7	24.220 6
	36.180 0	30.200 0	−5.980 0	16.528 4
3月8日	56.930 0	31.774 2	−25.155 8	44.187 3
	54.550 0	40.057 3	−14.492 7	26.567 7
	56.930 0	53.312 4	−3.617 6	6.354 4
	54.550 0	41.759 2	−12.790 8	23.447 9

　　通过 2013 年辽东湾 10 景海冰航空高光谱影像及现场同步海冰数据的检验，该算法在海冰厚度 30 ～ 59 cm 的情形下，反演的平均相对误差为 16.8%，均方根误差为 10 cm。

第 8 章　海洋遥感调查真实性检验技术

8.1　概述

遥感的最终目的是获取定量化的信息，对遥感数据产品进行真实性检验是遥感应用由定性向定量发展的重要环节。在确定了遥感器获得的数据的可靠性及精确度之后，还必须从遥感信息中提取需要的物理参数，评价这些参数的质量，并给出其时空误差场，即对遥感数据产品进行真实性检验。真实性检验是用独立的方法评价由系统的输出导出的数据产品质量的过程。通过对遥感数据进行真实性检验，可以确定遥感数据产品的质量，确保数据产品的准确性和可靠性，提高数据的利用率。通过真实性检验，还可以建立新的算法或对已有的算法进行改进，进一步提高遥感数据产品的精度。

在本章中，海洋遥感调查真实性检验分为海洋环境信息和水体污染信息两部分，分别对海洋水色水文、海洋动力环境和水体污染中典型要素的检验原理、方法和试验步骤等进行详细介绍（司建文，2005）。

8.2　海洋水色水文信息真实性检验

本节中海洋水色水文信息的真实性检验包括：叶绿素浓度、悬浮泥沙浓度、黄色物质浓度和海面温度。

8.2.1　叶绿素浓度

8.2.1.1　卫星遥感叶绿素浓度

1）检测参数

检测参数：叶绿素 a。

检测方法：适用于对卫星水色遥感测量海水中叶绿素 a 技术的检测。以下内容分别适用于二类水体中叶绿素 a 浓度的遥感测量技术和大洋一类水体中叶绿素 a 浓度的遥感测量技术。

检测项目：叶绿素 a 浓度。

2）检测范围

二类水体叶绿素 a 浓度范围：$0.1 \sim 100 \, \text{mg/m}^3$。

大洋一类水体叶绿素 a 浓度范围：$0.05 \sim 5 \, \text{mg/m}^3$。

3）引用标准或规范

本检测方法引用以下文献：

JJF 1001—1998《通用计算术语及定义》；

JJF 1002—1998《国家计量检定规程编写规则》；

GB 12763.1-7—1991《海洋调查规范》；

GB 17378.1-7—1992《海洋监测规范》；

《海洋生态环境监测技术规程》国家海洋局，2002；

NASA/TM–2002–210004/Rev3《海洋光学规范》译文集。

使用本方法时应注意使用上述引用文献的现行有效版本。

4）检测原理

采用在同一海区现场采样测量的方式，对相同时段内卫星水色遥感叶绿素 a 测量进行检测。

采用分光光度法或荧光法、NASA 海洋光学规范推荐的 HPLC 法现场采样测量表层叶绿素 a 浓度作为检测的标准值，卫星反演的表层叶绿素 a 浓度与现场采样测量表层叶绿素 a 浓度之比应小于该技术的相对误差指标，作为卫星反演叶绿素 a 浓度的判定。

5）检测方法

（1）样本数及采样时间

· 二类水体

在航行过程中密集采集样本（例如 0.5 km），以使一个面元上有多个采集值（样本数 $n \geq 10$），采样时间与卫星过境的时间差异为不超过 ±3 h，空间上的匹配为 3 km×3 km。

· 大洋一类水体

用于检测的样本数（即现场 – 卫星同步的站位数）不少于 15 个，其检测使用动态范围为 0.05 ～ 5 mg/m³。现场采样时间与卫星过境的时间差异为不超过 ±6 h，空间上的匹配为 3 km×3 km。

（2）现场采样测量方法

· 分光光度法

采用分光光度法进行现场采样测量表层叶绿素 a 浓度，按照《海洋监测规范》执行。

· 荧光光度法

① 样品采集和保存：现场测量中，首先使用现场荧光计测量叶绿素垂直分布，确定现场采水层次。采集水样须用尼斯金（或类似的）瓶，并应该与同一地点、同一时间的表面水中的上行辐亮度反射率的测量同时进行，深度增量应至少能分辨出顶部光学深度内的变化。

② 水样过滤与储存：采集得到的水样，应立即拿到实验室过滤。用直径 0.7 μm 的 Whatman GF/F 玻璃纤维滤膜（用于二类水体，大洋一类水体用直径 25 μm 的 GF/F 滤膜）过滤，过滤时间不超过 0.5 h，获得的叶绿素样品立刻用液氮保存。

③ 实验室分析：色素的提取和测定最好在船上进行，采集样品后的当天晚上或第 2 ～ 3 天即把样品用 90% 的丙酮溶解，记录提取体积 V_{EXT}，然后放在 0℃ 的冰箱内萃取 24 h。

④ 荧光计标定：若荧光计（尤其是用于测定叶绿素 a 和褐色素萃取液浓度的台式荧光计）在海上经历一个航次或者几个星期没用过，应采用可信的叶绿素 a 的标准样品重新标定。

注：叶绿素 a 的标准样品可以向 Sigma Chemical Co. (St.Louis, MO63178, USA) 购买。

在测定之前，荧光计先预热 30 ～ 45 min，测定时，记录酸化前样品的荧光值 F_b 和利用 10% 的盐酸（HCl）酸化后的样品的荧光值 F_a。

根据标定公式计算叶绿素 a 的浓度和脱镁色素的浓度：

$$\left[Chla\right] = \left(F_b - F_a - Blk_b + Blk_a\right)\frac{\tau}{\tau-1}Fr\frac{V_{\mathrm{EXT}}}{V_{\mathrm{FLIT}}} \qquad (8.1)$$

$$\left[Pheo\right] = \left(F_a - Blk_a\right)\tau - \left(F_b - Blk_b\right)\frac{\tau}{\tau-1}Fr\frac{V_{\mathrm{EXT}}}{V_{\mathrm{FLIT}}} \qquad (8.2)$$

式中，F_b 为样品酸化前的荧光计读数；F_a 为样品酸化后的荧光计读数；Fr 为荧光计的响应因子（单位荧光信号的色素浓度）；τ 为荧光计对脱镁色素的灵敏度参数；Blk_b 为空白酸化前荧光计读数；Blk_a 为空白酸化后荧光计读数；V_{EXT} 为粹取体积，单位为 mL；V_{FLIT} 为过滤体积，单位为 mL。

· 高效液相谱 HPLC 法

HPLC 法按照 NASA 最新发布的关于叶绿素测量规范《Ocean Optics Protocols for Satellite Ocean Color Sensor Validation, Revision 3》中的第 16 章的要求执行。

样品须在液氮瓶中冷冻保存，分析测量应用经过认证的标准叶绿素 a 进行标定。

（3）误差计算

以现场采样测量表层叶绿素 a 浓度 $\left[Chla\right]_{c_i}$ 作为检测的标准值，根据式 (8.3)、式 (8.4) 计算卫星遥感反演表层叶绿素 a 浓度的平均相对误差。

$$\delta_i = \frac{\left[Chla\right]_{f_i} - \left[Chla\right]_{c_i}}{\left[Chla\right]_{c_i}} \times 100\% \qquad (8.3)$$

$$\bar{\delta} = \frac{\sum_{i=1}^{n}\left|\delta_i\right|}{n}，\ i = 1,2,3,\cdots,n, \qquad \begin{array}{l}\text{二类水体，}n \geqslant 10,\\ \text{大洋一类水体，}n \geqslant 15\end{array} \qquad (8.4)$$

式中，$\left[Chla\right]_{c_i}$ 为第 i 个检测点现场测量的叶绿素浓度值；$\left[Chla\right]_{f_i}$ 为第 i 个检测点卫星遥感反演叶绿素浓度值；δ_i 为第 i 个检测点卫星反演叶绿素浓度的相对误差；$\bar{\delta}$ 为卫星反演叶绿素浓度的平均相对误差。

$\bar{\delta}$ 应满足技术指标的要求。

8.2.1.2　航空遥感叶绿素浓度

1）检测参数

检测参数：叶绿素 a。

检测项目：叶绿素 a 浓度。

2）检测范围

叶绿素 a 浓度范围：1 ～ 20 mg/m³。

3）引用标准或规范

本检测方法引用以下文献：

JJF 1001 — 1998《通用计量术语及定义》；

JJF 1002 — 1998《国家计量检定规程编写规则》；

GB 17378.1–7 — 1992《海洋监测规范》；

《海洋生态环境监测技术规程》国家海洋局，2002；

NASA/TM–2002–210004/Rev3《海洋光学规范》译文集。

使用本方法时应注意使用上述引用文献的现行有效版本。

4）检测原理

采用在同一海区现场采样测量的方式，对相同时段内航空遥感叶绿素 a 测量进行检测。

5）检测方法

(1) 检测条件

① 比测海域开阔，海况 4 级以下，天气状况良好；

② 所有现场调查仪器的准确度等级应能满足检定 / 校准的要求，必须能溯源到相应的计量标准，且检定合格；

③ 飞机在其允许范围内，选取已知最佳监测效果的飞行高度、速度、角度等参数以及尽量有利的观测时刻；

④ 调查船（浮标）现场监测与遥感监测的时钟与 GPS 定位系统均应经过校准。

(2) 样本数及采样时间

现场调查采样点不少于 6 个，现场采样时间与飞机测量时间相差 ±1h。

飞机按预定航程连续测量叶绿素浓度，记录测量时刻与位置；调查船沿飞机航线现场测量目标海域的海表叶绿素浓度。

(3) 现场采样测量方法

· 分光光度法

采用分光光度法进行现场采样测量表层叶绿素 a 浓度按照《海洋监测规范》执行。

· 荧光光度法

采用荧光光度法进行现场采样测量表层叶绿素 a 浓度，按照《海洋监测规范》或 NASA 的荧光光度法测量规范执行。

① 样品预处理。采集得到的水样，应立即拿到实验室过滤，过滤膜为 Whatman 公司的直径为 25 μm 的 GF/F 滤膜。整个过滤过程在避光的环境下进行，大多数样品在半小时内即可过滤完，避免了长时间的放置造成的色素变化带来的误差，在一些海水透明度非常低的站位，过滤时间较长，但一般不超过 1 h，否则，把采集来的样品放进 4℃ 的冰箱保存。用真空泵，抽滤压力为 22.66 kPa（约 200 mm Hg）。过滤体积根据透明度不同而不同，范围 500 ~ 1 500 mL。记录过滤体积用 V_{FLIT} 表示。将过滤好的样品用锡箔纸等包装好后，立即放入液氮瓶中冷冻保存。

② 实验室分析。色素的提取和测定最好在船上进行，采集样品后的当天晚上或者第 2 ~ 3 天晚上即把样品用 90% 的丙酮溶液重新标定。用于测定叶绿素 a 和褐色素萃取液浓度的台式荧光计必须用可信的叶绿素 a 进行标定，经标定后得到相应的荧光计的响应因子 Fr 和荧光计对脱镁色素的灵敏度参数 τ。

注：叶绿素 a 的标准样品可以向 Sigma Chemical Co. (St. Louis, MO63178, USA) 购买。

在测定之前，荧光计先预热 30 ~ 45 min，测定时，记录酸化前样品的荧光值 F_b 和用 10% 的 HCl 酸化后的样品的荧光值 F_a。

③ 根据标定公式 (8.1)、式 (8.2) 计算叶绿素 a 的浓度 [Chla] 和脱镁色素的浓度 [Pheo]。

· 高效液相谱 HPLC 法

HPLC 法按照 NASA 最新发布的关于叶绿素测量规范《Ocean Optics Protocols for Satellite Ocean Color Sensor Validation, Revision 3》中的第 16 章的要求执行。

样品须在液氮瓶中冷冻保存，分析测量应用经过认证的标准叶绿素 a 进行标定。

（4）误差计算

以现场采样测量海水叶绿素 a 浓度 $\left[Chla \right]_{c_i}$ 作为检测的标准值，根据式 (8.5)、式 (8.6) 计算航空遥感测量表层叶绿素 a 浓度的相对示值误差、平均相对示值误差。

$$\delta_i = \left| \frac{\left[Chla \right]_{f_i} - \left[Chla \right]_{c_i}}{\left[Chla \right]_{c_i}} \right| \times 100\% \tag{8.5}$$

$$\bar{\delta} = \frac{\sum_{i=1}^{n} \delta_i}{n}, \ i = 1, 2, \cdots, n, \ n \geqslant 15 \tag{8.6}$$

式中，$[Chla]_{c_i}$ 为第 i 个检测点现场测量的叶绿素浓度值；$[Chla]_{f_i}$ 为第 i 个检测点航空遥感测量的叶绿素浓度值；δ_i 为第 i 个检测点航空遥感测量叶绿素浓度的相对示值误差；$\bar{\delta}$ 为航空遥感测量叶绿素浓度的平均相对示值误差。

$\bar{\delta}$ 应满足技术指标的要求。

8.2.2 悬浮泥沙浓度

1）检测参数

检测参数：悬浮泥沙。

检测项目：悬浮泥沙浓度。

2）检测范围

悬浮泥沙浓度范围：2 ～ 300 mg/L。

3）引用标准或规范

本检测方法引用以下文献：

JJF 1001－1998《通用计算术语及定义》；

JJF 1002－1998《国家计量检定规程编写规则》；

GB 12763.1–7－1991《海洋调查规范》；

GB 17378.1–7－1992《海洋监测规范》；

NASA/TM–2002–210004/Rev3《海洋光学规范》译文集。

使用本方法时应注意使用上述引用文献的现行有效版本。

4）检测原理

采用现场采样测量的方式，在相同时段内以水样过滤法测量悬浮泥沙浓度 SPM_X 作为标准值，其与卫星反演的悬浮泥沙浓度 SPM_W 之差与 SPM_X 之比应小于该技术测量平均相对误差指标，作为卫星反演悬浮泥沙浓度准确度的判定。

（1）检测方法

由水样过滤法测定现场悬浮泥沙浓度，单位为 mg/L，测量准确度 ±2%。

（2）样本数及采样时间

在航行过程中密集采集样本（例如 0.5 km），以使一个面元上有多个采集值（样本数 $n \geqslant 10$），采样时间与卫星过境的时间差异为不超过 ±3 h。

（3）现场采样测量方法

①采水器：采用采水体积与过滤量相当的采水器。

② 滤膜：孔径为 0.45 μm。对于悬浮体浓度高于 0.005 mg/L 的近岸海域，用醋酸纤维或聚碳酸酯纤维滤膜，推荐使用 Whatman GF/G 滤膜。对悬浮浓度低于 0.005 mg/L 的海域用 Nucleopore 滤膜。

③ 真空过滤装置。

④ 称量天平：悬浮体浓度高于 0.005 mg/L 的海域，采用称量精度为万分之一天平；悬浮体浓度低于 0.005 mg/L 的海域，选用称量精度为十万分之一的电子分析天平。

（4）实验室分析

① 将滤膜 40℃烘干至恒重，然后在万分之一天平上称空滤膜重量，并将称量过的滤膜放入清洁的编号的滤膜盒内；

② 现场将海水样品过滤到滤膜上，记录下通过滤膜的海水体积。待滤膜上海水被抽干后，用蒸馏水冲洗滤膜 3 次，以洗去盐分；

③ 在实验室内将带有悬浮体样品的滤膜在冷冻干燥机中干燥至恒重，用电子分析天平再次称量出带样品滤膜的总重量；

④ 计算：

$$SPM_X = \frac{W_g - W_空 - \Delta W}{V} \qquad (8.7)$$

式中，SPM_X 为悬浮体浓度，单位为 mg/L；W_g 为带样品滤膜的质量，单位为 mg；$W_空$ 为水样滤膜质量，单位为 mg；ΔW 为空白校正滤膜校正值，单位为 mg；V 为过滤海水的体积，单位为 L。

$$\Delta W = \frac{1}{n}\sum_{}^{n}(W_n - W_b) \qquad (8.8)$$

式中，W_n 为过滤后空白校正滤膜重量，单位为 mg；W_b 为过滤前空白校正滤膜重量，单位为 mg；n 为空白校正滤膜个数。

（5）误差计算

以现场采样测量的悬浮泥沙浓度 SPM_X 作为检测的标准值，根据式 (8.9)、式 (8.10) 计算卫星遥感反演悬浮泥沙平均相对误差。

$$\rho_i = \frac{SPM_W - SPM_X}{SPM_X} \qquad (8.9)$$

$$\overline{\rho} = \frac{\sum_{i=1}^{n}|\rho_i|}{n} \qquad (8.10)$$

式中，SPM_X 为第 i 个检测点下现场测量的悬浮泥沙浓度值；SPM_W 为第 i 个检测点卫星遥感反演下悬浮泥沙浓度值；ρ_i 为第 i 个检测点卫星反演悬浮泥沙浓度的相对误差；$\bar{\rho}$ 为卫星反演悬浮泥沙浓度的平均相对误差；$i = 1, 2, 3, 4, 5, \cdots, n$；$n \geqslant 10$。

$\bar{\rho}$ 应满足技术指标的要求。

8.2.3 黄色物质浓度

1）检测参数

检测参数：黄色物质。即存在于海水中的一类结构复杂的、分子量范围较宽的黄色有机物，主要指海水腐殖质。

检测项目：黄色物质浓度。

2）检测范围

黄色物质浓度范围：0.03 ~ 0.5 mg/m³。

3）引用标准或规范

本检测方法引用以下文献：

JJF 1001—1998《通用计算术语及定义》；

JJF 1002—1998《国家计量检定规程编写规则》；

GB 12763.1-7—1991《海洋调查规范》；

GB 17378.1-7—1992《海洋监测规范》；

NASA/TM-2002-210004/Rev3《海洋光学规范》译文集。

使用本方法时应注意使用上述引用文献的现行有效版本。

4）检测原理

采用现场采样测量的方式，在与星载遥感黄色物质测量技术监测相同时段内测量同一海域的海水中黄色物质浓度，通过比较二者之差作为星载遥感黄色物质浓度准确度的判定。按照 NASA 的水色测量规范及《海洋光学规范》第 15 章，由分光光度计对黄色物质水样在 200 ~ 700 nm 波长的吸收特性进行测量，并用荧光计（激光波长选在 330 ~ 340 nm，荧光峰值波长 430 ~ 440 nm）对低浓度黄色物质进行荧光特性测量。

5）检测方法

从现场取样预处理（过滤采用 0.2 μm/0.45 μm 孔径滤纸）、存储（避光，液氮／低温保存）、光谱测量（分光光度计和荧光计测量）到数据处理严格按照 NASA 规范进行，以便使所获数据具有较好的一致性且可与国外结论进行比较。

（1）样本数及采样时间

在航行过程中密集采集样本（例如 0.5 km），以使一个面元上有多个采集值（样本数 $n \geqslant 10$），采样时间与卫星过境的时间差异为不超过 ± 3 h。

（2）黄色物质现场样测量方法

·基本步骤

将采水器采集得到的海水水样，用 10% 的盐酸浸泡 15 min，并用超纯水清洗干净的 0.2 μm 孔径的聚碳酸酯滤纸，在 16 ～ 18.67 kPa(120 ～ 140 mmHg) 的负压下，过滤海水水样得到约为 150 mL 的黄色物质样品，在过滤样品的同时，按照与样品处理同样的步骤过滤超纯水得到参比空白，将样品转入 10 cm 的比色皿立即进行光谱吸收测量，得到样品光谱吸收测量数据 $OD_g(\lambda)$ 和参比空白的光谱吸收测量数据 $OD_{bs}(\lambda)$。

·黄色物质的光谱吸收系数计算

测量时分光光度计设置的波长间隔为 1.6 nm，将测量数据内插成波长间隔为 1 nm，然后由式 (8.11) 计算得到黄色物质的光谱吸收系数：

$$\alpha_g = \frac{2.303}{l}\left\{\left[OD_g(\lambda) - OD_{bs}(\lambda)\right] - OD_{mull}\right\} \tag{8.11}$$

式中，l 为比色皿的长度（通常为 0.1m）；$OD_g(\lambda)$ 为黄色物质相对于纯水的光谱密度；$OD_{bs}(\lambda)$ 为经过与样品同样处理的纯水的光谱密度；OD_{mull} 为在长波段可见光或近红外波长的明显残余吸收。

现场采样测量黄色物质浓度计算：

$$OD_g(\lambda) = \frac{\alpha_g l}{2.303} + OD_{bs}(\lambda) + OD_{mull} \tag{8.12}$$

式中，$OD_g(\lambda)$ 为第 i 个检测点现场黄色物质浓度，$i = 1, 2, 3, 4, 5, \cdots, n$；$n \geqslant 10$。

·误差计算

通过式 (8.13)、式 (8.14) 计算星载遥感技术黄色物质浓度测量误差：

$$\Delta OD_i = \frac{OD_f(\lambda) - OD_g(\lambda)}{OD_g(\lambda)} \tag{8.13}$$

$$\Delta\overline{OD} = \frac{\sum_{i=1}^{n}\left|\Delta OD_i\right|}{n} \tag{8.14}$$

式中，ΔOD_i 为第 i 个检测点反演黄色物质浓度误差；$OD_f(\lambda)$ 为第 i 个检测点反演黄色物质浓度值；$OD_g(\lambda)$ 为第 i 个检测点现场黄色物质浓度；$\Delta\overline{OD}$ 为卫星反演黄色物质浓度的平均相对误差；$i = 1, 2, 3, 4, 5, \cdots, n$；$n \geqslant 10$。

$\Delta\overline{OD}$ 应满足技术指标的要求。

8.2.4 海面温度

8.2.4.1 卫星遥感海面温度

1）检测参数

检测参数：表层海水温度，即指海水表面到 0.5 m 深处之间的海水温度。

检测项目：海表温度。

2）检测范围

–5 ～ 40 ℃。

3）引用标准或规范

本检测方法引用以下文献：

JJF 1001—1998《通用计算术语及定义》；

JJF 1002—1998《国家计量检定规程编写规则》；

GB 12763.1–7—1991《海洋调查规范》。

使用本方法时应注意使用上述引用文献的现行有效版本。

4）检测原理

在同一海区使用表层水温表测量海表温度，进行现场真实性检测。将现场测量的表层水温作为标准值与卫星遥感反演的海表温度 (SST) 比对，其差值的绝对平均值小于遥感反演海面温度技术的准确度指标，作为检测卫星遥感反演海表温度 (SST) 的判定。

5）检测方法

（1）检测仪器的选取

现场海表温度测量仪器应通过计量校准合格。

推荐采用表层水温表作为现场海表温度测量仪器，其技术指标见表 8.1。

表 8.1 表层水温表技术指标

标准设备	测量范围	准确度
表层水温表	−5 ～ 40℃	±0.2℃

注：采用其他海温测量仪器也是可以的，但要满足测量范围和准确度等级，并计量校准合格，使用时满足《海洋调查规范》中对于海表温度调查的规定。

（2）样本数及采样时间

用于检测的样本数（即现场与卫星同步的站位数）不少于 15 个，现场采样与卫星过境的时间差异不超过 ±3 h，空间上的匹配为 3 km×3 km。

（3）现场采样测量方法

用表层水温表测量时应先将金属管上端的提环用绳子拴住，在离船舷 0.5 m 以外的地方放入 0 ～ 0.5 m 水层中，待与外部的水达到热平衡之后，即感温 3 min 左右，迅速提出水面读数，然后将管内的水倒掉，把该表重新放入水中，再测量一次，将两次测量的平均值按检定规程修订后，即为海表温度的实测值。

风浪较大时，可用帆布桶取水测量，测量时把表层水温表放入帆布桶内，感温 1 ～ 2 min 后，将帆布桶和表管中的水倒掉，重新取水，将该表再放入帆布桶中，感温 3 min 读数，然后过 1 min 再读数，当气温高于水温时，两次读数偏低的一次读数，按检定规程修订后的值，即为海表温度的实测值。反之，把两次读数偏高的一次读数，按检定规程修订后的值，即为海表温度的实测值。

（4）误差计算

以表层水温表测得的海表温度为标准值，根据式 (8.15)、式 (8.16) 计算卫星遥感反演海表温度示值误差、示值误差的平均值。

$$\Delta T_i = \left| T_{f_i} - T_{c_i} \right| \tag{8.15}$$

$$\Delta \bar{T} = \frac{\sum_{i=1}^{n} \Delta T_i}{n} \ , \ i = 1, 2, 3, \cdots, n ; \ n \geqslant 15 \tag{8.16}$$

式中，T_{c_i} 为第 i 个检测站位现场测量的海表温度值；T_{f_i} 为第 i 个检测站位卫星遥感反演的海表温度值；ΔT_i 为第 i 个检测站位同步反演的海表温度与现场测量的示值误差；$\Delta \bar{T}$ 为 n 个检测站位卫星遥感反演海表温度示值误差的平均值。

$\Delta \bar{T}$ 应满足技术指标的要求。

8.2.4.2 航空遥感海表温度

1）检测参数

表层海水温度：指海水表面到 0.5 m 深处之间的海水温度。

检测项目：海表温度。

2）检测范围

–5 ～ 40℃。

3）引用标准或规范

本检测方法引用以下文献：

JJF 1001 — 1998《通用计量术语及定义》；

JJF 1002 — 1998《国家计量检定规程编写规则》；

GB 12763.1–7 — 1991《海洋调查规范》。

使用本方法时应注意使用上述引用文献的现行有效版本。

4）检测原理

在同一海区使用表层水温表测量海表温度，进行现场真实性检测。将现场测量的表层水温作为标准值与航空遥感反演的海表温度 SST 比对，其差值的绝对平均值小于遥感反演海面温度技术的准确度指标,作为检测航空遥感反演海表温度(SST)的判定。

5）检测方法

飞机按预定航程连续测量海水温度，记录测量时刻与位置；调查船沿飞机航线现场测量目标海域的表层海水温度，有关操作应符合 GB/T 12763.6《海洋调查规范海洋生物调查》中的相关规定。

（1）检测仪器选取

现场海表温度测量仪器应通过计量校准合格。

推荐采用表层水温表作为现场海表温度测量仪器，其技术指标见表 8.1。

（2）检测条件

①飞机在其允许范围内，选取已知最佳监测效果的飞行高度、速度、角度等参数以及尽量有利的观测时刻；

②调查船（其他载体）现场检测与遥感监测的时钟与 GPS 定位系统均应经过计量校准。

（3）样本数及采样时间

现场调查采样点不少于 6 个，现场采样时间与飞机测量时间相差 ±1h。

（4）现场采样测量方法

用表层水温表测量时应先将金属管上端的提环用绳子拴住，在离船舷 0.5 m 以外的地方放入 0 ～ 0.5 m 水层中，待与外部的水达到热平衡之后，即感温 3 min 左右，迅速提出水面读数，然后将管内的水倒掉，把该表重新放入水中，再测量一次，将两次测量的平均值按检定规程修订后，即为海表温度的实测值。

风浪较大时，可用帆布桶取水测量，测量时把表层水温表放入帆布桶内，感温 1 ～ 2 min 后，将帆布桶和表管中的水倒掉，重新取水，将该表再放入帆布桶中，感温 3 min 读数，然后过 1 min 再读数，当气温高于水温时，两次读数偏低的一次读数，按检定规程修订后的值，即为海表温度的实测值。反之，把两次读数偏高的一次读数，按检定规程修订后的值，即为海表温度的实测值。

（5）误差计算

以表层水温表测得的海表温度为标准值，根据下式计算航空遥感反演海表温度示值误差、示值误差的平均值。

$$\Delta T_i = \left| T_{nf_i} - T_{c_i} \right| \tag{8.17}$$

$$\Delta \bar{T} = \frac{\sum_{i=1}^{n} \Delta T}{n} , \quad i = 1, 2, 3, \cdots, n; \ n \geqslant 15 \tag{8.18}$$

式中，T_{c_i} 为第 i 个检测站位现场测量的海表温度值；T_{f_i} 为第 i 个检测站位航空遥感反演的海表温度值；ΔT_i 为第 i 个检测站位航空同步反演的海表温度与现场测量的示值误差；$\Delta \bar{T}$ 为 n 个检测站位航空遥感反演海表温度示值误差的平均值。

$\Delta \bar{T}$ 应满足技术指标的要求。

8.3 海洋动力环境要素真实性检验

海洋动力环境要素的真实性检验包括：海面高度、海浪、海面风场、海面盐度、海冰和内波。

8.3.1 海面高度

1）检测参数

海面高度：海面相对于参考椭球的高度。

2）检测范围

将高度计数据按照每3天为一组进行交叉比对，选取的空间窗口为50 km。

3）检测原理

以同类型的高精度高度计海面高度数据作为真值数据，计算雷达高度计海面高度的平均偏差、均方根偏差和相对偏差，评价数据产品质量。

4）检测方法

（1）数据筛选

在数据的交叉比对前，需将数据进行质量控制，剔除异常数据。表8.2为海面高度计算中所需数据源的取值范围。

表8.2 海面高度计算中所需数据源的取值范围

参数	取值范围 (mm)
未修正的海面高度	–13 000 ～ 100 000
大气干对流层路径延迟	–2 500 ～ –1 900
大气湿对流层路径延迟	–500 ～ –1
电离层路径延迟	–400 ～ 40
海况偏差	–500 ～ 0

（2）空间匹配

提取雷达高度计数据产品中的经纬度与同类型的高精度高度计数据中的经纬度，逐点计算两者的距离差，选取满足空间窗口为50 km的数据点进行比对。

8.3.2 海浪

1）检测参数

海浪：海洋中由风产生的波浪。包括风浪及其演变而成的涌浪。

检测参数：有效波高，平均周期，主波波长，主波波向。

2）检测范围

目前 SAR 海浪的有关参数检测范围如下：

有效波高：0 ～ 20.0 m；

平均周期：2 ～ 12 s；

主波波长：8 ～ 300 m；

主波方向：0° ～ 360°。

注：卫星遥感测量海浪的传感器主要是高度计、SAR。

3）引用标准或规范

本检验方法引用以下文献：

JJF 1001—1998《通用计量术语及定义》；

JJF 1002—1998《国家计量检定规程编写规则》；

GB 12763.2—1991《海洋调查规范 海洋水文观测》。

使用本方法时应注意使用上述引用文献的现行有效版本。

4）检测原理

在近海某一海区以波浪浮标观测的有效波高、平均周期、平均波向和计算得到的主波波长作为标准值，分别与同一海区、同一时段内 SAR 遥感反演的有效波高、平均周期、平均波向和计算得到的主波波长进行比对，实现 SAR 遥感海浪的检测。

5）检测方法

（1）检测仪器的选取

检测仪器选取原则是其测量范围应能覆盖所需检测范围，并且其测量准确度应高于遥感测量技术的一个量级。检测仪器应通过计量校准合格。

针对目前卫星遥感海浪测量技术的主要技术指标现状，推荐采用 MARK Ⅱ 型波浪骑士对卫星遥感海浪测量技术进行检测，其技术指标见表 8.3。

表 8.3　MARK Ⅱ 型波浪骑士检测技术指标

测量参数	测量范围	准确度
波高	0 ～ 40 m	±3%
周期	1.6 ～ 30 s	±5%
方向	0° ～ 360°	0.4°～ 2° 与纬度有关，通常 0.5°
可以进行波浪能量谱与方向谱处理		

注：也可选用其他满足检测技术指标要求的仪器，应经计量校准合格。

（2）样本点和采样时间

对于 SAR 反演参数的检测，选用的样本数不少于 3 个。对于每个检测点，现场实测与卫星过境时间相差不超过 1.5 h。

（3）海上现场检测

① 波浪浮标采样时间间隔应不大于 0.25 s，连续记录的波数不少于 100 个波；记录的时间长度视平均周期的大小而定，一般取 17 ~ 20 min。

② 仪器布放和安装应按各仪器的要求进行。波浪浮标布放后必须立即测定布放的水深、布放时的潮高、布放点相对于接收点的方位、水平距离。用式 (8.19) 计算出布放点海底到潮高基准面的高度：

$$D_0 = D - h \tag{8.19}$$

式中，D_0 为布放点到潮高基准面的高度，单位为 m；D 为布放点布放时的水深，单位为 m；h 为布放时的潮高，单位为 m。

③ 主波长的计算方法：

根据浮标记录上的波数谱计算谱峰波数 k_p，根据式 (8.20) 得到主波波长 L_p。

$$L_p = \frac{2\pi}{k_p} \tag{8.20}$$

式中，k_p 为峰值波数；L_p 为主波波长，单位为 m。

（4）误差计算

以下公式中 n 为检测样本数。

① 根据式 (8.21) 至式 (8.23) 计算卫星遥感海浪测量技术的有效波高、相对误差和均方根误差：

$$\delta_i = \left| \frac{H_s^{f_i} - H_s^{c_i}}{H_s^{c_i}} \right| \times 100\% \tag{8.21}$$

$$\bar{\delta} = \frac{\sum\limits_{i=1}^{n} \delta_i}{n} \tag{8.22}$$

$$\sigma = \sqrt{\frac{\sum\limits_{i=1}^{n} \left(H_s^{f_i} - H_s^{c_i} \right)^2}{n-1}}, \quad i = 1, 2, \cdots, n \tag{8.23}$$

式中，$H_s^{c_i}$ 为第 i 个检验点的标准有效波高值，单位为 m；$H_s^{f_i}$ 为第 i 个检验点卫星遥感海浪的有效波高值，单位为 m；δ_i 为第 i 个检验点卫星遥感海浪有效波高的相对误差；$\bar{\delta}$ 为卫星遥感海浪有效波高的平均相对误差；σ 为卫星遥感海浪有效波高的均方根误差，单位为 m。

σ 应满足技术指标的要求。

② 根据式 (8.24)、式 (8.25) 计算卫星遥感海浪反演的平均周期相对误差和平均相对误差。

$$\delta_i = \left| \frac{\bar{T}_{f_i} - \bar{T}_{c_i}}{\bar{T}_{c_i}} \right| \times 100\% \tag{8.24}$$

$$\bar{\delta} = \frac{\sum_{i=1}^{n} \delta_i}{n}, \quad i = 1, 2, \cdots, n \tag{8.25}$$

式中，$\bar{T}_{c_i}$ 为第 i 个检验点的标准平均周期值，单位为 s；$\bar{T}_{f_i}$ 为第 i 个检验点卫星遥感海浪的平均周期值，单位为 s；δ_i 为第 i 个检验点卫星遥感海浪平均周期值的相对误差；$\bar{\delta}$ 为卫星遥感海浪平均周期值的平均相对误差。

$\bar{\delta}$ 应满足技术指标的要求。

③ 根据式 (8.26)、式 (8.27) 计算卫星遥感海浪反演的主波波长相对误差和平均相对误差。

$$\delta_i = \left| \frac{L_p^{f_i} - L_p^{c_i}}{L_p^{ci}} \right| \times 100\% \tag{8.26}$$

$$\bar{\delta} = \frac{\sum_{i=1}^{n} \delta_i}{n}, \quad i = 1, 2, \cdots, n \tag{8.27}$$

式中，$L_p^{c_i}$ 为第 i 个检验点的标准主波波长值，单位为 m；$L_p^{f_i}$ 为第 i 个检验点卫星遥感海浪的主波波长值，单位为 m；δ_i 为第 i 个检验点卫星遥感海浪主波波长值的相对误差；$\bar{\delta}$ 为卫星遥感海浪主波波长值的平均相对误差。

$\bar{\delta}$ 应满足技术指标的要求。

④ 根据式 (8.28) 计算卫星遥感海浪反演的主波方向的绝对误差：

$$\Delta_i = \theta_{f_i} - \theta_{c_i}, \quad i = 1, 2, \cdots, n \tag{8.28}$$

式中，θ_{c_i} 为第 i 个检验点的标准主波方向值，单位为 (°)；θ_{f_i} 为第 i 个检验点卫星遥感海浪的主波方向值，单位为 (°)；Δ_i 为第 i 个检验点卫星遥感海浪主波方向值的相对误差。

Δ_i 应满足技术指标的要求。

8.3.3 海面风场

1）检测参数

风：空气的水平运动。

检测项目：风速、风向。

2）检测范围

2 ~ 24 m/s。

3）引用标准或规范

本检测方法引用以下文献：

JJF 1001 — 1998《通用计算术语及定义》；

JJF 1002 — 1998《国家计量检定规程编写规则》；

GB 12763.1–7 — 1991《海洋调查规范》。

使用本方法时应注意使用上述引用文献的现行有效版本。

4）检测原理

采用在同一海区现场测量的方式，对相同时段内遥感海面风场测量进行检测。

5）检测方法

（1）检测条件

所用现场调查仪器的准确度等级应能满足检定／校准的要求，必须能溯源到相应计量标准，且检定合格。

调查船（其他载体）现场监测与遥感监测的时钟与 GPS 定位系统均应经过计量校准。

（2）现场检测

采用定点观测的方式进行现场比测，采用自动观测仪器监测海面风场，有关操作应符合 GB/T 12763.3《海洋调查规范 海洋气象观测》中的相关规定。

现场自动观测仪器同步连续测量，风速数据取 1 min 平均值，风向取 1 min 平均值，连续读数 15 次 (15 min)，并按时序记录。

8.3.4 海面盐度

1）检测参数

表层海水盐度：指海水表面到 0.5 m 深处之间的海水实用盐度。

检测项目：反演表层海水盐度误差、反演表层海水盐度分辨率。

2）检测范围

温度不小于 10℃，海水盐度不小于 20，风速不大于 7 m/s。

3）引用标准或规范

本检测方法引用以下文献：

JJF 1001－1998《通用计算术语及定义》；

JJF 1002－1998《国家计量检定规程编写规则》；

JJF 1094－2002《测量仪器特性评定》；

JJG 763－2002《温盐深测量仪器检定规程》。

使用本方法时应注意使用上述引用文献的现行有效版本。

4）检测原理

分别利用露天水池和海上现场的检测试验条件，采用地面盐度测量与该航空遥感盐度反演进行比对的方法，检测其盐度反演误差。

5）检测方法

（1）检测仪器的选取

检测仪器选取的原则是其测量范围应能覆盖航空遥感海水盐度反演范围，并且其测量准确度应高于后者一个量级。检测仪器应通过计量校准，符合量值溯源的要求。

针对目前遥感海水盐度反演技术的主要技术指标现状，推荐采用下述现场测量仪器对航空遥感海水盐度反演技术进行检测，见表 8.4。

表8.4 海水盐度反演技术测量仪器

测量仪器	测量范围	准确度
海鸟 917 plus CTD	电导率：0 ~ 70 ms/cm	误差：±0.003 ms/cm
SYA2-2 型实验室盐度计	盐度：2 ~ 42	误差：±0.005；分辨率：0.001

注：① 上述两种仪器可任选其一，也可选用其他满足检测技术指标要求的仪器；② 如果采用 CTD 剖面仪检测，应经法定计量检定奇偶股检定合格；如果采用实验室盐度计检测，在实施前应使用标准海水进行定标。

（2）基于露天水池条件的检测

用于反演海水盐度误差指标的检测。

· 检测条件

① 露天水池尺寸应不小于长 4 m、宽 3 m、深 0.4 m，并带有"注水、排水、循环水"管道；

② 为了避免日光的影响，选择在早晨或傍晚，气温在 10 ~ 30℃之间，风速小于 7 m/s，无降水；

③ 水体：洁净海水、自来水，温度均在 10 ~ 30℃之间。

· 测量方法

① 用自来水将水池清洗干净。

② 按仪器要求安装架设遥感海水盐度反演仪器系统。

③ 向水池内注入一定量的海水。

④ 盐度检测从高盐到低盐进行，盐度检测点的选取应在 3 个以上，但低盐不能小于 20；当要改变水池内盐度检测点时，可加入一定体积的自来水对海水进行稀释。

⑤ 当采用CTD现场测量时，在每一个检测点上应使CTD传感器完全浸入海水，同时对海水进行搅拌均匀，注意消除电导池导流孔附着的气泡。严格按照CTD的操作规程进行测量。首先打开 CTD 剖面仪电源，待水池中的水稳定且CTD剖面仪工作稳定，读取 3 min 之内至少 20 个连续稳定的盐度数据，求算术平均值作为该检测点的标准盐度值。如果采用实验室盐度计作为标准设备时，每一个检测点须在水池中的水经过搅拌后稳定下来再进行采集水样。严格按照实验室盐度计的操作规程进行测量，其测量值作为该检测点的标准盐度值。按上述方法得到标准盐度值记为 S_{c_i}。

⑥ 按遥感海水盐度反演技术系统的工作步骤，采集遥感盐度所需的数据，得到该检测点上的反演盐度值，记为 S_{f_i}。

（3）基于海上现场条件的检测

用于对反演海水盐度误差和分辨率的检测。

· 检测条件

① 检测试验选取平潮时间，气温在 10 ~ 30℃之间，风速小于 7 m/s，无降水；

② 试验海区选取海面平静、泥沙含量低且基本无污染的海区。

·测量方法与过程

① 在河口附近海域，沿着盐度梯度方向设置航线，在此航线上选取 3 ～ 5 个检测点，要求检测点的盐度均大于 20，检测点之间的盐度差别明显。

② 在卫星同步期间，连续采集遥感反演盐度所需的数据和其所在的地理位置。在每个检测点获得反演盐度值，记为 S_{f_i}。

③ 在海面上，沿航线定点同步观测。在每一个检测点附近布设一条观测船，船与观测点之间保持一段距离，为了不影响遥感观测，船不能在遥感辐射天线的海面足迹 (footprint) 内，航测点和检测点的盐度差别不能大于 0.05。

④ 当采用 CTD 现场测量时，将 CTD 浸入海水中，并通过浮体使温度、电导率（盐度）传感器保持在贴近水面的位置，在飞机飞行期间进行 CTD 连续测量。在飞机经过前后 3 min 之内至少取 20 个连续稳定的盐度数据，求出其算术平均值作为该检测点此次飞机遥感观测的标准盐度值。如果采用实验室盐度计，在飞机经过检测点上空时采集海水样品 2 份。严格按照实验室盐度计操作规程进行测量，测得的盐度值的算术平均值作为标准盐度值。按上述方法得到标准盐度值记为 S_{c_i}。

(4) 误差计算

·计算反演盐度误差

根据式 (8.29)：

$$\delta_i = \left| S_{f_i} - S_{c_i} \right| \tag{8.29}$$

式中，δ_i 为第 i 个检测点反演盐度误差；S_{c_i} 为第 i 个检测点中反演盐度值；S_{f_i} 为第 i 个检测点的标准盐度值。

取绝对值的最大值作为反演盐度的误差，即 δ_{max}，δ_{max} 应符合反演盐度的技术指标要求。

·反演海水盐度分辨率

对于卫星同步时对海面进行连续观测，在其反演出的海面盐度连续时间序列数据中，求相邻一对数据的绝对差，只能够出现 0.2 以下的差别，就可以认为反演盐度的分辨率达到 0.2。

注：假设河口附近海域，沿着盐度梯度方向的盐度变化在空间上是连续的，在一定的条件下（适当的盐度梯度），对于盐度反演分辨率的检测可以转换为对盐度分布空间分辨率的检测。

8.3.5 海冰

1）检测参数

检测参数：海冰。所有在海上出现的冰统称为海冰。

检测项目：海冰厚度测定。

2）检测范围

目前，航空遥感海冰监测技术应用微波辐射计对海冰厚度测量，其范围不大于 30 cm。

3）引用标准或规范

本检测方法引用以下文献：

JJF 1001—1998《通用计量术语及定义》；

JJF 1002—1998《国家计量检定规程编写规则》；

GB/T 14914—1994《海滨观测规范》；

GB/T 12763.2—1991《海洋调查规范 海洋水文观测》。

使用本方法时应注意使用上述引用文献的现行有效版本。

4）检测原理

以相同时段、相同海域条件下，以现场采样或监测的结果作为标准，通过将其与航空遥感海冰监测技术对海冰监测的结果相比较的方式，实现对该技术的检测。

5）检测方法

（1）检测条件

① 比测海域开阔，天气状况良好；

② 飞机在其允许范围内，选取已知最佳监测效果的飞行高度、速度、角度等参数以及尽量有利的观测时刻；

③ 现场监测与遥感监测的时钟与 GPS 定位系统均应经过校准。

（2）海冰厚度检测

海冰采样测量海冰厚度，现场操作应符合相关规定（GB/T 12763.2《海洋调查规范 海洋水文调查》、GB/T 14914《海滨观测规范》）。飞机随后对现场采样区域进行准同步遥感监测，时间同步误差应小于 2 h。

在遥感器覆盖区域按均匀分布设采样点，至少 12 个点，每个采样点测量 6 次。

（3）误差计算

将遥感数据与现场观测数据比对，满足式 (8.30)，则判定合格。

$$\left| H_f - \frac{1}{n}\sum_{i=1}^{n} \bar{H}_i \right| \leqslant \Delta H \qquad (8.30)$$

式中，H_f 为 IAMSMA 系统的海冰厚度遥感测量值，单位为 cm；$\bar{H}_i$ 为现场第 i 个采样点的采样平均值，单位为 cm；ΔH 为海冰厚度遥感测量准确度，单位为 cm；n 为现场采样点的个数。

8.3.6　内波

1）检测参数

检测参数：内波。

检测项目：跃层深度，振幅。

2）检测范围

检测范围随所使用的检测仪器指标而定，目前卫星遥感内波的有关参数范围如下：

跃层深度测量范围：10 ～ 50 m；

振幅测量范围：6 ～ 50 m。

3）引用标准或规范

本检测方法引用以下文献：

JJF 1001—1998 《通用计量术语及定义》；

JJF 1002—1998 《国家计量检定规程编写规则》；

GB 12763.2—1991《海洋调查规范　海洋水文观测》。

使用本方法时应注意使用上述引用文献的现行有效版本。

4）检测原理

以相同时段、相同海区的海上现场调查结果验证 SAR 测量结果的准确性。

内波通过海上某一测量剖面时，会引起剖面上各层流速流向的显著变化，因而可以用 ADCP 测量各层上流速流向的变化来确定内波的存在。

5）检测方法

（1）检测仪器的选取

检测仪器选取的原则是其测量范围应能覆盖所检测范围，并且应先进行定标和比测确认工作稳定可靠。

（2）海上现场检测

用 ADCP 实测出内波通过时流速、流向随时间和深度的变化剖面，就可以从剖面图上确定内波通过的时间、内波振幅和内波的深度范围。

（3）误差计算

将用 ADCP 测得的跃层深度和内波振幅这些测量值与 SAR 反演的相应值相比较，根据式 (8.31) 计算相对示值误差。

$$\Delta H = \frac{H_{SAR} - H_0}{H_0} \times 100\% \tag{8.31}$$

式中，H_0 为 ADCP 测得的跃层深度，单位为 m；H_{SAR} 为 SAR 反演的跃层深度，单位为 m；ΔH 为 SAR 反演的跃层深度的相对示值误差。

$$\Delta M = \frac{M_{SAR} - M_0}{M_0} \times 100\% \tag{8.32}$$

式中，M_0 为 ADCP 测得的内波振幅，单位为 m；M_{SAR} 为 SAR 反演的内波振幅，单位为 m；ΔM 为 SAR 反演的内波振幅的相对示值误差。

8.3.7　水下地形

1）检测参数

检测参数：水下地形。

检测项目：水深，地理定位。

2）检测范围

检测范围随所使用的检测仪器指标而定，目前卫星遥感反演水下地形的有关参数范围如下：

水深测量范围：2 ~ 60 m。

3）引用标准或规范

本检测方法引用以下文献：

JJF 1001—1998 《通用计量术语及定义》；

JJF 1002—1998 《国家计量检定规程编写规则》；

GB 12763.2—1991 《海洋调查规范　海洋水文观测》。

使用本方法时应注意使用上述引用文献的现行有效版本。

4）检测原理

以相同海区的海上现场调查结果（含历史资料）验证卫星遥感测量结果的准确性。

5）检测方法

（1）检测条件

对环境条件要求是：海流速度大于 1 m/s，海况小于 3 级，水深不大于 SAR 反演的最大深度值。

（2）检测仪器选取

检测仪器选取的原则是其测量范围应能覆盖所需检测范围，并且应先进行定标和比测确认工作稳定可靠。推荐采用声学测深仪进行水深调查。

（3）水深检测

用声学测深仪所测的或者海图上的水深数据对 SAR 所反演的水深数据做对比检测，检测水深数据样本数 $n \geqslant 20$。

（4）地理定位精度的检测

SAR 测深的地理定位精度取决于 SAR 面元的定位精度，它由卫星平台的稳定性及波束合成原理决定。如果对实际水下的标志点（最高点或最低点）的位置知道很准确，例如定位精度在 30 m 以内，则由 SAR 测得的相应标志点的地理位置，就可计算出 SAR 测深的地理位置误差。

由于海洋中水下地理位置很难找到准确的标志点，所以用陆上地理位置已知的标志点来代替，即给出 SAR 在该面元上的位置，就可计算出 SAR 在该面元上的定位精度。取 3 个陆上标志点，用最大示值误差来标示地理定位精度。

（5）误差计算

以声学测深仪测得的或者海图上的水深值为标准值，根据式 (8.33) 计算 SAR 测深的均方根误差：

$$\sigma = \sqrt{\dfrac{\sum\limits_{i=1}^{n}\left(H_{\mathrm{SAR}_i} - H_{c_i}\right)^2}{2}} \tag{8.33}$$

式中，H_{c_i} 为声学测深仪在第 i 个测点上测得的或者海图上的水深深度，单位为 m；H_{SAR_i} 为 SAR 在第 i 个测点上所测的深度，单位为 m；σ 为 SAR 测深的均方根误差，单位为 m；$i = 1, 2, \cdots, n$；$n \geqslant 20$。

σ 应满足技术指标的要求。

8.4 水体污染物真实性检验

在水体污染物信息的真实性检验中，本节介绍两种典型的海洋污染物：溢油和赤潮。

8.4.1 溢油

1）检测参数

航空遥感监测溢油识别准确率和面积。

检测项目：溢油识别准确率，溢油面积测定，溢油量测定。

2）检测范围

渤海海域。

3）引用标准或规范

本检测方法引用以下文献：

JJF 1001—1998《通用计量术语及定义》；

JJF 1002—1998《国家计量检定规程编写规则》；

使用本方法时应注意使用上述引用文献的现行有效版本。

4）检测原理

在相同时段、相同海域条件下，以海上调查船现场采样或监测的结果作为标准，通过将其与航空遥感溢油监测的结果相比较的方式，实现对该技术的检测。

5）检测方法

（1）检测条件

① 比测海域开阔，海况 4 级以下，天气状况良好；

② 飞机在其允许范围内，选取已知最佳监测效果的飞行高度、速度、角度等参数以及尽量有利的观测时刻；

③ 调查船（浮标）现场监测与遥感监测的时钟与 GPS 定位系统均应经过校准。

（2）溢油识别准确率检测

现场监测溢油机会非常难得，因此对于该项指标进行检测也是非常困难的。

（3）数据样本获取

采用如下两种方式获取检测数据：

① 飞机监测报告溢油发生，调查船现场检测；

② 现场监测报告溢油发生，飞机前往监测比较。

飞机和调查船的检测同步误差不大于 24 h，以现场监测的结果作为溢油是否发生的判定标准。为获取较多的比测数据，对于同一起溢油发生事件，在有现场同步监测的情况下，航空遥感系统可以在首次监测 12 h 以后进行第 2 次监测，其结果可作为检测样本。总样本数不小于 10 次。

（4）溢油识别准确率的计算

设总检测次数为 N（$N \geqslant 10$），而飞机遥感和现场监测结果相同（发生溢油）的次数为 M，以式 (8.34) 计算识别准确率 A：

$$A = \frac{M}{N} \times 100\% \tag{8.34}$$

（5）溢油发生面积测定

一方面采用现场监测难以给出准确的溢油发生面积及中心位置；另一方面，溢油发生面积和中心位置的准确测定往往依赖于溢油发生区域的边缘线的准确测定。调查船在飞机监测报告的溢油发生边缘两侧，沿垂线方向航行并记录现场监测到溢油边缘线的相应位置。比较两者的位置差距，再结合溢油发生的分布形状，可以了解溢油发生面积的准确度。

（6）溢油量测定

假设油膜厚度均值为 $\bar{H}$，面积为 S，则溢油量可以由式 (8.35) 计算：

$$Q = S\bar{H} \tag{8.35}$$

航空遥感监测技术利用反演的油膜厚度和面积计算溢油量 Q_f，与实际的溢油量 Q_0 相比较，应能满足式 (8.36)：

$$\left| Q_f - Q_0 \right| \leqslant Q \tag{8.36}$$

8.4.2 赤潮

8.4.2.1 卫星遥感赤潮

1）检测参数

卫星遥感赤潮。

检测项目：赤潮识别准确率。

2）检测范围

渤海海域。

3）引用标准或规范

本检测方法引用以下文献：

JJF 1001—1998《通用计量术语及定义》；

JJF 1002—1998《国家计量检定规程编写规则》；

GB 12763.1-7—1991《海洋调查规范》；

GB 17378.1-7—1992《海洋监测规范》；

《海洋生态环境监测技术规程》国家海洋局，2002；

NASA/TM-2002-210004/Rev3《海洋光学规范》译文集。

使用本方法时应注意使用上述引用文献的现行有效版本。

4）检测原理

在晴空无云的条件下，卫星遥感反演判断赤潮发生并经过现场测定确认一致的事件数目与卫星遥感反演判断赤潮发生的总数的比值作为赤潮识别准确率。

5）检测方法

（1）样本数

总检测次数不少于 10 次。

（2）检测样本获取方法

卫星数据接收后 2 h 内处理完毕，发出赤潮监测报告。现场采样可以由海洋监测部门提供的现场监测报告为准，也可以通过专门的验证航次监测获得。符合上述要求的后报数据也可以用于上述检测。

卫星反演认为发生赤潮事件经过现场测定确认正确的赤潮事件数目与卫星反演认为发生赤潮总数的比值为赤潮识别准确率。

（3）误差计算

根据式 (8.37) 计算赤潮识别准确率：

$$\gamma = \frac{N_C}{N} \times 100\% \tag{8.37}$$

式中，N_C 为经过现场测定确认正确的赤潮事件数目；N 为卫星反演认为发生赤潮的总数；γ 为赤潮识别准确率。

γ 应满足技术指标的要求。

8.4.2.2　航空遥感赤潮

1）检测参数

航空遥感赤潮发生面积测定。

检测项目：赤潮识别准确率，赤潮发生面积测定。

2）检测范围

渤海二类水体区域。

3）引用标准或规范

本检测方法引用以下文献：

JJF 1001—1998《通用计量术语及定义》；

JJF 1002—1998《国家计量检定规程编写规则》；

GB/T 12763.6《海洋调查规范　海洋生物调查》。

使用本方法时应注意使用上述引用文献的现行有效版本。

4）检测原理

在相同时段、相同海域条件下，以海上调查船现场采样或监测的结果作为标准，通过将其与航空遥感赤潮监测技术对赤潮监测的结果相比较的方式，实现对该技术的检测。

5）检测方法

（1）检测条件

① 比测海域开阔，海况 4 级以下，天气状况良好；

② 飞机在其允许范围内，选取已知最佳监测效果的飞行高度、速度、角度等参数以及尽量有利的观测时刻；

③ 调查船（浮标）现场监测与遥感监测的时钟与 GPS 定位系统均应经过校准。

（2）赤潮识别准确率检测

·*数据样本获取*

采用以下两种方式获取检测数据：

① 飞机监测报告赤潮发生，调查船现场检测；

② 现场监测报告赤潮发生，飞机前往监测比较。

飞机和调查船的检测同步误差不大于 12 h，以现场监测的结果作为赤潮是否发生的判定标准。为获取较多的比测数据，对于同一起赤潮发生事件，在有现场同步监测的情况下，航空遥感系统可以在首次监测 12 h 以后进行第二次监测，其结果可作为检测样本。总样本数不小于 10 次。

· 赤潮识别准确率的计算

设总检测次数为 N ($N \geqslant 10$)，而飞机遥感和现场监测结果相同（发生赤潮）的次数为 M，以式 (8.38) 计算识别准确率 A：

$$A = \frac{M}{N} \times 100\% \tag{8.38}$$

（3）赤潮发生面积测定

一方面，采用现场监测难以给出准确的赤潮发生面积及中心位置；另一方面，赤潮发生面积和中心位置的准确测定往往依赖于赤潮发生区域的边缘线的准确测定。当现场监测到赤潮后，飞机前往比测。调查船在飞机监测报告的赤潮发生边缘两侧，沿垂线方向航行并记录现场监测到赤潮边缘线的相应位置。比较二者的位置差距，再结合赤潮发生的分布形状，可以了解赤潮发生面积的准确度。

参考文献

暴景阳, 许军, 2013. 卫星测高数据的潮汐提取与建模应用 [M]. 北京 : 测绘出版社 .

陈求发, 2012 . 世界航天器大全 [M]. 北京 : 宇航出版社 .

陈雪忠, 樊伟, 等, 2014. 渔业遥感应用理论与技术 [M]. 北京 : 科学出版社 .

董庆, 郭华东, 等, 2005. 合成孔径雷达海洋遥感 [M]. 北京 : 科学出版社 .

冯士筰, 等, 1999. 海洋科学导论 [M]. 北京 : 高等教育出版社 .

国家海洋局, 2013. 2013 年中国海洋卫星应用报告 [R]. 北京 : 海洋出版社 .

蒋兴伟, 林明森, 2014. 海洋动力环境卫星基础理论与工程应用 [M]. 北京 : 海洋出版社 .

林明森, 张有广, 袁新哲, 2015. 海洋遥感卫星发展历程与趋势展望 [J]. 海洋学报 , 37 (1): 1–10.

司建文, 2005. 海洋环境参数监测技术检测方法汇编 [M]. 北京 : 海洋出版社 .

魏钟铨, 等, 2001. 合成孔径雷达 [M]. 北京 : 科学出版社 .

ACKERMAN S, FREY R, STRABALA K, et al., 2010. Discriminating clear-sky from cloud with MODIS Algorithm Theoretical Basis Document (MOD35)[R].Version 6.1, ATBDMOD–06.

AHMED S, WARREN H R, SYMONDS M D, Cox R P, 1990. The Radarsat System[J]. IEEE Trans.Geosci. Remote Sens., 28: 598–602.

ASAR, 2013. ESA observing the earth, ENVISAT's ASAR reveals extent of massiveoil spill off Spanish coast[M/OL]. http://www.esa.int/Our_Activities/Observing_the_Earth/Envisat_s_ASAR_ reveals_extent_of_massive_oil_spill_off_Spanish_coast.

ATTEMA EPW, 1991. The active microwave instrument onboard the ERS-1 satellite [C].Proceedings of the IEEE, 79 (6): 791–799.

BAILEY S W, WERDELL P J, 2006. A multi-sensor approach for the on-orbit validationof ocean color satellite data products[J]. Remote Sens. Environ., 102: 12–23.

BARTON I J, 1995. Satellite-derived sea surface temperatures: Current status[J]. J. Geophys.Res., 100: 8777– 8790.

BECKLEY B D, ZELENSKY N P, HOLMES S A, et al., 2010. Assessment of the Jason-2 extension to the TOPEX/Poseidon, Jason-1 sea-surface height time series for global mean sea level monitoring[J]. Marine Geodesy, 33(S1): 447–471.

BOENING C,WILLIS J, LANDERER F, et al., 2012. The 2011 La Niña: So strong, the oceans fell[J]. Geophys. Res. Lett., 39(19): L19602.

Boerner W-M, MOTT H, LÜNEBURG E, et al., 1998. Polarimetry in radar remote sensing:Basic and applied concepts[C]. In Manual of Remote Sensing, 3rd edn., ed.-in-chief,Ryerson, R. A., Vol. 2, Principles and Appli-cations of Imaging Radar, ed. Henderson,F. M., & Lewis, A. J., New York: Wiley & Sons: 271–357.

BOUDOURIS G, 1963. On the index of refraction of air the absorption and dispersion of centimeter waves by gasses[J]. Res Natl Bur Stand, 67: 631–684.

BROWN O B, MINNETT P J, 1999. MODIS Infrared Sea Surface Temperature Algorithm, Version 2.0[R].MODIS Algorithm Theoretical Basis Document, ATBD-MOD-25.Washington, DC: NASA.

BROWN R A, 2000. On satellite scatterometer model functions[J]. J. Geophys. Res., 105: 29195–29205.

CARDER K L, 2002. Performance of MODIS semi-analytic ocean color algorithms: Chlorophylla, absorption coefficients, and absorbed radiation by phytoplankton[C]. Presentation at MODIS Science Team Meeting, July 22 24, 2002. Greenbelt, MD: NASA Goddard Space Flight Center.

CARDER K L, CHEN F R, LEE Z P, et al., 1999. Semi-analytic MODIS algorithms for chlorophyll a and absorption with bio-optical domains based on nitrate-depletion temperatures[J]. J. Geophys. Res., 104:5403–5421.

CHAKRABORTY A R, SHARMA R, KUMAR, et al., 2014. A seek filter assimilation of sea suface salinity from Aquarius in an OGCM: Implication for surface dynamics and thermohaline structure[J], J. Geophys.Res. Oceans, 119: 4777–4796.

CHAVEZ F P, STRUTTON P G, FRIEDERICH G E, et al., 1999. Biological and chemical response of the equatorial pacific ocean to the 1997–98 El Niño [J]. Science, 286(5447): 2126–2132.

COLTON M C, POE G A, 1999. Intersensor calibration of DMSP SSM/I's: F-8 to F-14,1987–1997[J]. IEEE Trans. Geosci. Remote Sens., 37: 418–439.

COMISO J C, 2010. Polar Oceans from Space[M]. New York: Springer.

COMISO J C, CAVALIERI D J, PARKINSON C P, et al., 1997. Passive microwave algorithms for sea ice concentration a comparison of two techniques[J]. Remote Sens. Environ.,60: 357–384.

COX C, MUNK W, 1954. Statistics of the sea surface derived from sun glitter[J]. J.MarineRes., 13: 198–227.

DESNOS Y-L, BUCK C, GUIJARRO J, et al., 2000. The ENVISAT advanced synthetic aperture radar system[C]. Proc. IEEE. Geosci. Remote Sens. Symposium, (IGARSS 2000), 3: 1171–1173.

DICKEY T D, KATTAWAR G W, VOSS K J, 2011. Shedding new light on light in the ocean[J]. Phys. Today, 64: 44–49.

DIERSSEN H M, 2010. Perspectives on empirical approaches for ocean color remote sensing of chlorophyll in a changing climate[J]. Proc. Natl. Acad. Sci., 107: 17073–17078.

DONLON C J, MARTIN M, STARK J, et al., 2012. The operational Sea Surface Temperature and Sea Ice Analysis (OSTIA) system[J]. Remote Sens. Environ., 116: 140–158.

DOUGLAS B, CHENEY R, AGREEN R, 1983. Eddy energy of the northwest Atlantic and Gulf of Mexico determined from GEOS 3 altimetry[J]. Journal of Geophysical Research, 88: 9595–9603.

EMERY W J, THOMSON R E, 2001. Data analysis methods in physical oceanography[J]. Elsevier Science.

EMERY, W J, YU Y, WICK G A, et al., 1994. Correcting infrared Satellite estimates of sea surface temperature for atmospheric water vapor contamination[J]. J. Geophys. Res.,99: 5219–5236.

EZRATY R, CAVANIE A, 1999. Intercomparison of backscatter maps over Arctic sea ice from NSCAT and the ERS scatterometer[J]. Geophys. Res., 104: 11471–11483.

FRANCIS C R, 2001. CryoSat Mission and Data Description[R]. ESA Document Number CS-RP-ESA-SY-0059. Noordwijk: ESTEC.

FREILICH M H, DUNBAR R S, 1999. The accuracy of the NSCAT 1 vector winds:Comparison with National Data Center buoys[J]. J. Geophys. Res., 104: 11231–11246.

FU L L, CAZENAVE A, 2001. Satellite Altimetry and Earth Sciences[M]. San Diego: Academic Press.

FU L L, CHRISTENSEN E J, YAMARONE C A, et al., 1994. TOPEX/POSEIDON mission overview[J]. J. Geophys. Res., 99: 24369–24381.

GAO B-C, GOETZ A F H, WISCOMBE W J, 1993. Cirrus cloud detection from airborne imaging spectrometer data using the 1.38 micron water vapor band[J]. Geophys. Res.Lett., 20: 301–304.

GARVER S A, SIEGEL D A, 1997. Inherent optical property inversion of ocean color spectra and its biogeochemical interpretation 1. Time series from the Sargasso Sea[J]. J.Geophys. Res., 102:18607–18625.

GASPAR E, OGOR E, LE TRAON, et al., 1994. Estimating the sea state bias of the TOPEX and Poseidon altimeters from crossover differences [J]. Journal of Geophysical Research, 99: 24981–24994.

GENTEMANN C L, MINNETT P J, SIENKIEWICZ J, et al., 2009. MISST: The multi-sensor improved sea surface temperature project[J]. Oceanography, 22(2): 76–87.

GOODBERLET M A, CALVIN T, SWIFT J C, et al., 1990. Ocean surface wind speed measurements of the Special Sensor Microwave/ Imager (SSM/I)[J]. IEEE Trans. Geosci. and Remote Sensing., 28(5):823–828.

GORDON H R, BROWN O B, EVANS J W, et al., 1988. A semianalytic radiance model of ocean color[J]. J.Geophys. Res., 93(D9): 10909–10924.

GORDON H R, WANG M, 1994. Retrieval of water-leaving radiance and aerosol optical thickness over the oceans with SeaWiFS: A preliminary algorithm[J]. Appl. Opt., 33: 443–452.

GOURRION J, VANDEMARK D, BAILEY S, et al., 2002. A two-parameter wind speed algorithm for Ku-band altimeters[J]. Journal of Atmospheric and Oceanic Technology, 19: 2030–2048.

GRODSKY S A, REUL N, LAGERLOEF G, et al., 2012. Haline hurricane wake in the Amazon/Orinoco plume:AQUARIUS/SAD and SMOS observation[J]. Geophys. Res. Lett., 39: L20603.

HAINES B, BERTIGER W, DESAI S, et al., 2002. Initial orbit determination results for Jason-1: towards a 1-cm orbit[C]. Proc. lnst. Navigation GPS 2002 Conference: 2011–2021.

HAINES B, CHRISTENSEN E, NORMAN R, et al., 1996. Altimeter Calibration and Geophysical Monitoring from Collocated Measurements at the Harvest Oil Platform[C]. FallMeet. Suppl:W16.

HANS J, LIEBE, 1989. MPM-an atmospheric millimeter-wave propagation model[J]. International Journal of Infrared and Millimeter Waves, 10(6): 631–650.

HOEPFFNER N, SATHYENDRANATH S, 1993. Determination of the major groups of phytoplankton pigments from the absorption spectra of total particulate matter[J]. J. Geophys.Res., 98: 22789–22803.

HOLLINGER J P, PEIRCE J L, POE G A, 1990. SSM/I instrument evaluation[J]. IEEE Trans. Geosci. Remote Sens., 28: 781–790.

HOOKER S B, ESAIAS W E, FELDMAN G C, et al., 1992. An Overview of SeaWiFS and Ocean Color[R]. SeaWiFS Technical Report Series,Vol. 1, ed. Hooker. S. B., Firestone,

HUNT G E, 1973. Radiative properties of terrestrial clouds at visible and infrared thermal window wavelengths[J]. Quarterly Journal of the Royal Meteorological Society, 99(420):346–369.

IGNATOV A, PETRENKO B, 2010. Cloud mask and quality control of SST within the Advanced Clear Sky Processor for Oceans (ACSPO) [C]. Conference on Satellite Meteorology and Oceanography.

IMEL D A, 1994. Evaluation of the TOPEX/POSEIDON dual-frequency ionospher correction [J]. Journal of Geophysical Research, 99: 24895–24906.

JOHNSON J W, WILLIAMS L A, BRACALENTE E M, et al., 1980. Seasat-A satellite scatterometer instrument evaluation[J]. IEEE J. Oceanic Eng., OE-5(2): 138–144.

KEIHM S, ZLOTNLCKI V, RUF C, 2000. TOPEX microwave radiometer performance evaluation[J]. IEEE Transactions on Geoscience and Remote Sensing, 38: 1379–1386.

KILPATRICK K A, PODEST′A G P, EVANS R, 2001. Overview of the NOAA/NASA advanced very high resolution radiometer pathfinder algorithm for sea surface temperature and associated matchup database[J]. J. Geophys. Res., 106(C5): 9179–9197.

KIRK J T O, 1996. Light and Photosynthesis in Aquatic Ecosystems[M]. Cambridge: Cambridge University Press.

KOHL A M, SENA MARTINS, STAMMER D, 2014. Impact of assimilating surface salinity from SMOS on ocean circulation estimates[J]. J Geophys. Res. Oceans, 119: 5449–5464.

KOPELEVICH O V, 1983. Small-parameter model of optical properties of seawater. In Ocean Optics[M]. Moscow:Nauka (in Russian).

KUMMEROW C, BARNES W, KOZU T, et al., 1998. The Tropical Rainfall Measuring Mission (TRMM) sensor package[J]. J. Atmos. Oceanic Technol., 15: 809–817.

LIU W T, TANG W, POLITO P S, 1998. NASA Scatterometer provides global ocean surface wind fields with more structures than numerical weather prediction[J]. Geophys. Res. Lett., 25(6): 761–764.

LIU Y, KEY J, FREY R, ACKERMAN S, et al., 2004. Nighttime polar cloud detection with MODIS[J]. Remote Sens. Environ., 92: 181–194.

LIVINGSTON C E, SIKANETA I, GIERULL C, et al., 2005. RADARSAT-2 system and mode description[C].In Integration of Space-Based Assets within Full Spectrum Operations, Meeting Proceedings RTO-MP-SCI-150, Paper 15. Neuilly-sur-Seine:NATO Research and Technology Organization.

MARITORENA S, SIEGEL D A, PETERSON A, 2002. Optimization of a semi-analyticalocean color model for global scale applications[J]. Appl. Opt., 41(15): 2705–2714.

MARITORENA S, SIEGEL D, 2006. The GSM semi-analytical bio-optical model[C]. In IOCCG(2006), Remote Sensing of Inherent Optical Properties: Fundamentals, Tests of Algorithms,and Applications, Reports of the International Ocean-ColourCoordinating Group, No. 5, IOCCG, Dartmouth, Canada: 81–85.

MARKUS T, CAVALIERI, D J, 2009. Sea ice concentration algorithm: Its basis and implementation[J]. J. Remote Sens. Soc. Japan, 29(1): 216–225, www.jstage.jst.go.jp/article/rssj/29/1/29 1 216/ pdf.

MARTIN M, DASH P, IGNATOV A, et al., 2012. Group for High Resolution SST(GHRSST) analysis fields inter-comparisons: Part 1: A GHRSST multi-productensemble (GMPE)[J]. Deep Sea Res. II: 77–80, 21–30.

MASSOM R, 1991. Satellite Remote Sensing of Polar Regions[M]. Boca Raton, FL: CRC Press.

MATSUOKA T, URATSUKA S, SATAKE M, et al., 2002. Deriving sea-ice thickness and ice types in the Sea of Okhotsk using dual-frequency airborne SAR (Pi-SAR) data[J]. Annals of Glaciology, 34(1): 429-434.

MCCLAIN C R, ESAIAS W E, BARNES W, et al., 1992. In SeaWiFS Calibration and Validation Plan[R]. SeaWiFS Technical Report Series, Vol. 3, ed. Hooker, S. B., Firestone, E. R., NASA Technical Memorandum 104566. Greenbelt, MD: NASA Goddard Space Flight Center.

MCCLAIN E P, PICHEL W, WALTON C C, 1985. Comparative performance of AVHRR based Multichannel Sea Surface Temperatures[J]. J. Geophys. Res., 90: 11587–11601.

MERCIER F, ROSMORDUC V, CARRERE L, THIBAUT P, 2010. Coastal and Hydrology Altimetry product (PISTACH) handbook[M]. Volume 1.0, AVISO.

MOBLEY C D, 1994. Light and Water Radiative Transfer in Natural Waters[M]. San Diego, CA: Academic Press.

MOREL A, PRIEUR L, 1977. Analysis of variations in ocean color. Limnol[J]. Oceanogr., 22: 709–722.

NAEIJE M, SCHRAMA E, SCHARROO R, 2000. The radar altimeter database system project RADS[C].IEEE Geoscience and Remote Sensing Symposium(IGARSS 2000), 487–490.

NEREM R, HAINES B, HENDRICKS J, et al., 1997. Improved determination of global mean sea level variations using TOPEX/POSEIDON altimeter data[J]. Geophysical research letters, 24: 1331–1334.

PACE-SDT, 2012. Pre-Aerosol, Clouds, and ocean Ecosystem (PACE) mission science definition team report[R]. http://dsm.gsfc.nasa.gov/pace documentation/PACESDT Report final.pdf.

PARKINSON C L, CAVALIERI D J, 2002. A 21 year record of Arctic sea-ice and their regional, seasonal and monthly variability trends[J]. Annals of Glaciology, 34:441–446.

PATHFINDER, 2001. Description of the AVHRR Pathfinder matchups[EB/OL]. http://yyy.rsmas.miami.edu/groups/rrsl/pathfinder/Matchups/description.html.

PAVOLONIS M J, HEIDINGER A K, UTTAL T, 2005. Daytime global cloud typing from AVHRR and VIIRS: Algorithm description, validation, and comparisons[J]. J. Appl.Meteor., 44: 804–826.

PERRY K L, 2001. QuikSCAT Science Data Product Users Manual[M]. Version 2.2. NASA Report No. D-18053. Pasadena, CA: Jet Propulsion Laboratory, California Institute of Technology.

PETRENKO B, IGNATOV A, DASH P, et al., 2013. The ACSPO clear-sky mask(ACSM) [J/OL]. http://www.star.nesdis.noaa.gov/sod/sst/xliang/lannionagenda/presentations/cl mask/ACSPO Clear-Sky Mask v03. pdf.

PETRENKO B, IGNATOV A, KIHAI Y, et al., 2010. Clear-sky mask for the Advanced Clear-Sky Processor for Oceans (ACSPO)[J]. J. Atmos. Oceanic Technol., 27: 1609–1623.

PETZOLD T J, 1972. Volume Scattering Functions for Selected Ocean Waters[J]. Scripps Institution of Oceanography.

PHALIPPOU L, REY L, DE CHATEAU-THIERRY P, et al., 2001. Overview of the performances and tracking design of the SIRAL altimeter for the CryoSat mission[C]. Proc. IEEE. Geosci.Remote Sens. Symposium (IGARSS 2001), 5: 2025–2027.

POPE R M, FRY E S, 1997. Absorption spectrum (380 700 nm) of pure water. II.Integrating cavity measurements[J]. Appl. Opt., 36(33): 8710–8723.

POTIN P, 2011. Sentinel-1 mission overview (presentation)[J/OL]. http://earth.eo.esa.int/pub/polsarproftp/RadarPol Course11/Wednesday19/Sentinel-1 overview.pdf.

PRABHAKARA C R, FRASER R S, DALU G, et al., 1988. Thin cirrus clouds: Seasonal distribution over oceans deduced from Nimbus 4 IRIS[J]. J. Appl. Meteorol., 27: 379–399.

RaDyO, 2009. The RaDyO project: Radiance in a dynamic ocean[EB/OL]. Hawaii cruise, August September 2009, http://www.youtube.com/watch?v=vym7TQBc-TE.

RANEY R K, 1998. Radar fundamentals: Technical perspective. In Manual of RemoteSensing[M]. 3rd edn., ed, Ryerson, R. A., Principles and Applications of Imaging Radar, ed. Henderson, F. M. Lewis, A. J., pp. 9–130. New York: Wiley &Sons.

ROESLER C S, PERRY M J, CARDER K L, 1989. Modeling in situ phytoplankton absorption from total absorption spectra in productive inland marine waters[J]. Limnol.Oceanogr., 34: 1510–1523.

ROSENQVIST A, SHIMADA M, ITO N, et al., 2007. ALOS PALSAR: A pathfinder mission for global-scale monitoring of the environment[J]. IEEE Trans. Geosci. Remote Sens.,45(11): 3307–3316.

SAUNDERS R W, KRIEBEL K T, 1988. An improved method for detecting clear sky and cloudy radiances from AVHRR data[J]. Int. J. Remote Sens., 9: 123–150.

STRAMSKI D, KIEFER D A, 1991. Light scattering by microorganisms in the open ocean[J]. Prog. Oceanogr., 28: 343–383.

SULLIVAN J M, TWARDOWSKI M S, 2009. Angular shape of the oceanic particulate volume scattering function in the backward direction[J]. Appl. Opt., 48(35): 6811–6819.

TREES C C, CLARK D K, BIDIGARE R R, et al., 2000. Accessory pigments versus chlorophyll a concentrations within the euphotic zone: A ubiquitous relationship[J]. Limnol. Oceanogr., 45(5): 1130–1143.

VIIRS, 2011. Joint Polar Satellite System (JPSS) VIIRS sea surface temperature Algorithm Theoretical Basis Document (ATBD)[R]. http://npp.gsfc.nasa.gov/science/sciencedocuments/ ATBD122011/474-00027 Rev-Baseline.pdf.

WALTON C C, PICHEL W G, SAPPER J F, 1998. The development and operational application of nonlinear algorithms for the measurement of sea surface temperatures with the NOAA polar-orbiting environmental satellites[J]. Journal of Geophysical Research Oceans, 103(C12): 27999–28012.

WATSON C S, 2005. Satellite altimeter calibration and validation using GPS buoy technology [J]. Surveying.

WENTZ F J, 1997. A well-calibrated ocean algorithm for Special Sensor Microwave/Imager[J]. J. Geophys.Res., 102: 8703–8718.

WENTZ F J, PETEHERYCH S, THOMAS L A, 1984. A model function for ocean radar cross sections at 14.6 GHz[J]. J. Geophys. Res., 89: 3689–3704.

WENTZ F J, SMITH D K, 1999. A model function for the ocean-normalized radar cross section at 14 GHz derived from NSCAT observations[J]. J. Geophys. Res., 104: 11499–11514.

WUNSCH C, STAMMER D, 1998. Satellite altimetry, the marine geoid, and the oceanic general circulation[J]. Ann. Rev. Earth Planet. Sci., 26: 219–253.